全国中等职业技术学校非机械类通用教材

机械制图

（第三版）

人力资源和社会保障部教材办公室组织编写

中国劳动社会保障出版社

简介

本书主要内容包括：制图基本知识与技能、正投影作图基础、基本体及其表面交线、组合体、机械图样的基本表示法、标准件和常用件、零件图、装配图、房屋建筑图简介、管道工程图等。

本书由果连成主编，钱可强、李慧成、晋延溪、魏云祥、高雪利参加编写。

图书在版编目(CIP)数据

机械制图/人力资源和社会保障部教材办公室组织编写. —3 版. —北京：中国劳动社会保障出版社，2016

全国中等职业技术学校非机械类通用教材

ISBN 978-7-5167-2612-9

Ⅰ.①机… Ⅱ.①人… Ⅲ.①机械制图-中等专业学校-教材 Ⅳ.①TH126

中国版本图书馆 CIP 数据核字(2016)第 178900 号

中国劳动社会保障出版社出版发行

(北京市惠新东街 1 号　邮政编码：100029)

*

北京市白帆印务有限公司印刷装订　　新华书店经销

787 毫米×1092 毫米　16 开本　14.25 印张　338 千字

2016 年 7 月第 3 版　　2023 年 12 月第10次印刷

定价：24.00 元

营销中心电话：400-606-6496

出版社网址：http://www.class.com.cn

http://jg.class.com.cn

前　言

全国中等职业技术学校非机械类通用教材《机械制图（第二版）》出版后，受到了广大师生的好评。随着科学技术的发展和新国家标准的推出，为了更好地满足全国中等职业技术学校非机械类专业制图课程的教学要求，人力资源和社会保障部教材办公室组织有关学校的一线教师和行业、企业专家，在充分调研企业生产和学校教学情况、广泛听取教师对教材使用情况的反馈意见的基础上，对《机械制图（第二版）》进行了修订。

本次教材修订工作的重点主要体现在：

1. 全面更新教材中涉及的国家标准

近年来，制图方面的国家标准发生了很大的变化。为了使教材更加科学和规范，编写人员在详细解读国家标准的基础上，对教材相关内容进行了修订。教材中更新的主要国家标准包括：《产品几何技术规范（GPS）　几何公差　形状、方向、位置和跳动公差标注》（GB/T 1182—2008）、《技术制图　图纸幅面和格式》（GB/T 14689—2008）、《技术制图　简化表示法　第1部分：图样画法》（GB/T 16675.1—2012）、《机械制图 剖面区域的表示法》（GB/T 4457.5—2013）、《机械制图　轴测图》（GB/T 4458.3—2013）、《建筑给水排水制图标准》（GB/T 50106—2010）、《技术制图　管路系统的图形符号　管件》（GB/T6567.3—2008）等。

2. 对教材内容进行合理调整

本次修订在教材内容上进行了局部的调整，如充实了第三角画法、生产实践中的制图应用实例等内容，房屋建筑图部分将应用实例更新为当今流行的民用建筑施工实例，管道施工图部分注意兼顾传统画法与现行管路系统相关国家标准的应用，使教材内容更加符合学生的认知规律和学校的教学要求，更加贴近当今企业生产实际。

3. 精心设计教材形式

在呈现形式上，尽可能使用图片和表格等形式将知识点生动地展示出来，尤其是在插图的制作中尽量采用高质量的三维造型图，力求让学生更直观地理解和掌握所学内容。在印刷工艺上采用了双色印刷，增强了教材的表现力。

4. 进一步做好教学资源开发

本教材配套开发有习题册、教学参考书（含多媒体教学光盘），同时还配有方便教师上课使用的电子课件，电子课件等教学资源可通过职业教育教学资源和数字学习中心（http://zyjy.class.com.cn）下载。

本次教材的修订工作得到了河北、江苏、山东、广东、广西等省、自治区人力资源和社会保障厅及有关学校的大力支持，在此我们表示诚挚的谢意。

人力资源和社会保障部教材办公室

2016 年 7 月

目　录

绪论

一、图样的内容和作用

根据投影原理、标准或有关规定表示的工程对象，并有必要进行技术说明的图，称为图样。在制造机器或部件时，要根据零件图加工零件，再按装配图把零件装配成机器或部件。如图 0—1 所示的千斤顶，它是利用螺旋传动来顶举重物。图 0—2 是千斤顶装配图，根据装配图中的序号和明细栏，对照千斤顶立体图可看出，该部件由五种零件和三种标准件装配而成。图 0—3 是千斤顶中顶块的零件图。装配图是表示组成机器或部件中各零件间的连接方式和装配关系的图样，零件图是表达零件结构形状、大小及技术要求的图样。根据装配图所表示的各零件间装配关系和技术要求，把合格的零件装配在一起，才能制造出机器或部件。

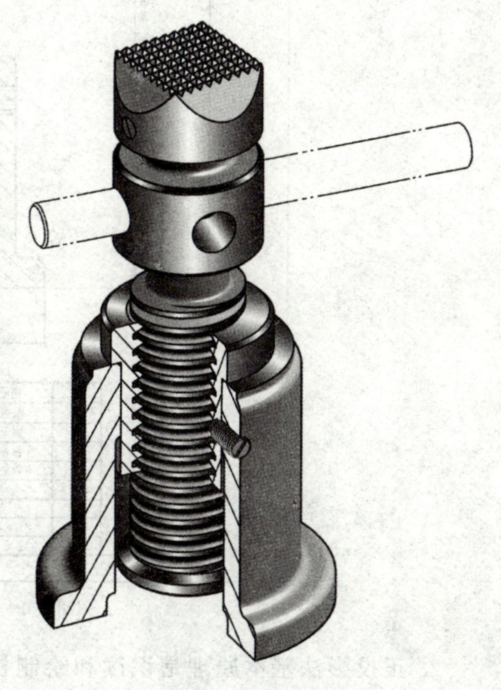

图 0—1 千斤顶

二、学习机械制图课程的目的

在现代工业生产中，设计者通过图样表达设计意图；制造者通过图样了解设计内容、技术要求来组织制造和指导生产；使用者通过图样了解机器设备的结构和性能，进行操作、维修和保养。因此，图样是传递交流技术信息、思想的媒介和工具，是工程界通用的技术语言。作为中等职业学校培养的生产一线的现代新型技术技能型人才，必须学会并掌握这种语言，初步具备识读和绘制工程图样的基本能力。

本课程研究的图样主要是机械图样。本课程是学习识读和绘制机械图样的原理和方法的一门主干专业技术基础课。通过本课程学习，可为学习后续的专业课程以及发展自身的职业能力打下必要的基础。

三、本课程的主要内容和基本要求

本课程的主要内容包括制图基本知识与技能、正投影作图基础、机械图样的表示法、零件图和装配图的识读与绘制、其他图样（房屋建筑图、管道工程图）的识读等部分。学完本课程，应达到以下基本要求：

1. 通过学习制图基本知识与技能，应熟悉国家标准《机械制图》的基本规定，学会正确使用绘图工具和仪器的方法，初步掌握徒手绘制草图的技能。

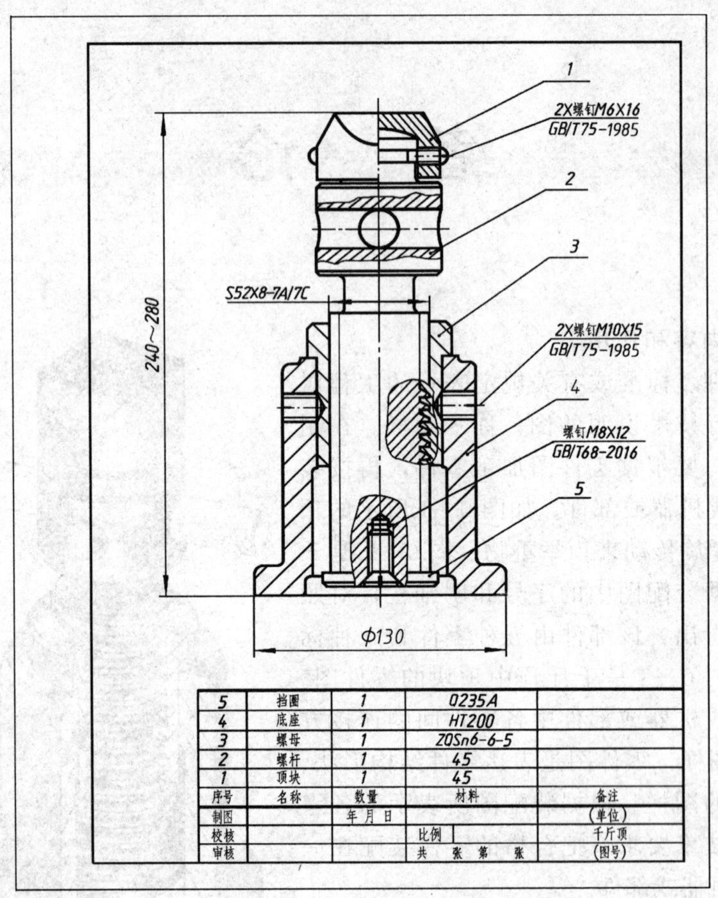

5	挡圈	1	Q235A		
4	底座	1	HT200		
3	螺母	1	ZQSn6-6-5		
2	螺杆	1	45		
1	顶块	1	45		
序号	名称	数量	材料		备注
制图		年 月 日			（单位）
校核			比例		千斤顶
审核			共 张 第 张		（图号）

图 0—2　千斤顶装配图

2. 正投影法基本原理是识读和绘制机械图样的理论基础，是本课程的核心内容。通过学习正投影作图基础、组合体及其尺寸标注，应掌握运用正投影法表达空间形体的图示方法，并具备一定的空间想象和思维能力。

3. 机械图样的表示法包括图样的基本表示法和常用机件及标准结构要素的特殊表示法。通过学习图样的表示法，理解并掌握视图、剖视图、断面图等的画法和注法规定，以及螺纹紧固件连接、齿轮啮合、键和销连接等画法规定，这是识读和绘制零件图、装配图的重要基础。

4. 机械图样的识读与绘制是本课程的主干内容，也是学习本课程的目的所在。通过学习，还应了解各种技术要求的符号、代号和标记的含义，具备识读和绘制比较简单的零件图和装配图的基本能力。

四、工程图学的历史与发展

自从劳动开创人类文明史以来，图形与语言、文字一样，是人们认识自然、表达和交流思想的基本工具。远古时代，人类从制造简单工具到建造建筑物，一直使用图形来表达意图，但均以直观、写真的方法来画图。随着生产的发展，这种简单的图形已不能正确表达形体，人们迫切需要总结出一套绘制工程图的方法，它既能正确表达形体，又便于绘制和度量。18 世纪欧洲的工业革命，促进了一些国家科学技术的迅速发展。法国科学家蒙日在总

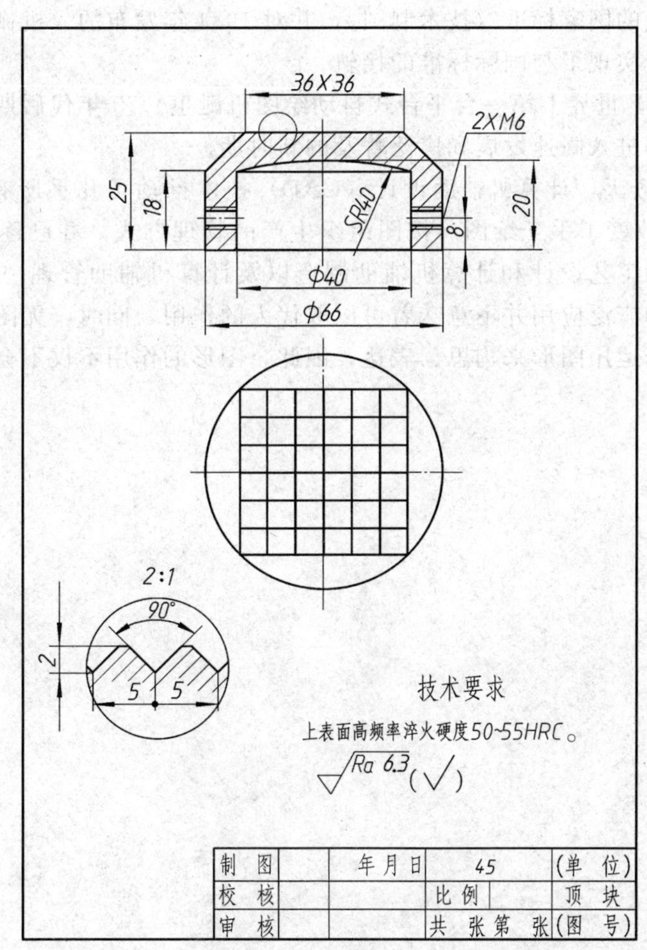

图 0—3　顶块零件图

结前人经验的基础上，根据平面图形表示空间形体的规律，应用投影方法创建了画法几何学，从而奠定了图学理论的基础，实现了工程图表达与绘制的规范化。两百多年来，经过不断完善和发展，工程图在工业生产中得到了广泛的应用。

在图学发展的历史长河中，我国人民也有着杰出的贡献。“没有规矩，不成方圆”，反映了我国在古代对尺规作图已有深刻的理解和认识，如春秋时代的《周礼·考工记》中已有规矩、绳墨、悬锤等绘图工具运用的记载。我国保存下来的历史上最著名的建筑图样为宋代李明仲所著的《营造法式》(刊印于 1103 年)，书中记载的各种图样的画法与现代的正投影图、轴测图、透视图已非常接近。宋代以后，元代王桢所著《农书》(1313 年)、明代宋应星所著《天工开物》(1637 年) 等书中都附有上述类似图样。清代徐光启所著《农政全书》，画有许多农具图样，包括构造细部的详图，并附有详细的尺寸和制造技术要求注解。但由于我国长期处于封建社会，科学技术发展缓慢，图学方面虽然很早就有相当高的成就，但未能形成专著留传下来。

20 世纪 50 年代，我国著名学者赵学田教授简明而通俗地总结了三视图的投影规律——长对正、高平齐、宽相等，从而使工程图易学易懂。1959 年，我国正式颁布国家标准《机械制图》，1970 年、1974 年、1984 年相继做了必要修订。1992 年以来，我国又陆续制定了多项适用于多种专业的国家标准《技术制图》，并对1984年发布的《机械制图》国家标准分批进行了修订，逐步实现了与国际标准的接轨。

20世纪50年代，世界上第一台平台式自动绘图机诞生。70年代后期，随着微型计算机的出现，计算机绘图进入高速发展和广泛普及的新时期。

跨入21世纪的今天，计算机辅助设计（CAD）技术推动了几乎所有领域的设计革命。CAD技术从根本上改变了手工绘图、按图组织生产的管理方式，并已逐步实现了计算机辅助设计、计算机辅助工艺设计和计算机辅助制造以及计算机辅助管理一体化的系统解决方案。但是，计算机的广泛应用并不意味着可以取代人的作用，同时，无图纸生产并不等于无图生产，设计离不开运用图形来构思、表达，因此，图形的作用不仅不会降低，反而显得更加重要。

第一章
制图基本知识与技能

工程图样是现代工业生产中的重要技术资料，也是工程界交流信息的共同语言，具有严格的规范性。掌握制图基本知识与技能，是培养识图和制图能力的基础。本章着重介绍国家标准《技术制图》和《机械制图》中的制图基本规定，并简要介绍绘图工具的使用及平面图形的画法。

§1—1 制图基本规定

为了适应现代化生产、管理的需要和便于技术交流，国家标准局制订并发布了一系列国家标准，简称“国标”，包括强制性国家标准（代号“GB”）、推荐性国家标准（代号“GB/T”）和指导性国家标准（代号“GB/Z”）。例如《技术制图 图样画法 视图》（GB/T 17451—1998）即表示技术制图标准中图样画法的视图部分，发布顺序号为17451，发布年号是1998年。需要注意的是，《机械制图》标准适用于机械图样，《技术制图》标准则对工程界的各种专业图样普遍适用。本节摘录了有关《技术制图》和《机械制图》国家标准中的部分基本规定。

一、图纸幅面和格式（GB/T 14689—2008）

1. 图纸幅面

图纸幅面是指图纸宽度与长度组成的图面。绘制技术图样时，应优先采用表1—1中规定的图纸基本幅面尺寸。基本幅面代号有A0、A1、A2、A3、A4五种。

表1—1　　图纸幅面及图框格式尺寸　　mm

幅面代号	幅面尺寸	周边尺寸		
	$B\times L$	a	c	e
A0	841×1189	25	10	20
A1	594×841			
A2	420×594			10
A3	297×420		5	
A4	210×297			

2. 图框格式

图纸上限定绘图区域的线框称为图框。图框在图纸上必须用粗实线画出，图样绘制在图框内部，其格式分为留装订边和不留装订边两种，如图 1—1 和图 1—2 所示。同一产品的图样只能采用一种图框格式。

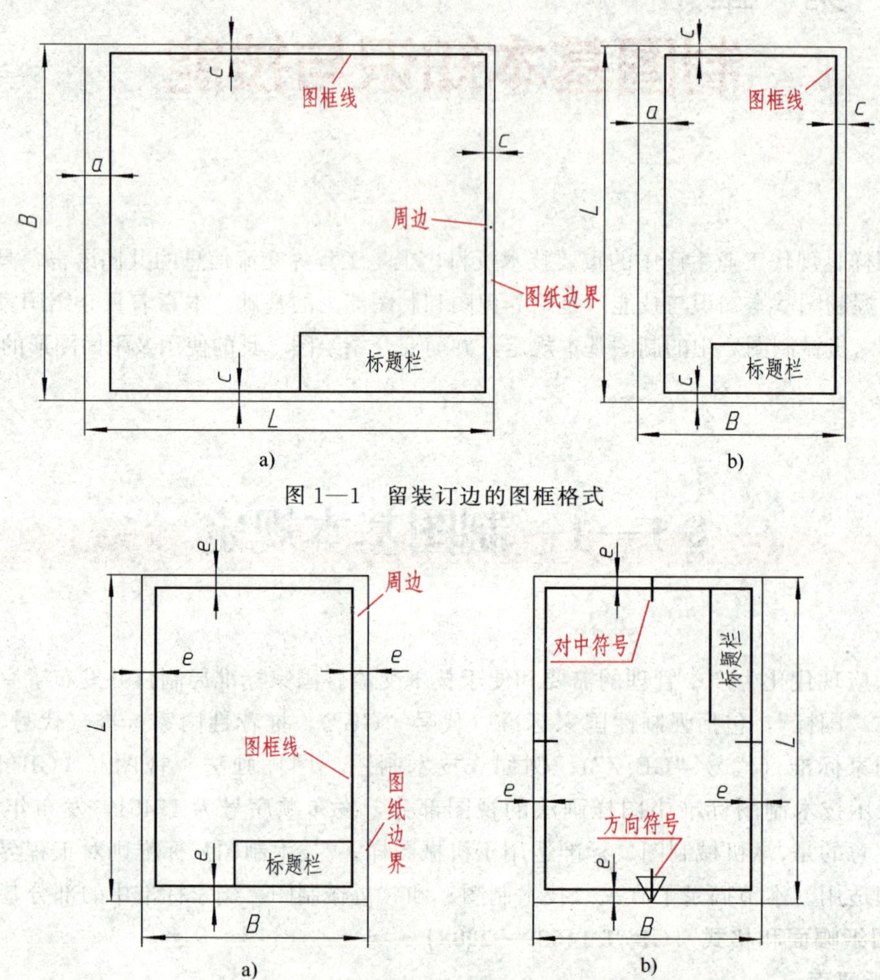

图 1—1　留装订边的图框格式

图 1—2　不留装订边的图框格式及对中、方向符号

为了复制或缩微摄影的方便，应在图纸各边长的中点处绘制对中符号。对中符号是从周边画入图框内 5 mm 的一段粗实线，如图 1—2b 所示。当对中符号处在标题栏范围内时，则伸入标题栏内的部分省略。

3. 标题栏

标题栏由名称及代号区、签字区、更改区和其他区组成，其格式和尺寸按 GB/T 10609.1—2008 规定，如图 1—3a 所示。为了方便日常使用，也可采用简化的标题栏（图 1—3b）。

标题栏位于图纸右下角，标题栏中的文字方向为看图方向，如果使用预先印制的图纸，需要改变标题栏的方位时，必须将其旋转至图纸的右上角，此时，为了明确看图的方向，应在图纸的下边对中符号处画一个方向符号（细实线绘制的正三角形），如图 1—2b 所示。

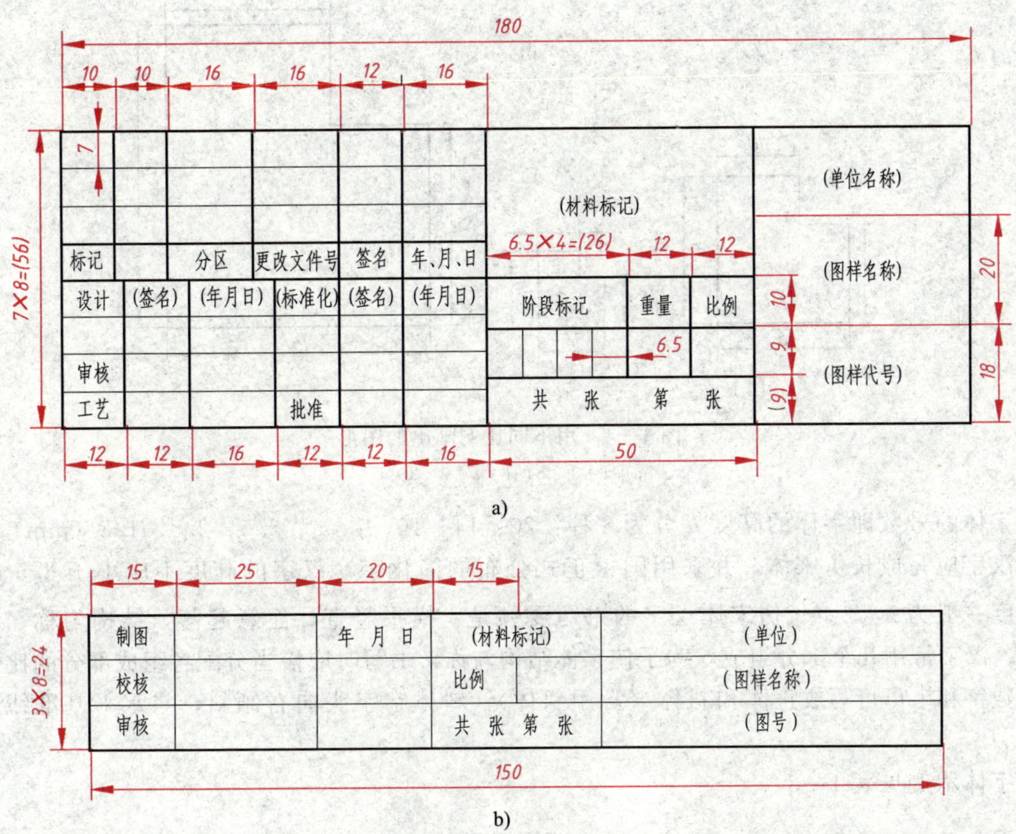

图 1—3 标题栏的格式

二、比例（GB/T 14690—1993）

比例是指图样中图形与其实物相应要素的线性尺寸之比。

当需要按比例绘制图样时，应从表 1—2 规定的系列中选取。

表 1—2 **绘图比例**

原值比例	1∶1					
放大比例	2∶1 (2.5∶1)	5∶1 (4∶1)	1×10^n∶1 (2.5×10^n∶1)	2×10^n∶1 (4×10^n∶1)	5×10^n∶1	
缩小比例	1∶2 (1∶1.5) (1∶1.5×10^n)	1∶5 (1∶2.5) (1∶2.5×10^n)	1∶10	1∶1×10^n (1∶3) (1∶3×10^n)	1∶2×10^n (1∶4) (1∶4×10^n)	1∶5×10^n (1∶6) (1∶6×10^n)

注：n 为正整数，优先选用不带括号的比例。

为看图方便，建议尽可能按机件的实际大小（即原值比例）绘图，如机件太大或太小，则应采用缩小或放大比例绘图。不论放大或缩小，标注尺寸时必须注出设计要求的尺寸。图 1—4 为用不同比例画出的同一图形。

三、字体（GB/T 14691—1993）

图样中书写的汉字、数字和字母必须做到：字体工整，笔画清楚，间隔均匀，排列整齐。

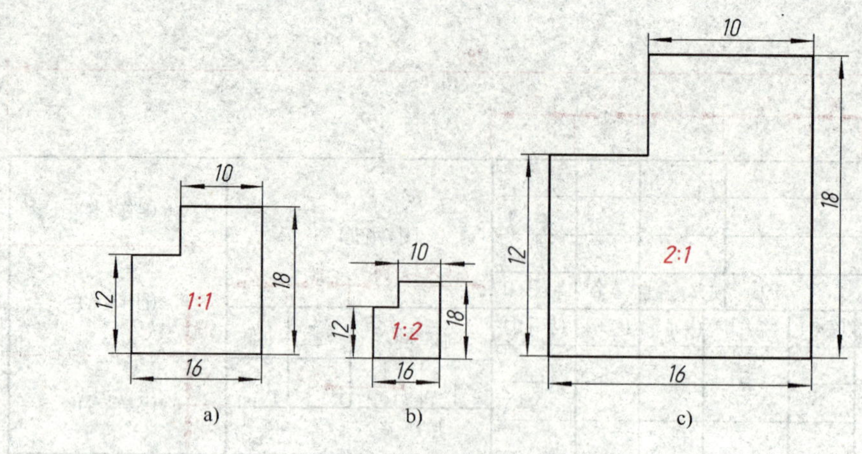

图 1—4　用不同比例画出的图形

a) 1∶1　b) 1∶2　c) 2∶1

字体的号数即字体的高度 h 分为 8 种：20、14、10、7、5、3.5、2.5、1.8（mm）。

汉字应写成长仿宋体，并采用国家正式公布的简化字。汉字的高度不应小于 3.5 mm，其宽度一般为 $h/\sqrt{2}$。长仿宋体汉字的书写要领是：横平竖直，注意起落，结构匀称，填满方格。汉字常用几个部分组成，为了使字体结构匀称，书写时应恰当分配各组成部分的比例。

数字和字母可写成正体和斜体（常用斜体），斜体字字头向右倾斜，与水平基准线约成 75°。

字体示例见表 1—3。

表 1—3　　**字体示例**

类型		示例
长仿宋体汉字		基本笔画 机　械　制　图 结构特点
	10 号	字体工整　笔画清楚　间隔均匀　排列整齐
	7 号	横平竖直　注意起落　结构均匀　填满方格
	5 号	技术制图石油化工机械电子汽车航空船舶土木建筑矿山井坑港口纺织焊接设备工艺
	3.5 号	螺纹齿轮端子接线飞行指导驾驶舱位挖填施工引水通风闸阀坝棉麻化纤材料及热处理

续表

类型		示例
拉丁字母	大写斜体	ABCDEFGHIJKLMNOPQRSTUVWXYZ
	小写斜体	abcdefghijklmnopqrstuvwxyz
阿拉伯数字	斜体	0123456789
	正体	0123456789
罗马数字	斜体	I II III IV V VI VII VIII IX X
	正体	I II III IV V VI VII VIII IX X
字体的应用		$\phi 20^{+0.010}_{-0.023}$　$7^{\circ}{}^{+1^{\circ}}_{-2^{\circ}}$　$\frac{3}{5}$　A—A　M24-6h　HT200　$\phi 25\frac{H6}{m5}$　$\frac{II}{2:1}$　$\frac{A}{5:1}$　0.02 A　Ra6.3　R8　5%

四、图线（GB/T 17450—1998、GB/T 4457.4—2002）

1. 图线的形式及应用

绘图时应采用国家标准规定的图线形式和画法。国家标准《技术制图　图线》（GB/T 17450—1998）规定了绘制各种技术图样的 15 种基本线型。根据基本线型及其变形，国家标准《机械制图　图样画法　图线》（GB/T 4457.4—2002）中规定了 9 种图线，其名称、线型及其应用示例见表 1—4 和图 1—5。

表 1—4　　图线的名称、线型与应用（根据 GB/T 4457.4—2002）

图线名称	图线型式	图线宽度	一般应用举例
粗实线	————	粗（d）	可见轮廓线
细实线	————	细（$d/2$）	尺寸线及尺寸界线 剖面线 重合断面的轮廓线 过渡线
细虚线	– – – – – –	细（$d/2$）	不可见轮廓线
细点画线	——·——	细（$d/2$）	轴线 对称中心线
粗点画线	——·——	粗（d）	限定范围的表示线
细双点画线	——··——	细（$d/2$）	相邻辅助零件的轮廓线 轨迹线 可动零件极限位置的轮廓线 中断线
波浪线	～～～	细（$d/2$）	断裂处的边界线 视图与剖视图的分界线
双折线	—∧∨—∧∨—	细（$d/2$）	同波浪线
粗虚线	– – – – – –	粗（d）	允许表面处理的表示线

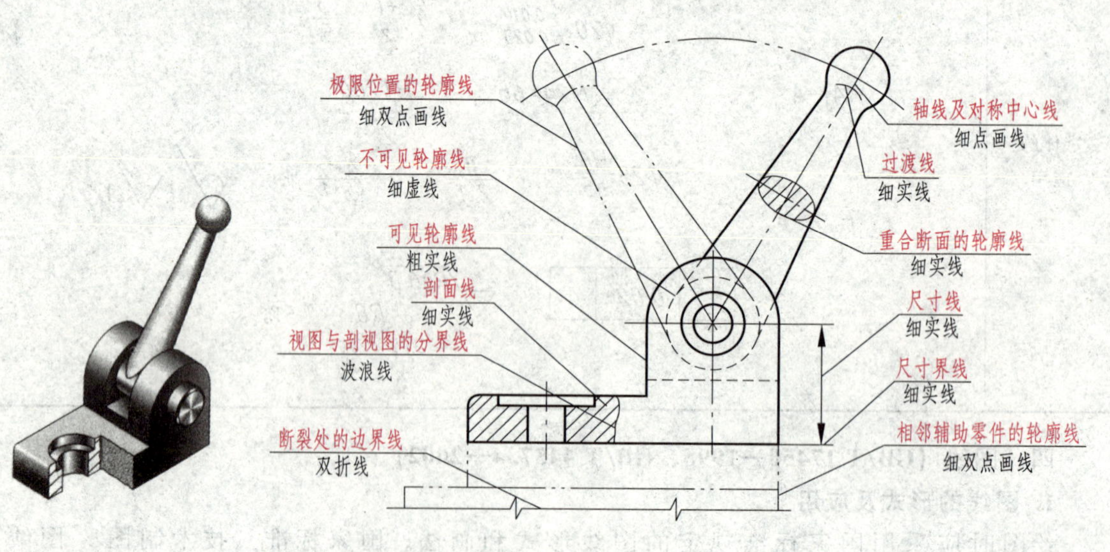

图 1—5　图线的名称、线型与应用

机械制图中通常采用两种线宽，粗、细线的比例为 2∶1，粗线宽度优先采用 0.5 mm、0.7 mm。为了保证图样清晰、便于复制，应尽量避免出现线宽小于 0.18 mm 的图线。

2. 图线画法

（1）细虚线、细点画线、细双点画线与其他图线相交时尽量交于画或长画处。如图 1—6a 所示，画圆的中心线时，圆心应是长画的交点，细点画线两端应超出轮廓 3～5 mm；当细点画线较短时（如小圆直径小于 8 mm），允许用细实线代替细点画线，如图 1—6b 所示。图 1—6c 所示为错误画法。

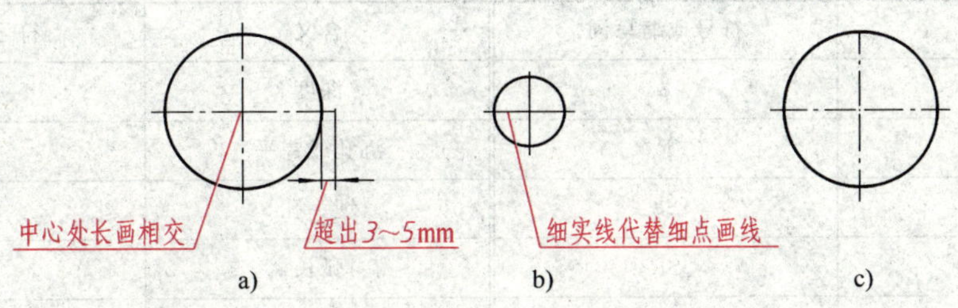

图 1—6　圆中心线的画法

（2）细虚线直接在粗实线延长线上相接时，细虚线应留出空隙，如图 1—7a 所示；细虚线与粗实线垂直相接时则不留空隙，如图 1—7b 所示；细虚线圆弧与粗实线相切时，细虚线圆弧应留出空隙，如图 1—7c 所示。

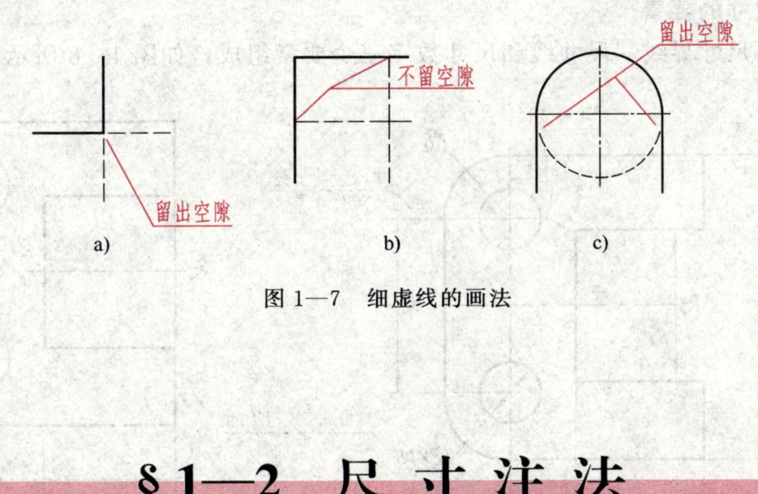

图 1—7　细虚线的画法

§1—2　尺寸注法

图形只能表示物体的形状，其大小则由标注的尺寸确定。尺寸是图样中的重要内容之一，是制造机件的直接依据。因此，在标注尺寸时，必须严格遵守国家标准有关规定，做到正确、齐全、清晰和合理。尺寸注法的依据是国家标准《机械制图　尺寸注法》（GB/T 4458.4—2003）和《技术制图 简化表示法 第 2 部分：尺寸注法》（GB/T 16675.2—2012）。

一、标注尺寸的基本规则

1. 机件的真实大小应以图样上所标注的尺寸数值为依据，与图形的大小及绘图的准确度无关。

2. 图样中的尺寸以毫米（mm）为单位时，不必标注计量单位的符号。如采用其他单位，则应注明相应的单位符号。

3. 图样中所标注的尺寸为该图样所示机件的最后完工尺寸，否则应另加说明。

4. 机件上的每一尺寸一般只标注一次，并应标注在表示该结构最清晰的图形上。

5. 标注尺寸时，应尽可能使用符号或缩写词，常用的符号或缩写词见表 1—5。

表 1—5　　常用的符号或缩写词

含义	符号或缩写词	含义	符号或缩写词
直径	ϕ	深度	↧
半径	R	沉孔或锪平	⌴
球直径	$S\phi$	埋头孔	⌵
球半径	SR	弧长	⌒
厚度	t	斜度	∠
均布	EQS	锥度	▷
45°倒角	C	展开长	○→
正方形	□		

二、标注尺寸的要素

标注尺寸由尺寸界线、尺寸线和尺寸数字三个要素组成，如图 1—8 所示。

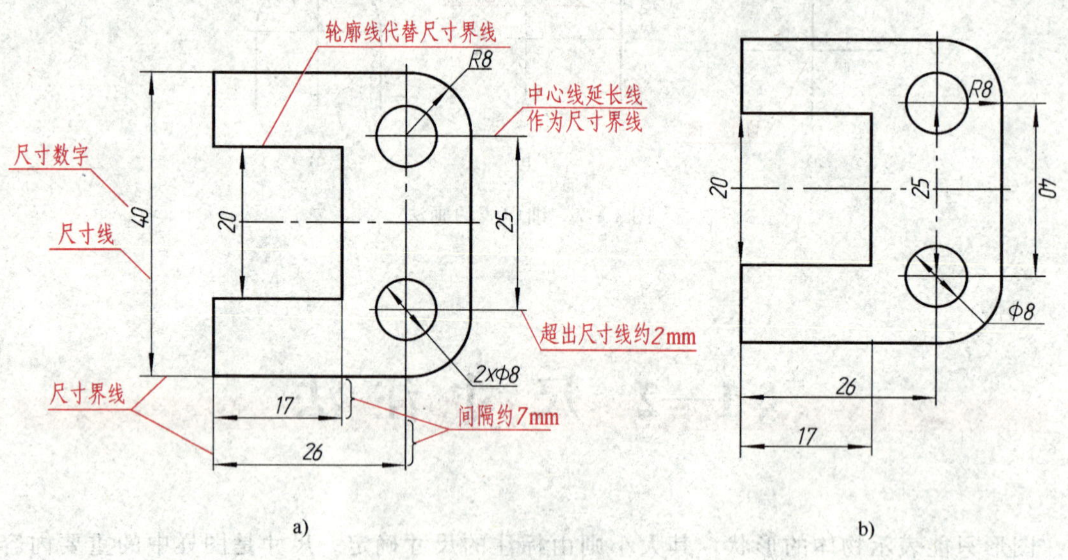

图 1—8　标注尺寸的要素

a）正确注法　b）错误注法

1. 尺寸界线

尺寸界线表示所注尺寸的起始和终止位置，用细实线绘制，并应从图形的轮廓线、轴线或对称中心线引出，也可以直接利用轮廓线、轴线或对称中心线作为尺寸界线。尺寸界线一般应与尺寸线垂直，并超出尺寸线约 2 mm。

2. 尺寸线

尺寸线用细实线绘制，应平行于被标注的线段，相同方向的各尺寸线之间的间隔应大于 7 mm。尺寸线一般不能用图形上的其他图线代替，也不能与其他图线重合或画在其延长线上，并应尽量避免与其他的尺寸线或尺寸界线相交。

尺寸线终端有箭头（图 1—9a）和斜线（图 1—9b）两种形式。通常，机械图样的尺寸线终端画箭头，土木建筑图的尺寸线终端画斜线。当没有足够的位置画箭头时，可用小圆点（图 1—9c）或斜线（图 1—9d）代替。

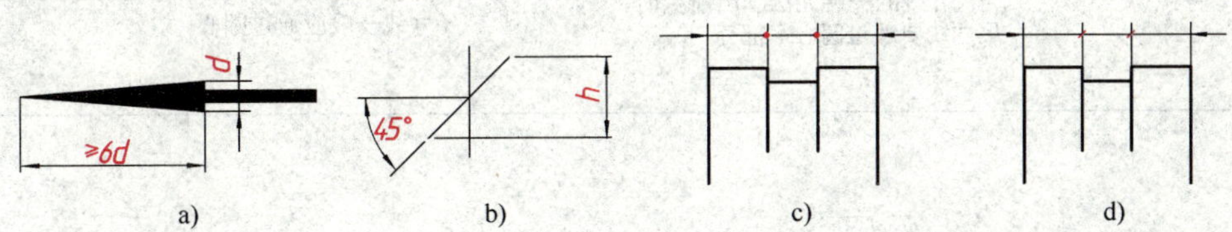

a)　b)　c)　d)

图 1—9　尺寸线的终端

a）箭头形式　b）斜线形式　c）小圆点代替　d）斜线代替

3. 尺寸数字

线性尺寸的数字一般应注写在尺寸线的上方或左方，也允许注写在尺寸线的中断处。注写线性尺寸数字时，如尺寸线为水平方向，则尺寸数字规定由左向右书写，字头向上；如尺寸线为竖直方向，则尺寸数字由下向上书写，字头朝左；在倾斜的尺寸线上注写尺寸数字时，必须使字头方向有向上的趋势。线性尺寸、角度尺寸、圆及圆弧尺寸、小尺寸等的注法见表 1—6。

表 1—6　　　　**尺寸标注示例**

内容	图例及说明
线性尺寸数字方向	30°　20　20　20　20　20　20　20　20　20　20　16　16 当尺寸线在图示30°范围内（红色）时，可采用右边几种形式标注，同一张图样中标注形式要统一
线性尺寸注法	φ30　42　第一种方法　φ30　42　第二种方法　必要时尺寸界线与尺寸线允许倾斜 优先采用第一种方法，同一张图样中标注形式要统一

内容	图例及说明
圆及圆弧尺寸注法	**圆的直径数字前面加注“ϕ”。**当尺寸线的一端无法画出箭头时，尺寸线要超过圆心一部分 **圆弧半径数字前面加注“R”。**半径尺寸线一般应通过圆心
小尺寸注法	当无足够位置标注小尺寸时，**箭头可外移或用小圆点代替两个箭头**，尺寸数字也可注写在尺寸界线外或引出标注
避免图线通过尺寸数字	**当尺寸数字无法避免被图线通过时，图线必须断开**
角度和弧长尺寸注法	角度的尺寸界线应沿径向引出，尺寸线画成圆弧，其圆心是该角的顶点。**角度的尺寸数字一律水平书写，一般注写在尺寸线的中断处，必要时也可注写在尺寸线的上方、外侧或引出标注** **弧长的尺寸线是该圆弧的同心弧**，尺寸界线平行于对应弧长的垂直平分线。“⌒28”表示弧长28mm

续表

内容	图例及说明
对称机件的尺寸注法	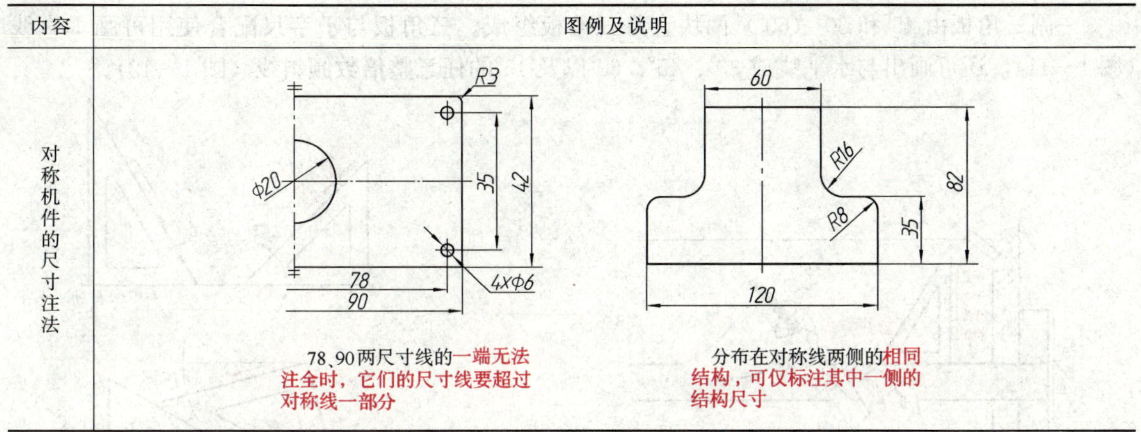 78、90两尺寸线的一端无法注全时，它们的尺寸线要超过对称线一部分 分布在对称线两侧的相同结构，可仅标注其中一侧的结构尺寸

§1—3 绘图工具及其使用

尺规绘图是指用铅笔、丁字尺、三角板、圆规等绘图工具来绘制图样。虽然目前技术图样已逐步由计算机绘制，但尺规绘图仍是当今工程技术人员的必备基本技能，也是学习和巩固图学理论知识不可缺少的方法，必须熟练掌握。

常用的绘图工具有以下几种：

1. 图板和丁字尺

图板是固定图纸、绘制图样的矩形木质面板，要求板面平整光滑，侧边方正平直。通常，丁字尺与图板配合使用。画图时，先将图纸用胶带纸固定在图板上，丁字尺头部紧靠图板左边，画线时铅笔垂直于纸面并向右倾斜约 30°（图 1—10）。丁字尺上下移动到画线位置，自左向右画水平线（图 1—11）。

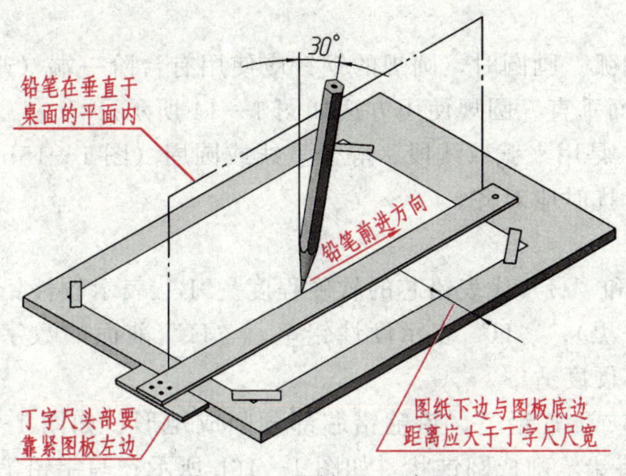

图 1—10　图板和丁字尺

2. 三角板

一副三角板由45°和30°（60°）两块直角三角板组成。三角板与丁字尺配合使用可画垂直线（图1—11），还可画出与水平线成30°、45°、60°以及15°的任意整倍数倾斜线（图1—12）。

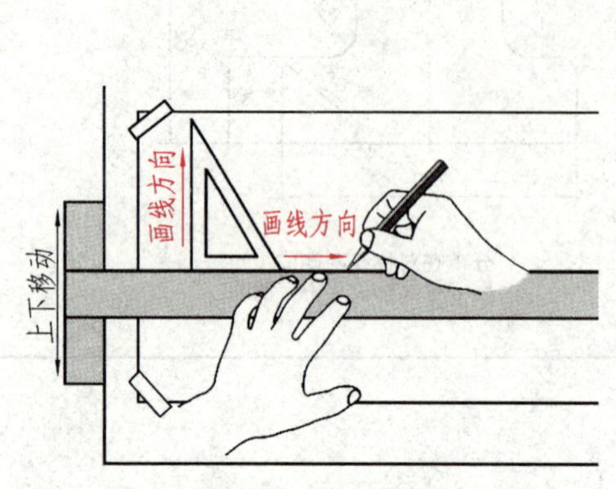

图1—11　丁字尺与图板配合画水平线

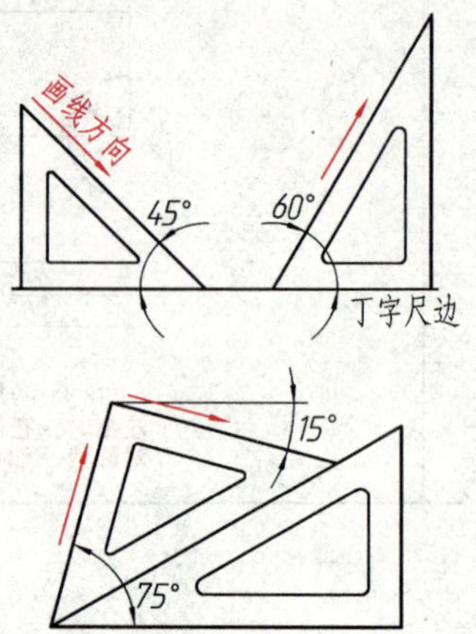

图1—12　用三角板画常用角度斜线

两块三角板配合使用，可画任意已知直线的平行线或垂直线，如图1—13所示。

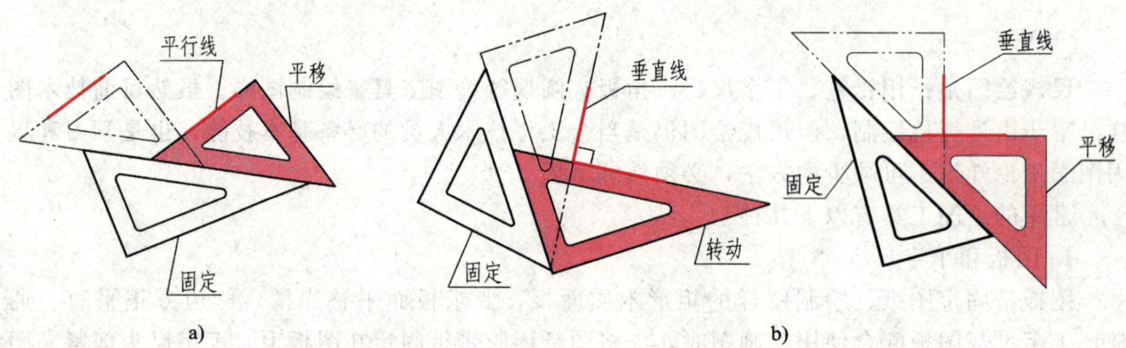

图1—13　两块三角板配合使用

a）作已知直线的平行线　b）作已知直线的垂直线

3. 圆规和分规

圆规用来画圆和圆弧。画圆时，圆规的钢针应使用有台阶一端（避免图纸上的针孔不断扩大），并使笔尖与纸面垂直。圆规使用方法如图1—14所示。

分规（图1—15a）是用来截取线段、等分直线或圆周（图1—15b），以及量取尺寸的工具。分规的两个针尖并拢时应对齐。

4. 铅笔

绘图铅笔用“B”和“H”代表铅芯的软硬程度。“B”表示软性铅笔，“B”前面的数字越大，表示铅芯越软（黑）；“H”表示硬性铅笔，“H”前面的数字越大，表示铅芯越硬（淡）。“HB”表示铅芯硬度适中。

通常画粗实线用B或2B铅笔，铅笔铅芯部分削成矩形，如图1—16a所示；画细实线用H或2H铅笔，并将铅笔削成圆锥状，如图1—16b所示；写字铅笔选HB或H。画圆或圆弧时，圆规上的铅芯比铅笔铅芯软一挡为宜。

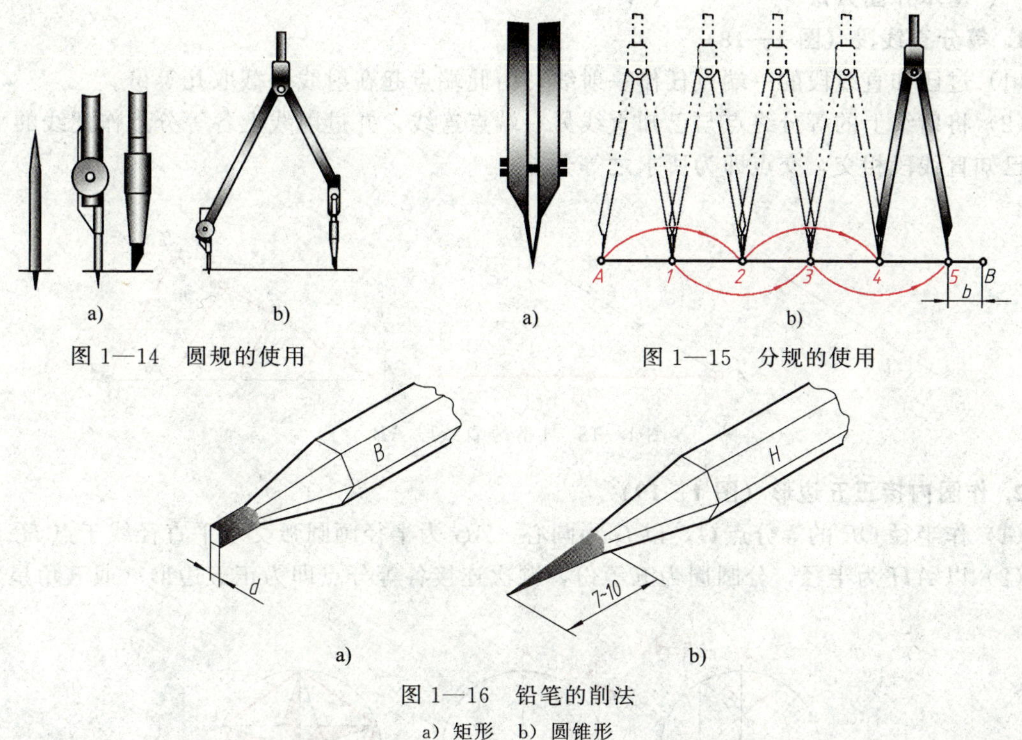

图 1—14　圆规的使用

图 1—15　分规的使用

图 1—16　铅笔的削法

a）矩形　b）圆锥形

5. 比例尺

常用的比例尺为三棱尺（图 1—17），它有三个尺面，刻有六种不同比例的尺标，从1∶100 到1∶600。当使用比例尺上某一比例时，可直接按尺面上所刻的数值截取或读出刻度线的长度。例如按比例 1∶100 画图时，图上每 1 cm 长度表示实际长度为 100 cm，即 1 m。

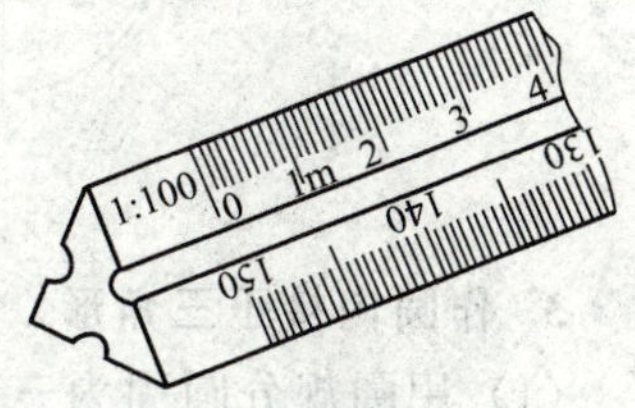

图 1—17　三棱尺

在绘制机械图样时，1∶100 可当作 1∶1 使用，此时每一小格刻度为 1 mm，1∶200 可当作1∶2 使用，每一小格刻度为 2 mm。

除了上述工具外，绘图时还要备有削铅笔的小刀、磨铅芯的砂纸、橡皮、胶带纸等。有时为了画非圆曲线，还要用到曲线板。如果要描图，则还要用到直尺和针管笔等。

§1—4　平面图形画法

机件的轮廓形状基本上都是由直线、圆弧和一些其他曲线组成的几何图形，绘制几何图形称为几何作图。下面介绍几种最常用的几何作图方法。

一、基本作图方法

1. 等分直线段（图 1—18）

（1）过已知直线段的一端点任作一射线，由此端点起在射线上截取几等份。

（2）将射线上的等分终点与已知直线另一端点连线，并过射线上各等分点作此线的平行线与已知直线段相交，交点即为所求之等分点。

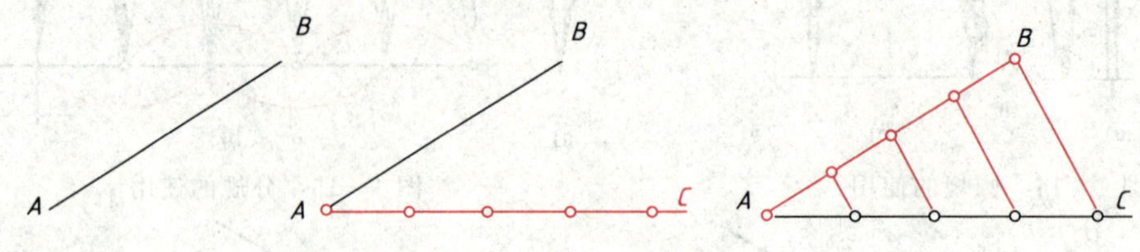

图 1—18　4 等分直线段 AB

2. 作圆内接正五边形（图 1—19）

（1）作半径 OF 的等分点 G，以 G 为圆心，AG 为半径画圆弧交水平直径线于点 H。

（2）以 AH 为半径，分圆周为五等份，顺次连接各等分点即为正五边形（或五角星）。

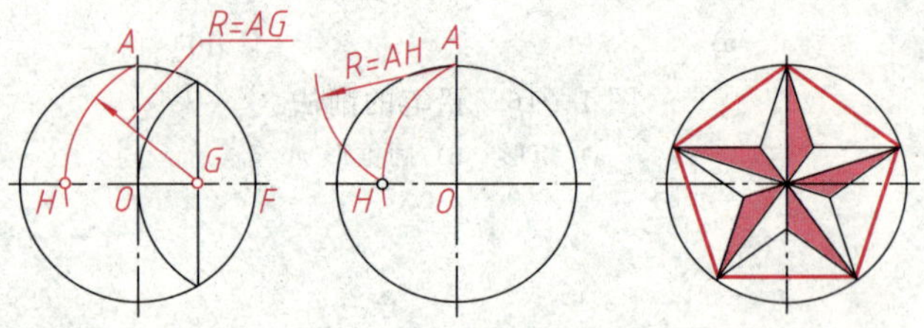

图 1—19　正五边形的作图方法

3. 作圆内接正三角形、正六边形

（1）用圆规分圆周为三（六）等份，连接各等分点，即可作出正三角形（正六边形），如图 1—20 所示。

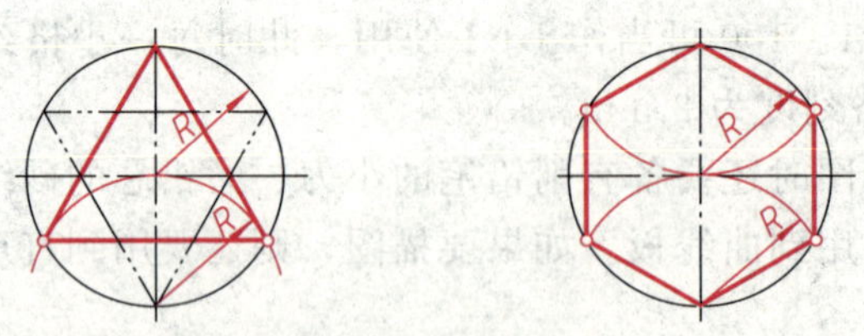

图 1—20　用圆规作圆内接正三角形、正六边形

（2）分别用 30°、60°三角板与丁字尺配合作图，可作出不同位置的正三角形或正六边形，如图 1—21 所示。

4. 斜度和锥度

（1）一直线对另一直线或一平面对另一平面的倾斜程度称为斜度，在图样中以 1∶n 的形式标注。图 1—22a 为斜度 1∶6 的作法：由点 A 起在水平线段上取六个单位长度，得点 D，过点 D 作 AD 的垂线 DE，取 DE 为一个单位长度，连接 AE，即得斜度为 1∶6 的直线。

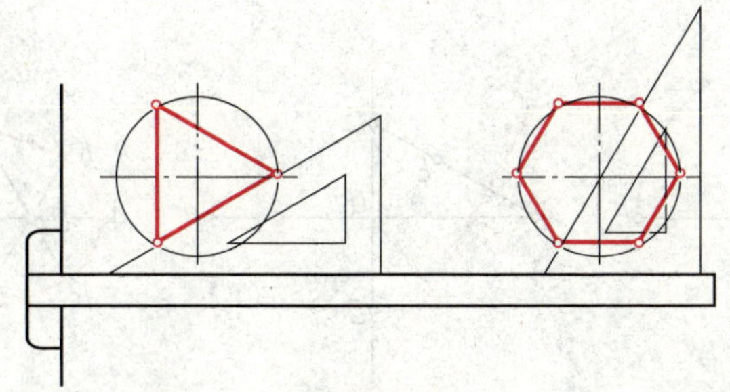

图 1—21　用三角板作圆内接正三角形、正六边形

斜度的标注方法如图 1—22b 所示，斜度符号要与斜度方向一致。斜度的符号画法如图 1—22c 所示（h 为字高）。

（2）正圆锥底圆直径与圆锥高度之比，称为锥度，在图样中一般以 1∶n 的形式标注。图 1—23a 所示为锥度 1∶3 的作法：由点 S 起在水平线段上取六个单位长度，得点 O；过点 O 作 SO 的垂直线，分别向上和向下截取一个单位长度，得 A、B 两点；分别过 A、B 与点 S 相连，即得 1∶3 的锥度。

锥度的标注方法如图 1—23b 所示，锥度符号的方向与圆锥方向一致。锥度的符号画法如图 1—23c 所示（h 为字高）。

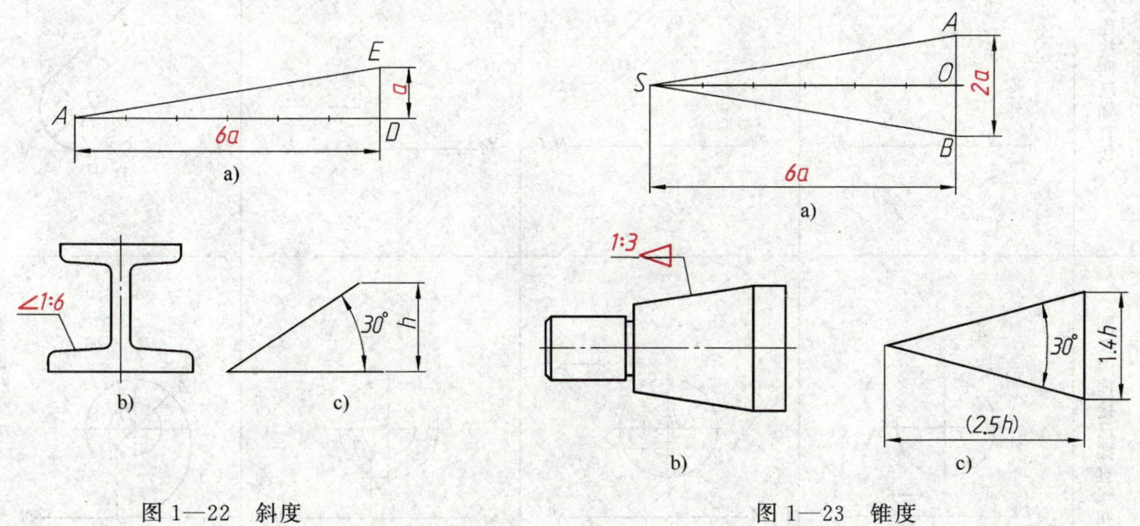

图 1—22　斜度　　　　图 1—23　锥度

5. 已知长、短轴，用四心圆法作椭圆

（1）画出长、短轴 AB、CD，连 AC，以 C 为圆心，长半轴与短半轴之差为半径画弧交 AC 于点 E（图 1—24a）。

（2）作 AE 中垂线，与长、短轴交于 O_3、O_1 点，并作出其对称点 O_4、O_2（图 1—24b）。

（3）分别以 O_1、O_2 为圆心，O_1C 为半径画大弧；以 O_3、O_4 为圆心，O_3A 为半径画小弧（大、小弧的切点 K 在相应的连心线上），即得椭圆（图 1—24c）。

6. 圆弧连接

用一段圆弧光滑地连接另外两条已知线段（直线或圆弧）的作图方法称为圆弧连接。要保证圆弧连接光滑，就必须使线段与线段在连接处相切，作图时应先求作连接圆弧的圆心及确定连接圆弧与已知线段的切点。作图方法见表 1—7。

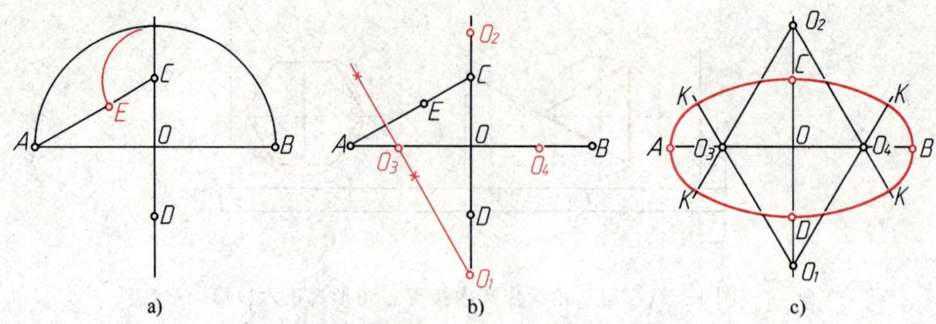

图 1—24　用四心圆法作椭圆

表 1—7　　**圆弧连接**

类型	已知条件	作图方法和步骤		
		求连接圆弧圆心	求切点	画连接弧
圆弧连接两已知直线				
圆弧内连接已知直线和圆弧				
圆弧外连接两已知圆弧				

续表

类型	已知条件	作图方法和步骤		
		求连接圆弧圆心	求切点	画连接弧
圆弧内连接两已知圆弧				
圆弧分别内外连接两已知圆弧				

二、平面图形的分析与作图

平面图形是由若干直线和曲线封闭连接组合而成。画平面图形时，要通过对这些直线或曲线的尺寸及连接关系的分析，才能确定平面图形的作图步骤。

下面以图 1—25 所示手柄为例说明平面图形的分析方法和作图步骤。

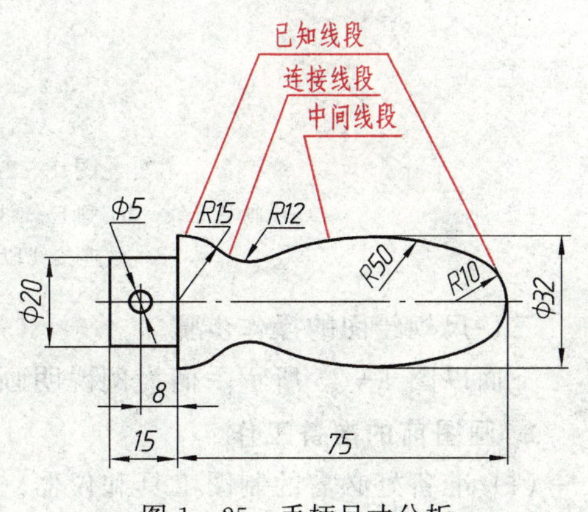

图 1—25　手柄尺寸分析

1. 尺寸分析

平面图形中所注尺寸按其作用可分为两类：

（1）定形尺寸　指确定形状大小的尺寸，如图 1—25 中的 $\phi20$、$\phi5$、15、$R15$、$R10$、$\phi32$ 等尺寸。

（2）定位尺寸　指确定各组成部分之间相对位置的尺寸，如图 1—25 中的 8 是确定 $\phi5$ 小圆位置的定位尺寸。有的尺寸既有定形尺寸的作用，又有定位尺寸的作用，如图1—25 中的 75。

2. 线段分析

平面图形中的各线段，有的尺寸齐全，可以根据其定形、定位尺寸直接画出；有的尺寸不齐全，必须根据其连接关系通过几何作图的方法画出。按尺寸是否齐全，线段分为三类：

（1）已知线段　指定形、定位尺寸均齐全的线段，如 ϕ5、R10、R15。

（2）中间线段　指只有定形尺寸和一个定位尺寸，而缺少另一定位尺寸的线段。这类线段要在其相邻一端的线段画出后，再根据连接关系（如相切）用几何作图的方法画出。如 R50。

（3）连接线段　指只有定形尺寸而缺少定位尺寸的线段，如 R12。

图 1—26 所示为手柄的作图步骤。

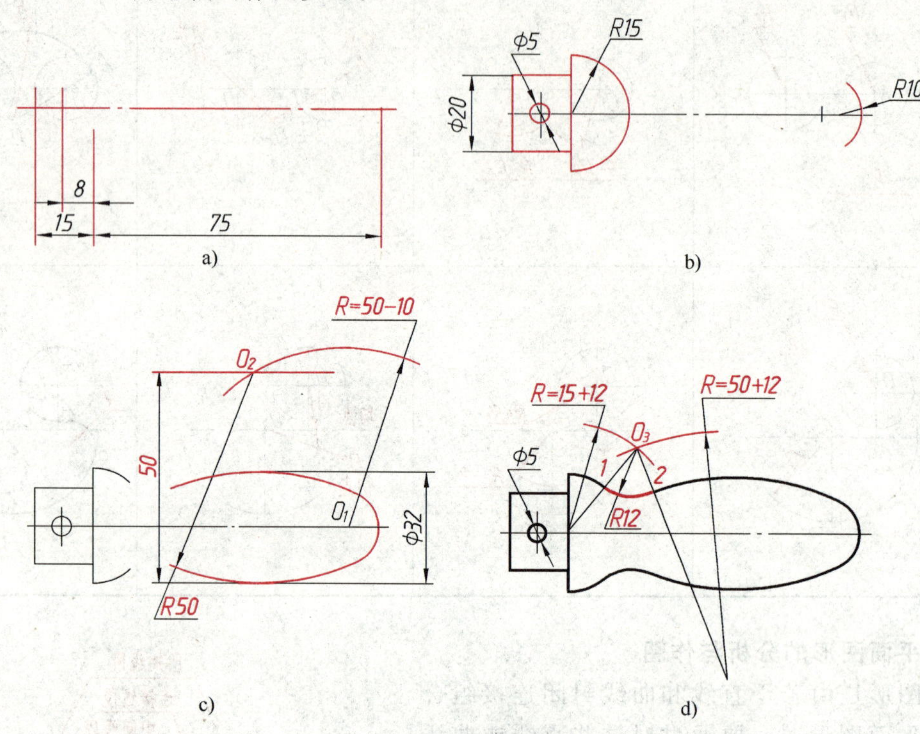

图 1—26　手柄的作图步骤

a）画基准线　b）画已知线段　c）画中间线段（求出圆心、切点）

d）画连接线段（求出圆心、切点）并描深

三、尺规绘图的操作步骤

下面以图 1—25 所示手柄为例说明画图的步骤。

1. 画图前的准备工作

（1）准备好必需的制图工具和仪器。

（2）确定图形采用的比例和图纸幅面的大小。

（3）将图纸固定在图板的适当位置，使绘图时丁字尺、三角板移动自如。

（4）画出图框和标题栏。

（5）分析所画图形的尺寸、各线段的性质及画图的先后顺序，确定图形在图纸上的布局。

2. 画图步骤

（1）图形分析　手柄由左端用于连接工件的圆柱部分和右端手持的葫芦形体两部分组成。以水平轴线为对称中心线，图形上下对称。右端葫芦形体由 R15、R12、R50 和 R10 圆弧组成。

（2）画底稿　底稿一般用较硬的铅笔（ H 或 2H ）轻淡地画出，画底稿的步骤如下：

1）根据已知尺寸画出手柄轴线和手柄长度方向的轮廓（图 1—26a）。

2）根据尺寸 $\phi 20$ 和 $\phi 5$ 作出左端长方形和连接孔，再由 $R15$ 和 $R10$ 作出手柄头部和尾部的图形（图 1—26b）。

3）根据手柄的定形尺寸 $\phi 32$ 和 $R50$ 圆弧与 $R10$ 圆弧的内切关系，作连接圆弧 $R50$ 的圆心 O_2：以 O_1 为圆心、$R=50-10=40$ 为半径画弧，跟与 $\phi 32$ 尺寸界线距离为 50 的平行线相交，交点为 O_2。O_1O_2 的连线与 $R10$ 圆弧的交点为连接点。以 O_2 为圆心、$R50$ 为半径画 $R50$ 圆弧（图 1—26c）。上下对称，方法相同。

4）求作连接弧 $R12$ 的圆心 O_3：分别以 $R15$ 和 $R50$ 的圆心为圆心、$R=15+12=27$ 和 $R=50+12=62$ 为半径画弧，交于点 O_3。O_3 与 $R15$ 和 $R50$ 圆心的连线与圆弧相交，两交点即分别为连接点 1、2。以 O_3 为圆心、$R12$ 为半径画连接弧，见图 1—26d。

（3）描深　底稿完成后，要仔细校对，修正错误，擦掉多余的作图线，并按各种图线的线宽要求进行描深，一般用 B 或 2B 铅笔描深粗实线，圆规用的铅芯应比画直线用的铅笔芯软一号。描深粗实线时，先描深圆或圆弧，由小到大，再从图的左上方开始，顺次向下描深所有水平方向的粗实线，仍从图的左上方开始，顺次向右描深所有垂直方向的粗实线。

按上述顺序，用 H 铅笔描深所有细实线。

（4）画箭头，注尺寸，填写标题栏等。

绘成的手柄平面图形如图 1—27 所示。

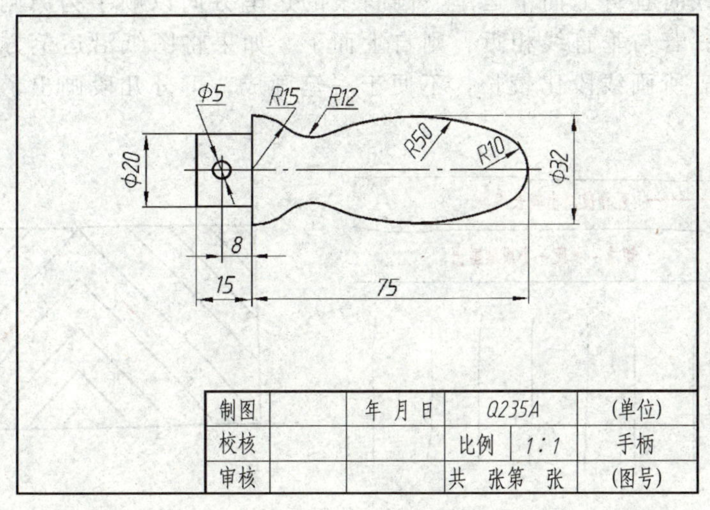

图 1—27　手柄零件图

§1—5　草图画法

所谓草图，就是不用绘图仪器（如圆规、直角尺），通过目测形体各部分之间的相对比例，徒手绘出的图。草图是创意构思、技术交流、测绘机器常用的绘图方法，因此它是工程技术人员必备的一项基本技能。在学习过程中，应通过大量实践性练习，逐步地提高徒手绘图的质量、速度和技巧。

草图虽然是徒手绘制，但绝不是潦草的图，仍应做到：图形正确，图线粗细分明，比例匀称，字体工整，图面整洁。

徒手绘图具有灵活快捷、简单易行等特点，现实生产、学习与生活中非常实用，伴随计算机绘图的普及和快速发展，徒手绘制草图的应用将更加广泛。

一、执笔的方法

徒手绘制草图，不受场地和绘图工具仪器的限制，只要有笔（绘图铅笔、钢笔）、纸即可实现。

通常情况下，手执笔的位置较使用仪器绘图时稍高一些，以利于运笔和观察方向、目标。笔杆与纸面成30°～60°角，执笔要稳而有力。

为了保证绘制图线粗细分明，画细线时笔杆与纸面的夹角小些（30°～45°），运笔要轻、要匀；画粗实线时笔杆与纸面的夹角可因笔尖而定，适当小些，力度要大些，整个运笔过程力度、速度要均匀。

二、直线的画法

徒手画直线时，在运笔过程中，小手指轻抵纸面，视线略超前一些，不宜盯着笔尖，而要用眼睛的余光瞄向运笔的前方和笔尖运行的终点。如图1—29所示，画水平线时宜自左向右运笔，画垂直线时宜自上而下运笔。画斜线的运笔方向以顺手为原则，若与水平线相近，则自左向右；若与垂直线相近，则自上而下。如果将图纸沿运笔方向略为倾斜，则画线更加顺手。若所画线段比较长，不便于一笔画成，可分几段画出，但切忌一小段一小段地画出。

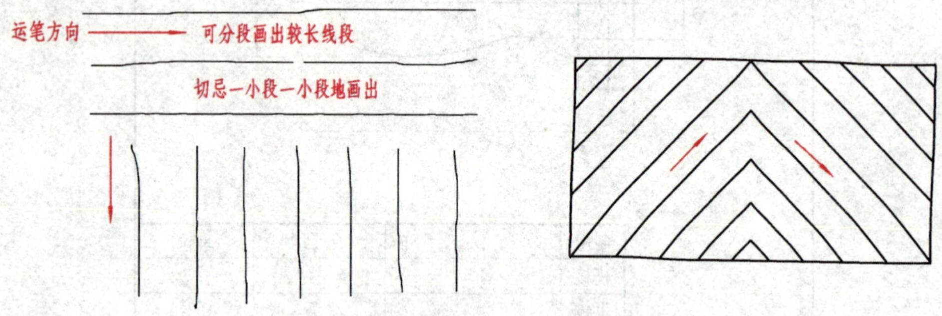

图1—29　徒手画直线

三、等分线段和常用角度的画法

1. 等分线段

（1）八等分线段（图1—30a）　先目测取得中点4，再取等分点2、6，最后取等分点1、3、5、7。

（2）五等分线段（图1—30b）　先目测以2∶3的比例将线段分成不相等的两段，然后将较短段平分，较长段三等分。

2. 常用角度

画常用角度时，可利用直角三角形两条直角边的长度比定出两端点，连成直线，如图1—31a所示。也可以如图1—31b所示，将半圆弧二等分或三等分后画出45°、30°或60°斜线。

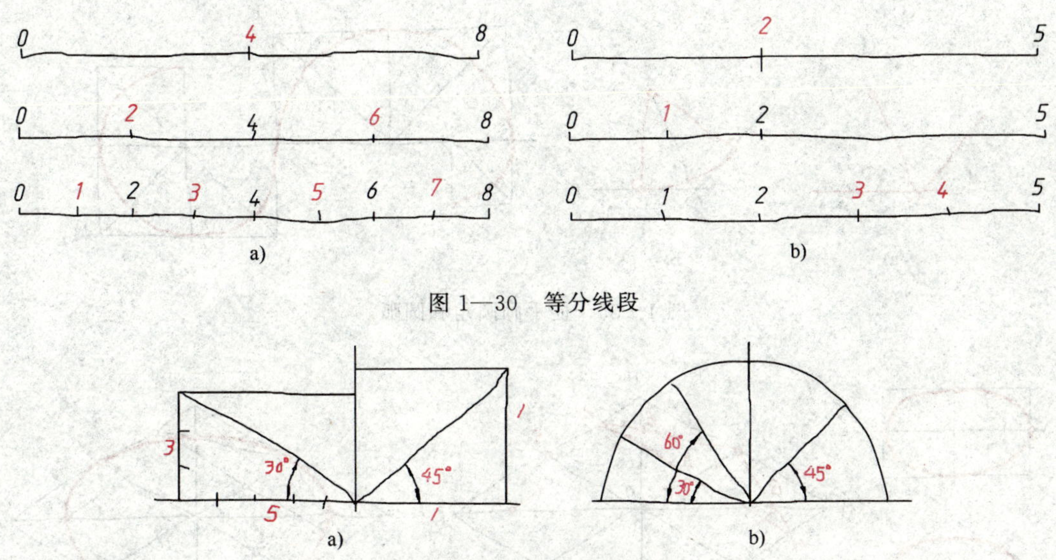

图 1—30　等分线段

图 1—31　常用角度徒手画法

四、圆、圆角与圆弧的画法

画直径较小的圆时，可如图 1—32a 所示，在已绘中心线上按半径目测定出四点，徒手画成圆。也可以过四点先作正方形，再作内切的四段圆弧。画直径较大的圆时，只取四点不易准确作圆，可如图 1—32b 所示，过圆心再画 45°和 135°斜线，并在斜线上也目测定出四点，过八点画圆。

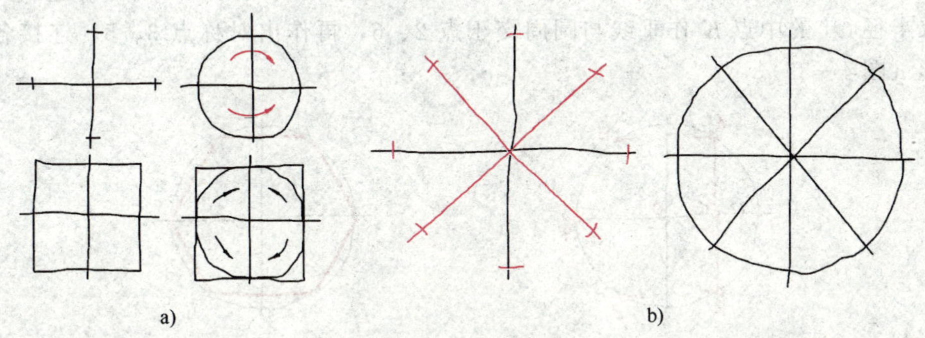

图 1—32　徒手画圆

画圆角时，徒手先将直线画成相交，作分角线，再在分角线上定出圆心位置，使它与角两边的距离等于圆角半径的大小（图 1—33a）。过圆心向两边引垂线定出圆弧的起点和终点，在分角线上也定出圆周上的一点，然后徒手把三点连成圆弧（图 1—33b）。用类似的方法还可画圆弧连接（图 1—33c）。

五、椭圆的画法

画较小的椭圆时，先在中心线上定出长、短轴或共轭轴的四个端点，作矩形或平行四边形，再作四段椭圆弧，如图 1—34a 所示。画较大的椭圆时，可按图 1—34b 所示方法，在平行四边形的四条边上取中点 1、3、5、7，在对角线上再取四点 2、4、6、8（如图 1—34b 所示，过 $O7$ 的中点 K 作 $MN // AD$，连 $M7$、$N7$ 与 AC、BD 交于点 8、6，并作出它们的对称点 2、4），将椭圆分为八段，然后顺次连接画出（图 1—34c）。

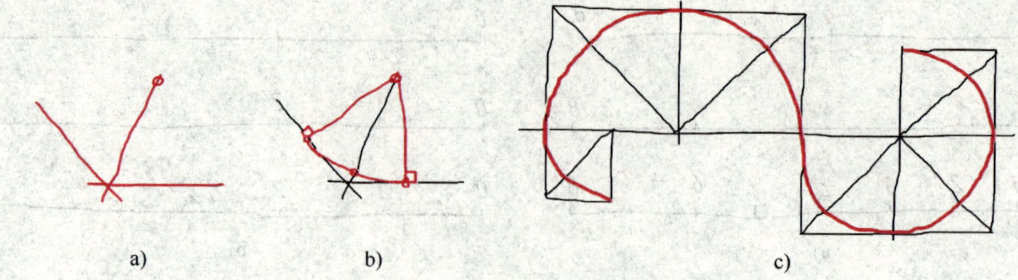

图 1—33 徒手画圆角和圆弧

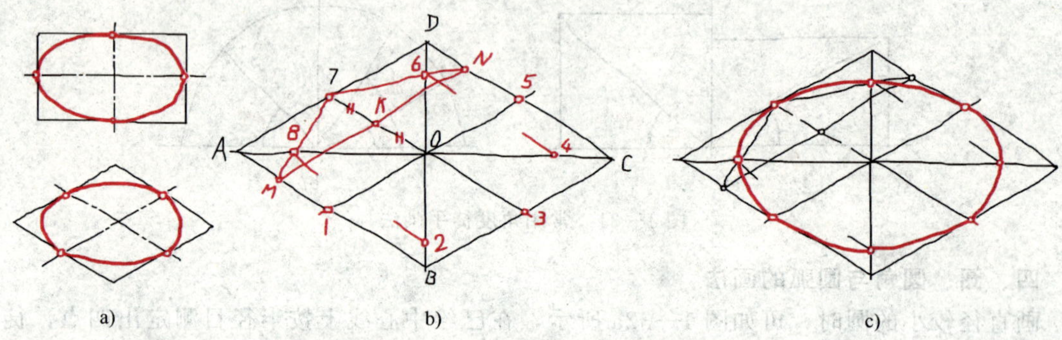

图 1—34 徒手画椭圆

六、正六边形的画法

徒手画正六边形的方法如图 1—35 所示。以正六边形的对角距（1 和 4 的连线）为直径作圆，取半径 $O1$ 的中点 K 作垂线与圆周交于点 2、6，再作出对称点 3、5，连接各点即为正六边形（图 1—35）。

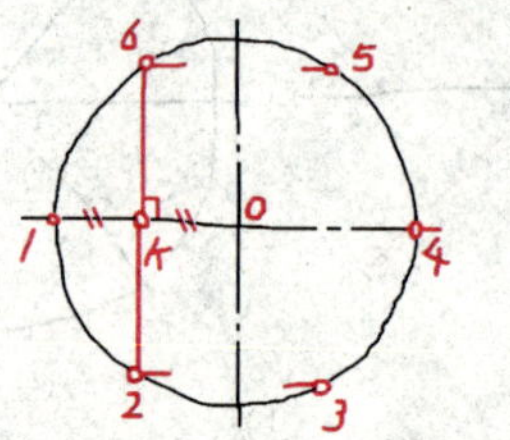

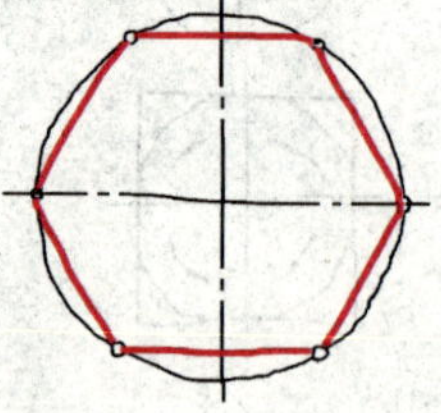

图 1—35 徒手画正六边形

第二章

正投影作图基础

正投影法能准确表达物体的形状，度量性好，作图方便，在工程上得到广泛应用。机械图样主要是用正投影法绘制的。本章重点讨论正投影图的投影规律和作图方法，并通过立体表面上的点、直线和平面的投影分析，初步培养空间思维和想象能力，为学好本课程打下扎实基础。

§2—1 投影法概述

物体在光线照射下，在地面或墙面上会产生影子，人们对这种自然现象加以抽象研究，总结其规律，创造了投影法。

一、投影法分类

1. 中心投影法

投射线汇交于一点的投影方法，称为中心投影法。用这种方法所得的投影称为中心投影（图 2—1）。

如图 2—1 所示，设 S 为投射中心，SA、SB、SC 为投射线，平面 P 为投影面。延长 SA、SB、SC 与投影面 P 相交，交点 a、b、c 即为三角形顶点 A、B、C 在 P 面上的投影。

日常生活中的照相、放映电影都是中心投影的实例。它与人的视觉习惯相符，能体现近大远小的效果，形象逼真，具有强烈的立体感，广泛用于绘制建筑、环境、机械产品等效果图。

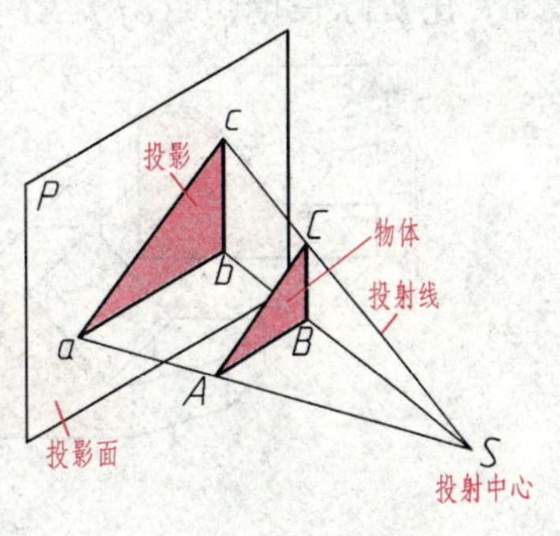

图 2—1 中心投影法

2. 平行投影法

投射线互相平行的投影方法称为平行投影法。按投射线与投影面倾斜或垂直，平行投影法分为斜投影法和正投影法两种。

（1）斜投影法　投射线与投影面倾斜的平行投影法。根据斜投影法所得到的图形，称为斜投影或斜投影图（图 2—2a）。

（2）正投影法　投射线与投影面垂直的平行投影法。根据正投影法所得到的图形，称为正投影或正投影图（图 2—2b），简称为投影。

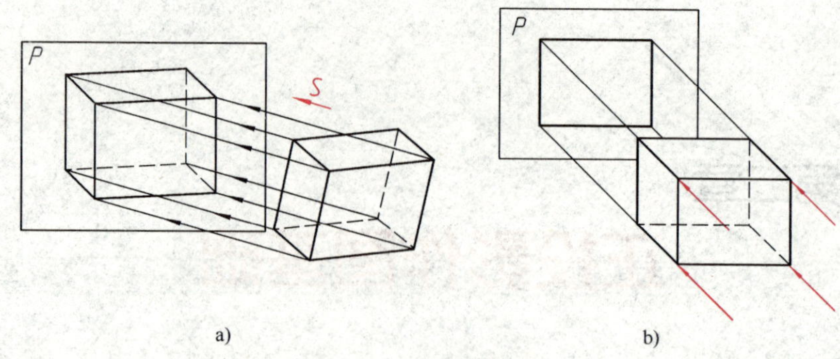

图 2—2　平行投影法

a）斜投影法　b）正投影法

当物体的某一平面与投影面平行时，采用正投影法可在该投影面上获得该平面的实形。正因为这样，工程图样主要是用正投影法绘制。

二、正投影法基本性质

1. 实形性

物体上平行于投影面的平面 P，其投影反映实形；平行于投影面的直线段 AB 的投影 ab 反映实长，如图 2—3a 所示。

2. 积聚性

物体上垂直于投影面的平面 Q，其投影 q 积聚成一条直线；垂直于投影面的直线段 CD 的投影积聚成一点 c（d），如图 2—3b 所示。

3. 类似性

物体上倾斜于投影面的平面 R，其投影 r 是原图形的类似形（类似形是指两图形相应线段间保持定比关系，即边数、平行关系，凹凸关系不变）；倾斜于投影面的直线段 EF 的投影 ef 比实际长度短（$ef<EF$），如图 2—3c 所示。

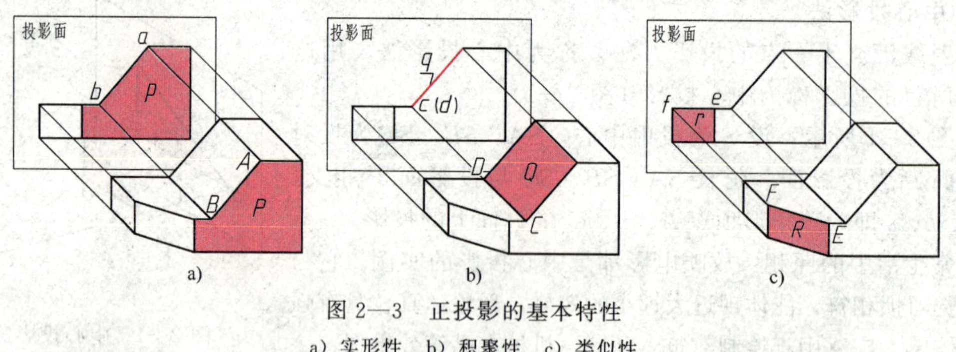

图 2—3　正投影的基本特性

a）实形性　b）积聚性　c）类似性

§2—2　三视图的形成及其投影规律

一、视图的概念

通常我们将根据有关标准和规定用正投影法绘制出物体的图形，称为视图。

值得注意的是，视图并不是观察者看物体所得到的直观印象，而是把物体安放在观察者和投影面之间，将观察者的观察视线视为一组相互平行且与投影面垂直的投射线，将物体向投影面进行投射所获得的正投影图，其投影情况如图 2—4 所示。

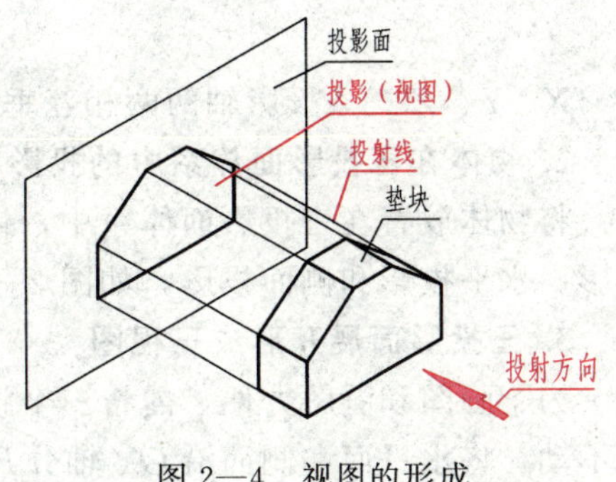

图 2—4　视图的形成

二、三视图的形成

通常情况下，一面视图不能完全反映物体的形状和大小（图 2—4），因此，为了完整地将物体的形状和大小表达清楚，常用三面视图，简称三视图。

1. 三投影面体系的建立

三投影面体系由三个相互垂直的投影面所组成（图 2—5），其分别为正立投影面（简称正面，用 V 表示）、水平投影面（简称水平面，用 H 表示）、侧立投影面（简称侧面，用 W 表示）。

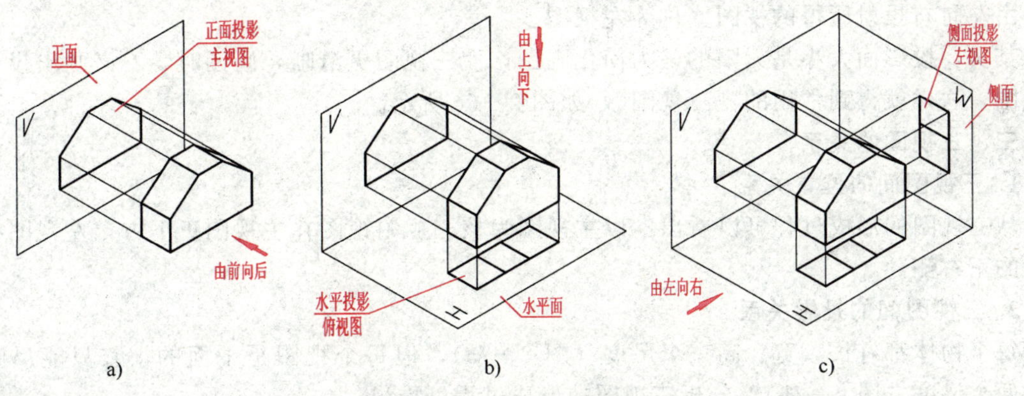

图 2—5　三投影面体系

如图 2—6a 所示，空间三个投影面之间的交线，称为投影轴。V 面与 H 面的交线称为 OX 轴（简称 X 轴），它表示空间物体的长度（左、右）方向；H 面与 W 面的交线称为 OY 轴（简称 Y 轴），它表示物体的宽度（前、后）方向；V 面与 W 面的交线称为 OZ 轴（简称 Z 轴），它表示物体的高（上、下）方向。

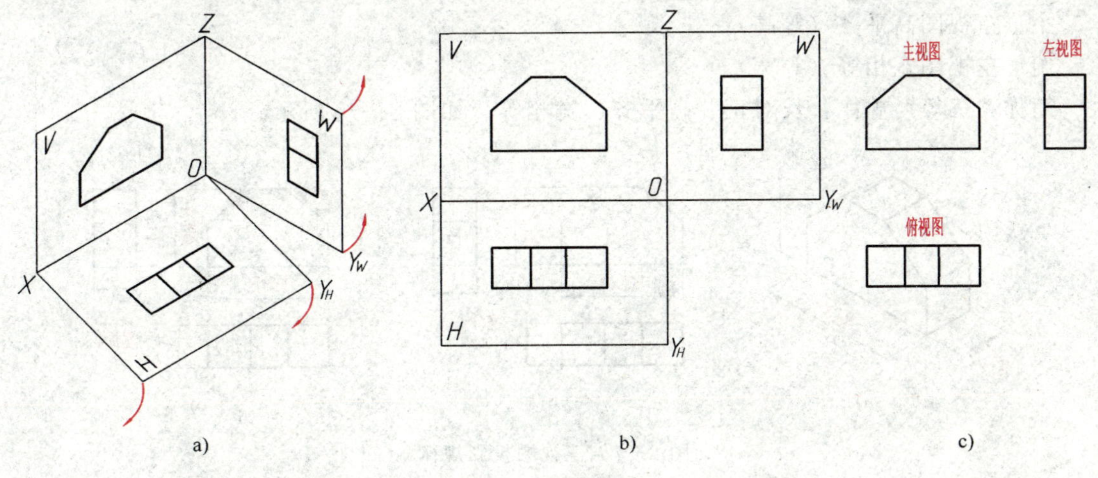

图 2—6　三视图的形成

X、Y、Z 三条投影轴两两相互垂直，其交点 O 称为原点。

2. 物体在三投影面体系中的投影

将物体放置在三投影面体系中，依正投影法向各投影面投射，即可分别得到物体的正面投影、水平投影和侧面投影，如图 2—5c 所示。

3. 三投影面展开形成三视图

为了画图和看图方便，需将三个投影面展开到同一平面上，如图 2—6b 所示。规定：V 面不动，将水平面和侧面沿 OY 轴分开，H 面绕 OX 轴向下旋转 90°（随 H 面旋转的 OY 轴用 OY_H 表示），W 面绕 OZ 轴向右旋转 90°（随 W 面旋转的 OY 轴用 OY_W 表示），如图 2—6a 所示。使 H 面、W 面与 V 面展平在同一平面上（即图纸平面），这样便得到了展开后的三视图（图 2—6b）。其中，物体在 V 面上的投影是由前向后投射所得的视图，称为主视图；物体在 H 面上的投影是自上而下投射所得到的视图，称为俯视图；物体在 W 面上的投影是由左向右投射所得的视图，称为左视图。

其实，投影面大小是无限的。为简化画图，使三视图更清晰，画图时，不必画出投影面的范围，这样就得到常用的“三视图”，如图 2—6c 所示。

三、三视图的关系

1. 三视图间的位置关系

从三视图的形成过程可以看出：以主视图为核心，俯视图在主视图正下方，左视图在主视图的正右侧。

2. 三视图间的投影关系

每个物体都有长、宽、高三个尺度（图 2—7a），但每个视图是平面的，它只能反映其中的两个尺度（图 2—7b），分析三视图的形成过程可推出：

主视图反映物体的长度（X）和高度（Z）；

俯视图反映物体的长度（X）和宽度（Y）；

左视图反映物体的宽度（Y）和高度（Z）。

归纳得出三视图的投影规律：

主、俯视图长对正（等长）；

主、左视图高平齐（等高）；

俯、左视图宽相等（等宽）。

简称“三等”规律：长对正、高平齐、宽相等。如图 2—7c 所示。

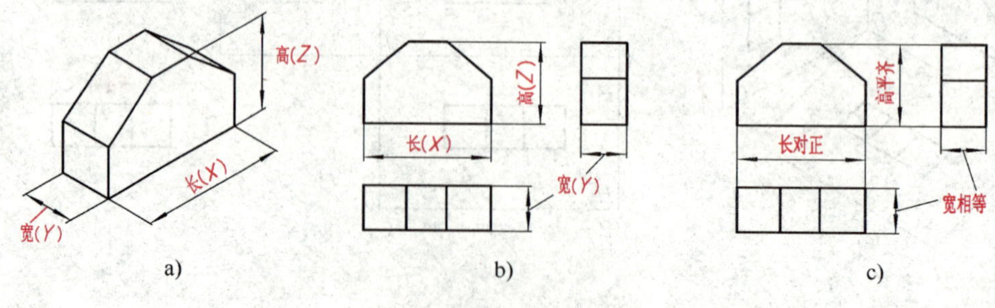

图 2—7 三视图投影规律

值得注意的是，上述“三等”规律，不但适用于整个物体，对于其中的局部（点、线、面）也都适用。同时它也是识图和绘图的重要基础和依据。

3. 三视图对应物体的方位关系

这里的方位关系是指以绘图者（或看图者）面对正投影面（即主视图的投影方向）来观察物体而言，观察分析物体的上、下、左、右、前、后六个方位（图 2—8a）在三视图中的对应关系，如图 2—8b 所示，即：

主视图反映物体的上、下和左、右的相对位置关系；

俯视图反映物体的左、右和前、后的相对位置关系；

左视图反映物体的上、下和前、后的相对位置关系。

对照图 2—8 可知，以主视图为中心，俯、左视图靠近主视图的一侧（内侧），反映的是物体的后面；远离主视图的一侧（外侧），反映的是物体的前面。

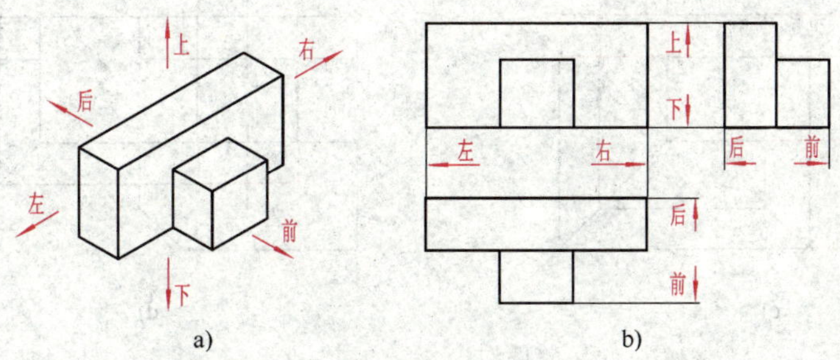

图 2—8 三视图的方位对应关系

四、运用投影规律绘制三视图

空间物体可由三视图来表达，这是一个由空间到平面的转化过程，即画图过程；它的逆向思维，就是通过对平面视图的分析想象构思出空间物体的实形，也就是一个读图的过程。这里首先介绍画图的方法步骤：

根据物体立体图（图 2—9a）画三视图时，首先要分析其结构形状，考虑物体与投影面的关系，一般情况下要使物体更多的主要表面与投影面保持平行，即使其摆正；选择反映物体特征的方向作为主视图的投射方向；确定绘图比例和图纸幅面。

具体作图时，应先考虑三个视图的布局，画出三视图的定位线（图的中心线、对称线、较大平面、棱线的投影等），因为每个视图都能反映物体的两个方向尺寸，所以两个方向都要有定位线，它也是画图的基准线，如图 2—9b 所示。

然后，从能反映物体形状特征的视图入手，一般是先从主视图画起，再根据“长对正、高平齐、宽相等”的投影规律，按先大后小、先整体后局部的画图顺序原则依次画出物体的俯视图和左视图，其三视图的具体作图步骤如图 2—9 所示。

需要指出的是：作图时，为确保俯视图、左视图宽相等，可先利用对应俯视图和左视图中宽度（前后）方向的基准线在两视图之间延长线之交点 O 作 45°线，求得其各部分对应关系，如图 2—9b 所示，或利用分规量取。同时要正确使用绘图工具，以保证其三视图的三等关系。

例 2—1 根据长方体（缺角）的立体图和主、俯视图（图 2—10a），补画左视图，并分析长方体表面间的相对位置。

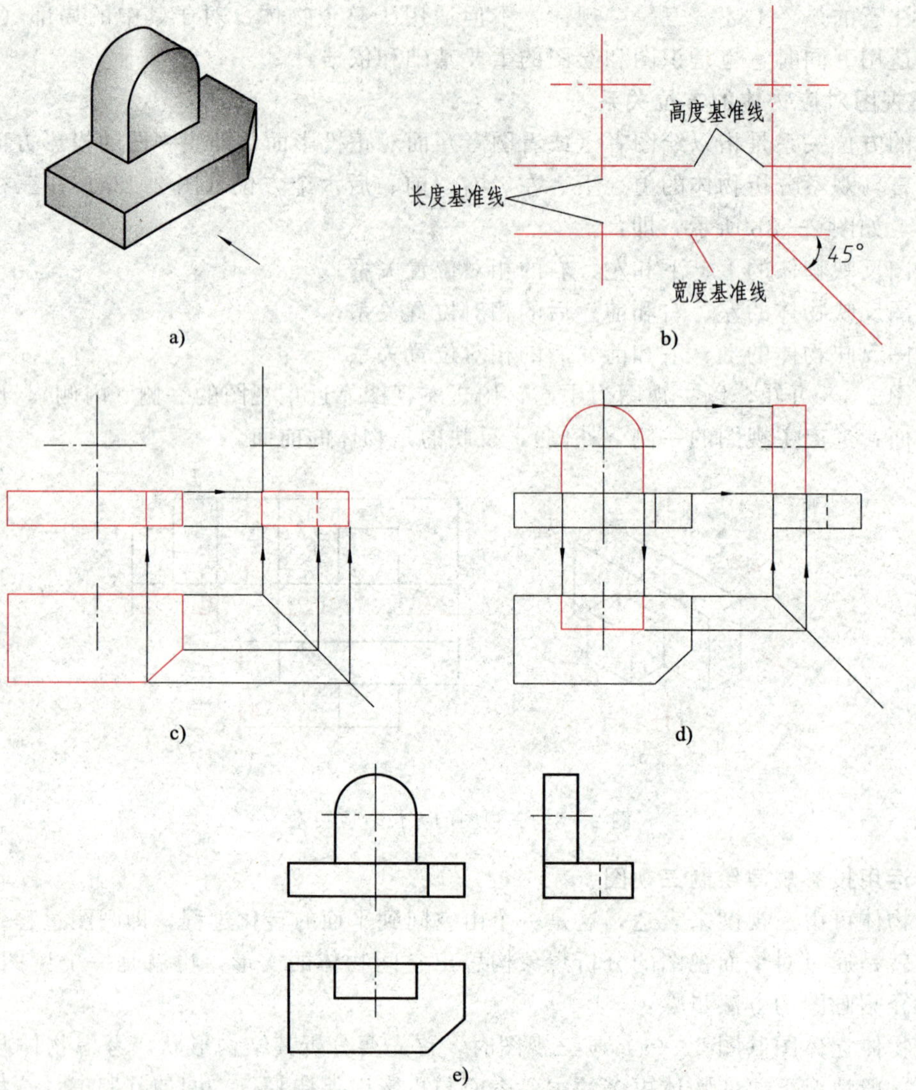

高度基准线
长度基准线
45°
宽度基准线
a)
b)
c)
d)
e)

图 2—9　三视图的画法及步骤

a）立体图　b）画定位线　c）画底板　d）画竖板　e）描深，完成三视图

a)
b)
c)

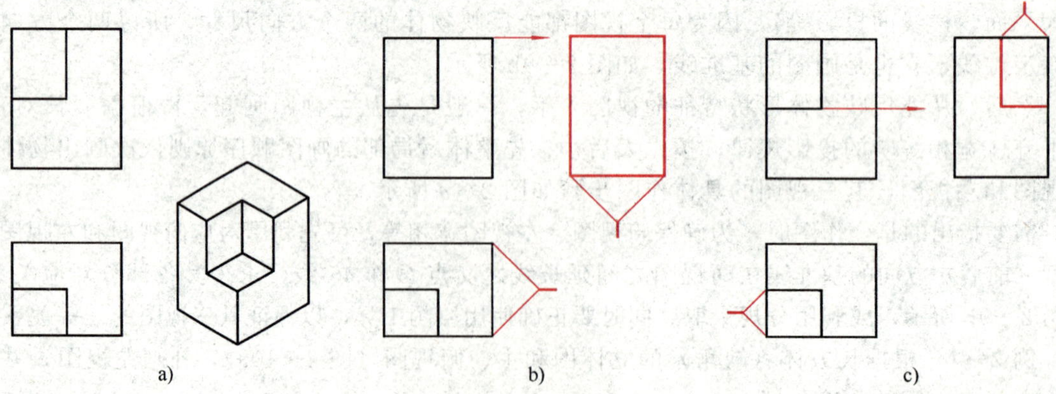

图 2—10　由主、俯视图补画左视图

分析

根据正投影法的基本性质，对照图 2—10a 中的立体图，分析已知视图（主视图、俯视图）可知：物体是一个长方体去掉其一角，可应用三视图的投影和方位关系作图，补画左视图。

作图

（1）先确定左视图相对主视图的位置，以物体后面投影为基准画线，将与其对应的俯视图中物体后面投影线延长得交点 O，过 O 点作 45°线（本题简单，可直接量取），按高平齐、宽相等的投影规律补画左视图。

（2）同理，补画出长方体上缺角的左视图。此时，必须注意前后位置的对应关系（图 2—10c）。

思考

在分析长方体表面间的相对位置时应注意：主视图不能反映物体的前、后方位关系；俯视图不能反映物体的上、下方位关系；左视图不能反映物体的左、右方位关系。因此，如果用主视图来判断物体的前、后两个表面的相对位置，必须按投影规律从俯视图或左视图上找到对应的前、后两个表面的位置，才能确定哪个表面在前，哪个表面在后，如图 2—11a 所示，显然长方体表面（左上方缺角）在前。

同理可在俯视图上判断物体上、下两个表面的相对位置，在左视图上判断物体左、右两个表面的相对位置，如图 2—11b、c 所示。

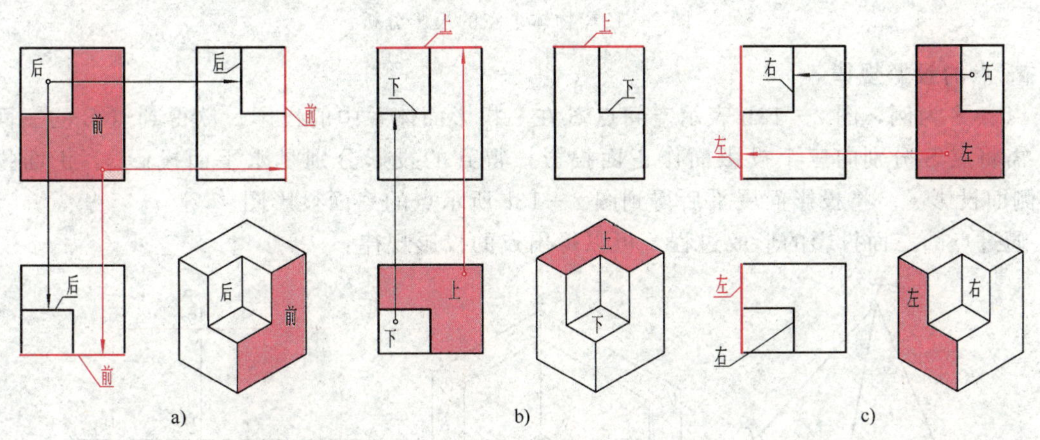

图 2—11　立体表面相对位置分析

§2—3　立体上点、直线、平面的投影

任何物体表面都包含点、直线和平面等基本几何元素，要完整、准确、迅速地绘制物体的三视图，就要进一步研究这些几何元素的投影特性和作图方法，这对于今后画图和读图具

有十分重要的意义。

一、点的投影

点是最基本的几何元素，也是确定物体的几何形状和画图的关键元素。

例如，图 2—12a 所示的正三棱锥，其表面是由△SAB、△SBC、△SAC 和△ABC 四个棱面组成，各棱面分别交于棱线 SA、SB、SC…，各棱线汇交于顶点 S、A、B、C。可以看出，绘制正三棱锥的三视图，实际上就是先画出这些顶点的三面投影，然后依次连线而成，如图 2—12b 所示。

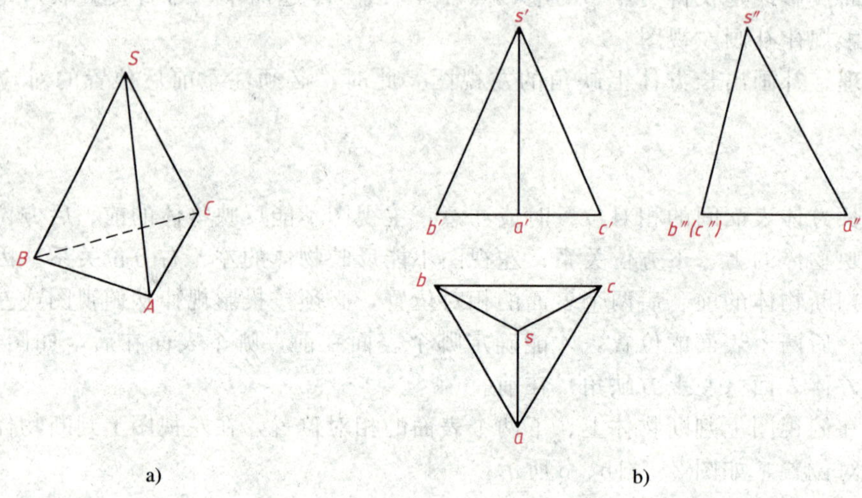

图 2—12　物体上点的投影分析

1. 点的投影规律

以点 S 为例，图 2—13b 表示空间点 S 在三投影面体系中的投影。欲得到点 S 的三面投影，需将点 S 分别向三个投影面作正面投影，得到的投影分别是水平面投影 s、正面投影 s'、侧面投影 s''。将投影面展平后得到图 2—13c 所示点的三面投影图。

通过点的三面投影的形成过程，可以得出点的投影规律：

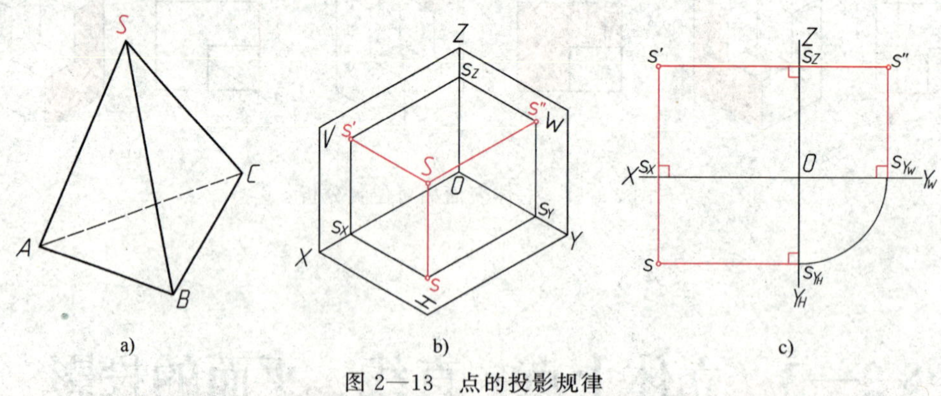

图 2—13　点的投影规律

(1) 点 S 的 V 面投影和 H 面投影的连线垂直于 OX 轴，即 $ss' \perp OX$（符合长对正）。

(2) 点 S 的 V 面投影和 W 面投影的连线垂直于 OZ 轴，即 $s's'' \perp OZ$（符合高平齐）。

(3) 点 S 的 H 面投影到 OX 轴的距离等于其 W 面投影到 OZ 轴的距离，即 $ss_X = s''s_Z$。

由此可见，点的投影仍符合“长对正、高平齐、宽相等”的投影规律。

例 2—2 如图 2—14a 所示，已知点 A 的 V 面投影 a' 和 W 面投影 a''，求作点 A 的 H 面投影。

分析

根据点的投影规律可知：$aa' \perp OX$，则过 a' 作 OX 的垂线 $a'a_X$，所求 a 必在 $a'a_X$ 的延长线上。又因 $a''a_{YW} \perp OY_W$、$aa_X = a''a_Z$，可确定 a 在 $a'a_X$ 延长线上的位置。

作图

（1）过 a' 作 $a'a_X \perp OX$，并作延长线，如图 2—14b 所示。

（2）量取 $aa_x = a''a_Z$，可求得 a。也可以利用 45°线作图，如图 2—14c 所示。

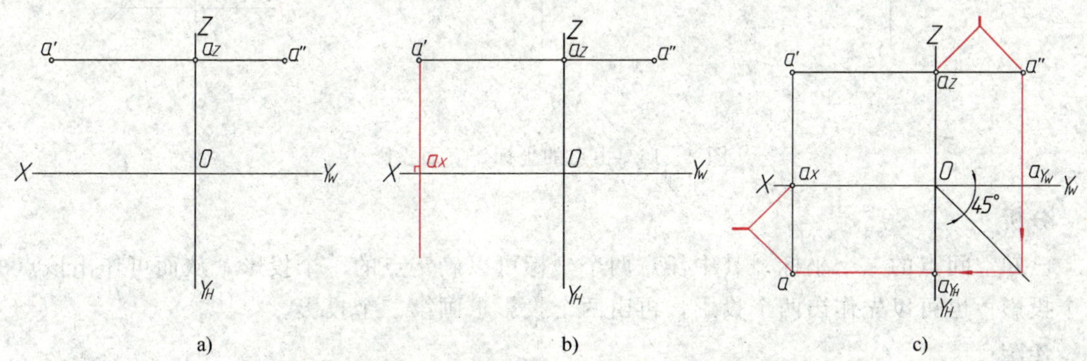

图 2—14　已知点的两投影求第三投影

2. 点的投影与点的坐标关系

在三投影面体系中，点的空间位置可用笛尔卡坐标（直角坐标）表示。如图 2—15 所示，将三个投影面作为三个坐标面，投影轴作坐标轴，三个轴的交点 O 即为坐标原点。空间点 A 到 W 面的距离 Aa'' 平行且等于 Oa_X，即作为 A 点的 X 轴方向坐标，记 x 来表示其大小。以此类推，可得出投影坐标与距离的关系：

$x = Oa_X =$ 点 A 到 W 面的距离 $= a'a_Z = aa_Y$；

$y = Oa_Y =$ 点 A 到 V 面的距离 $= aa_X = a''a_Z$；

$z = Oa_Z =$ 点 A 到 H 面的距离 $= a'a_X = a''a_Y$；

规定：空间点 A 的坐标表示为 A（x，y，z）。

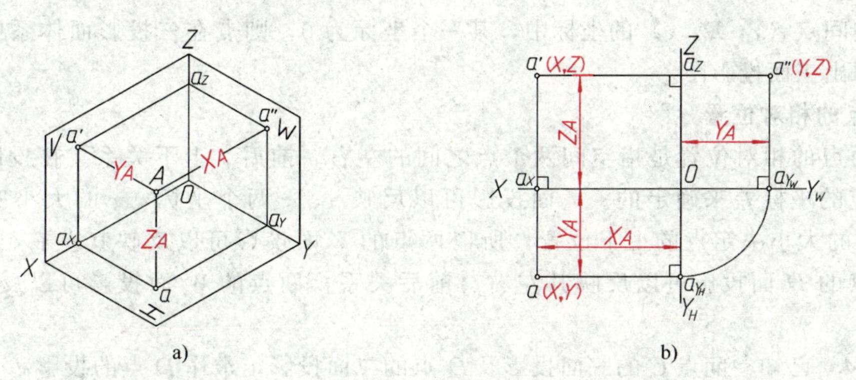

图 2—15　点的投影与点的坐标关系

可见，空间点由点的坐标唯一确定，而点的投影与其坐标值是一一对应的。因此，根据给定点的坐标就可求作点的三面投影。反之，根据点的三面投影也可以求出点的坐标值。

例 2—3 已知点 B（12，10，15），求点 B 的三面投影图，如图 2—16 所示。

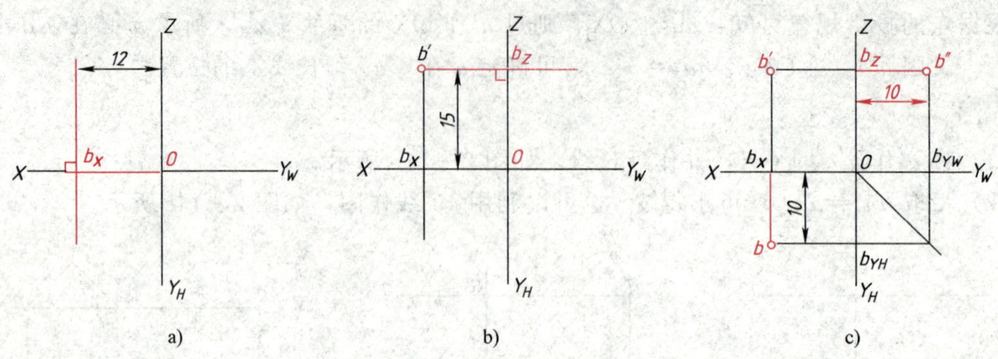

图 2—16　由点的坐标作三面投影

分析

已知空间点的三个坐标，其中任意两个坐标可以确定点的一个投影，从而可作出该点的三个投影；也可以先作出两个投影，再由两个投影求画第三个投影。

作图

（1）画出投影轴 OX、OY_H、OY_W、OZ（如不特殊说明，尺寸单位均以毫米计）。

（2）在 OX 轴上从原点 O 向 X（左）方向量取 $Ob_X=12$，过 b_X 作 OX 轴的垂线，如图 2—16a 所示。

（3）在 OZ 轴上从原点 O 向 Z（上）方向量取 $Ob_Z=15$，过 b_Z 作 OZ 轴的垂线，得交点即为 b'，如图 2—16b 所示。

（4）在 $b'b_X$ 的延长线上，从 b_X 向 Y_H 方向量取 10 得 b；在 $b'b_Z$ 的延长线上，从 b_Z 向 Y_W 方向量取 10 得 b''（或利用 45°线求作 b''）。

b、b'、b''即为点 B 的三面投影，如图 2—16c 所示。

需要指出的是：点的每一个投影可以表示两个坐标，两个投影可反映三个坐标，所以，根据点的两个投影，可直接利用“三等关系”求作第三个投影。

思考

如果空间点（x，y，z）的坐标中，某一个坐标为 0，则点在三投影面体系中处于什么位置？试画出三面投影图。

3. 两点的相对位置

空间两点的相对位置是指空间两个点之间的左右、前后、上下关系。在投影图中是由两个点相应的坐标差来确定的。V 面投影可以反映 x、z 两个坐标，x 的大小决定点的左右位置，z 的大小决定点的上下位置，所以两点的 V 面投影可以反映其左右、上下关系。同理，两点的 H 面投影可以反映其左右、前后关系；两点的 W 面投影可以反映其前后、上下关系。

例 2—4 已知空间点 C 的三面投影及 D 点的二面投影，求作 D 点的投影 d''，并判断两点 C、D 的空间相对位置，如图 2—17 所示。

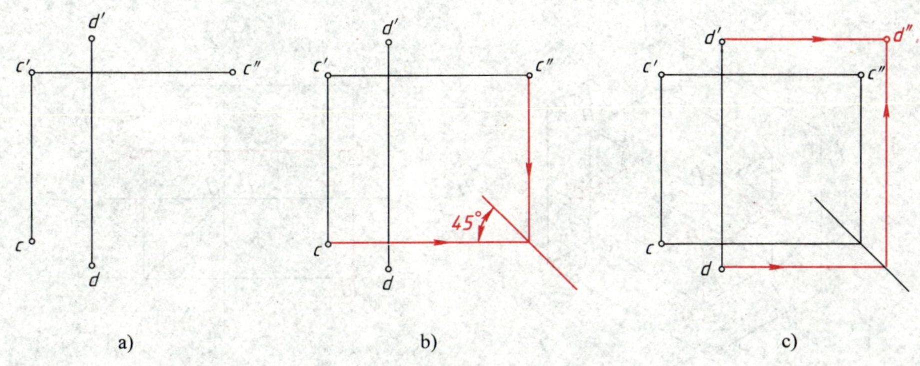

图 2—17　判断两点的相对位置

分析

(1) 根据“三等关系”求作点的三面投影可知，每一点的三面投影的连线构成一个矩形，矩形的三个顶点分别是点的三个投影，第四个顶点恰位于 45°线上 。由此可通过点 C 的投影作 45°线，从而求出 d''。

(2) 本题未画出投影轴，不能确定点的坐标值。但判断空间两点的相对位置，可通过两点间同面投影的坐标差来解决。

作图

(1) 过点 C 投影连线矩形的顶点作 45°线（图 2—17b)。

(2) 过 d' 向右作水平射线，过 d 向右作水平射线，与 45°线相交，过该交点向上作铅垂线得交点即为 d''（图 2—17c)。

判断两点的相对位置：

C、D 两点的左右位置由 X 坐标差确定，由 V 面或 H 面投影可看出，X 坐标大者在左，故点 C 在点 D 的左方。

C、D 两点的前后位置由 Y 坐标差确定，由 W 面或 H 面投影可看出，Y 坐标大者在前，故点 C 在点 D 的后方。

C、D 两点的上下位置由 Z 坐标差确定，由 W 面或 V 面投影可看出，Z 坐标大者在上，故点 C 在点 D 的下方。

总的来说，点 C 在点 D 的左、后、下方，或者说，点 D 在点 C 的右、前、上方。

特别地，如图 2—18 所示，A、B 两点的投影 a 和 b 重合，此时，$X_A=X_B$，$Y_A=Y_B$，即当空间两点位于同一条投影线上时，则在相应的投影面上的投影重合，这两点叫做重影点。看图可知：$Z_B>Z_A$，表明点 B 在点 A 的上方，B 点可见而 A 点不可见，不可见点的投影另加圆括弧用（a）表示（图 2—18)，其他投影面出现重影情况时，表现形式类同。

思考

A、B 两点连线（直线 AB）的三面投影如何？

二、直线的投影

本教材所研究的直线均指有限长度的直线——线段，以后均简称直线。

空间两点可确定唯一直线，直线的投影则由直线上两点的投影连线决定。作直线的三面投影就是先求出直线两端点的三面投影，然后用直线连接两点的各同面投影，即为直线的三面投影。直线的投影一般仍是直线（图 2—19)。

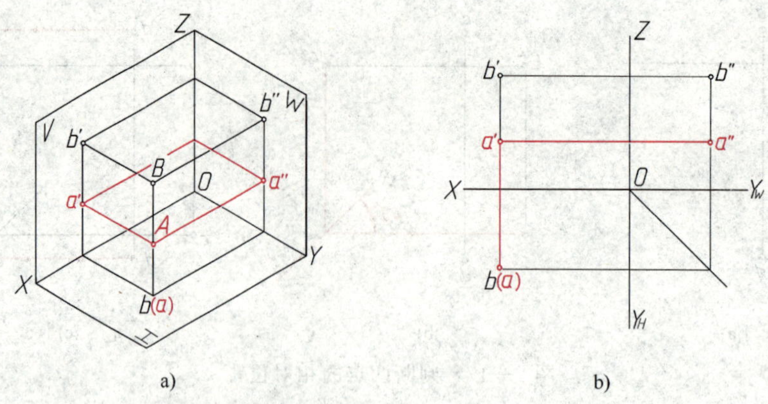

图 2—18　重影点及其可见性的判断

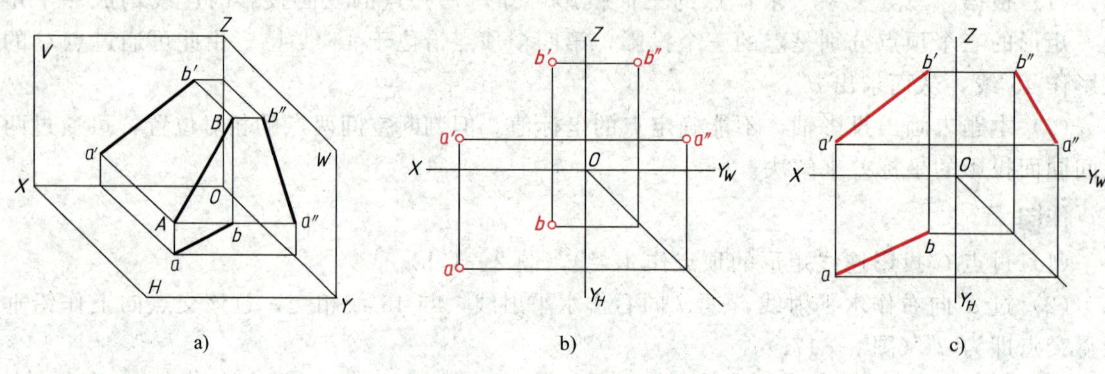

图 2—19　直线的三面投影

a）立体图　b）求端点　c）连线

根据直线对投影面的相对位置不同，可将直线分为三类：投影面平行线、投影面垂直线、一般位置直线。前面两类又称为特殊位置线。

1. 投影面平行线

只平行于一个投影面，与另外两个投影面倾斜的直线，称为投影面平行线。表 2—1 中表示了投影面平行线的三种位置：

水平线——平行于 H 面并与 V、W 面倾斜的直线；

正平线——平行于 V 面并与 H、W 面倾斜的直线；

侧平线——平行于 W 面并与 H、V 面倾斜的直线。

此时，直线与投影面的夹角即直线对投影面的倾斜角。α、β、γ 分别表示直线对 H、V、W 面的倾角。

下面以正平线为例（表 2—1）分析其投影特性。

从图中可以看出，DC 平行于 V 面，且倾斜于 H 面和 W 面，所以 V 面上的投影 $d'c'$ 反映 DC 实长，即 $d'c'=DC$，并且 $d'c'$ 与 OX 的夹角 α 等于 DC 与 H 面的倾角 α，$d'c'$ 与 OZ 的夹角 γ 等于 DC 与 W 面的倾角 γ。

DC 的另外两个投影 dc 和 $d''c''$ 分别平行于 OX 和 OZ，且较 DC 缩短，即 $dc \parallel OX$、$d''c'' \parallel OZ$，且 $dc<DC$、$d''c''<DC$。

同理，水平线和侧平线也有类似的投影特性，见表 2—1。

表 2—1　　　　　　　　　　　　　　　**投影面平行线**

名称	水平线（// H）	正平线（// V）	侧平线（// W）
实例	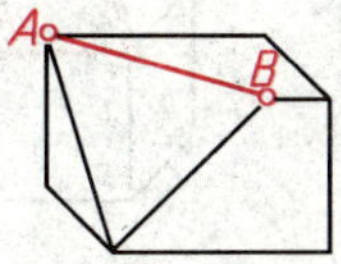 A　B	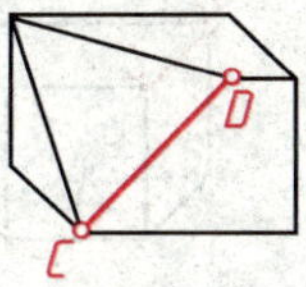 D　C	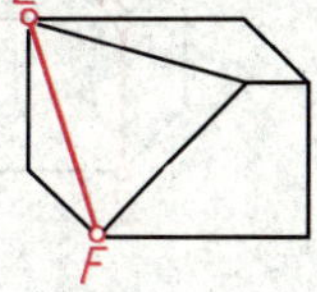 E　F
立体图	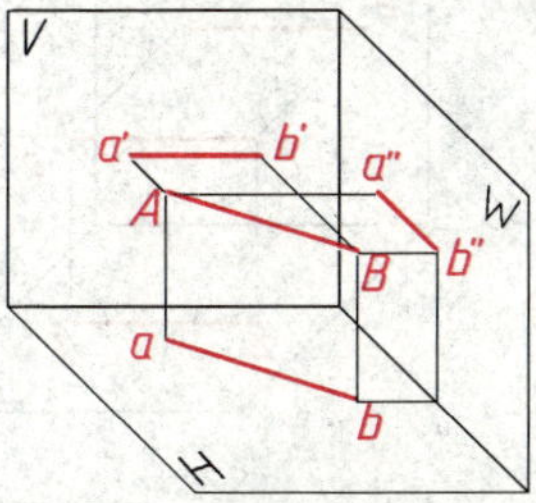 V　a'　b'　a"　A　b"　B　W　a　b　H	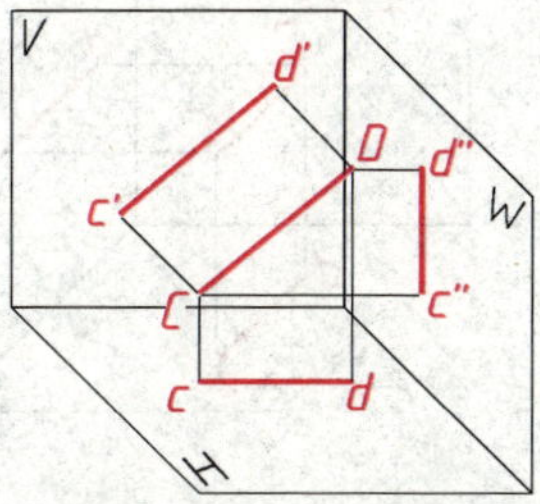 V　d'　D　d"　c'　W　C　c"　c　d　H	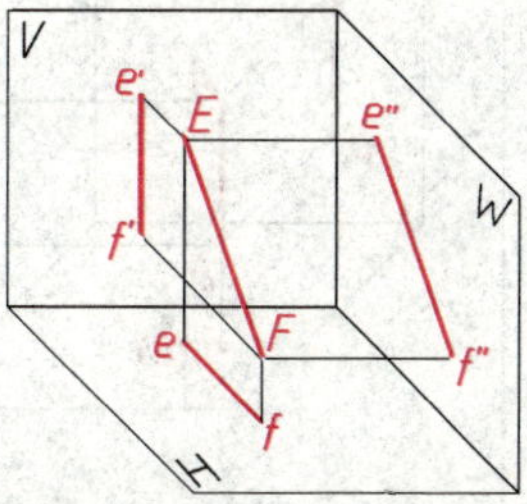 V　e'　E　e"　W　f'　e　F　f"　f　H
投影图	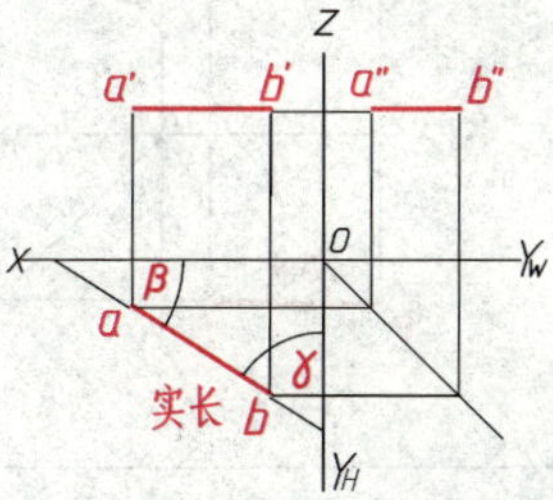 Z　a'　b'　a"　b"　X　O　Y_W　β　a　γ　实长　b　Y_H	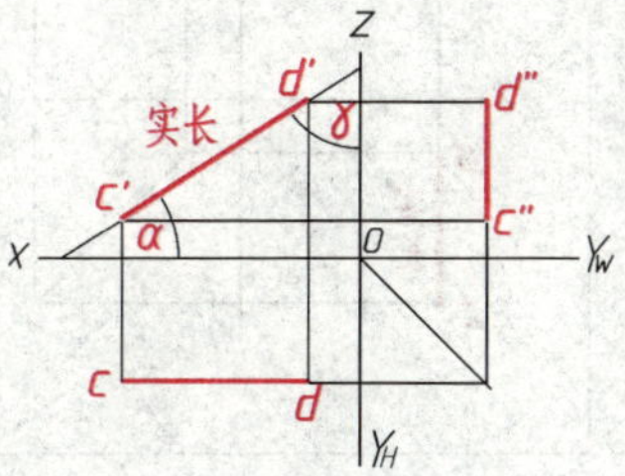 Z　d'　d"　实长　γ　c'　c"　α　X　O　Y_W　c　d　Y_H	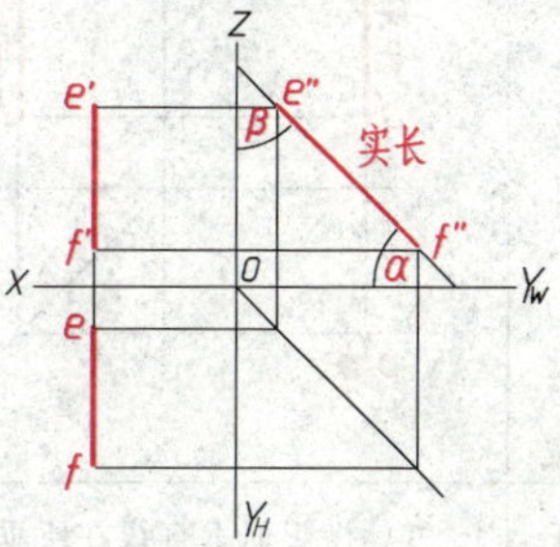 Z　e'　e"　β　实长　f'　f"　α　X　O　Y_W　e　f　Y_H
投影特性	(1) 投影面平行线的三个投影都是直线，其中在与直线平行的投影面上的投影反映线段实长，而且与投影轴倾斜，与投影轴的夹角等于直线对另外两个投影面的实际倾角 (2) 另外两个投影都短于线段实长，且分别平行于相应的投影轴，其到投影轴的距离反映空间线段实长投影所在投影面的真实距离 简言之：一斜线（实长），二平线（缩短）		

2. 投影面垂直线

垂直于一个投影面，同时与另外两个投影面平行的直线，称为投影面垂直线。垂直于 V 面的直线称为正垂线；垂直于 H 面的直线称为铅垂线；垂直于 W 面的直线称为侧垂线。

以正垂线 CD 为例（参见表 2—2）说明其投影特性。

由于 CD 垂直于 V 面，所以在 V 面上的投影积聚成一点 c'（d'）。同时，CD 分别平行于 H 面和 W 面，因而投影 cd 和 $c''d''$ 都反映线段实长，即 $cd=CD$，$c''d''=CD$，且分别垂直于投影轴 OX 和 OZ。

同理，铅垂线和侧垂线也有类似的特性，见表 2—2。

表 2—2　　投影面垂直线

名称	铅垂线（⊥H 面）	正垂线（⊥V 面）	侧垂线（⊥W 面）
实例			
立体图			
投影图			
投影特性	(1) 投影面垂直线在所垂直的投影面上的投影积聚成为一点 (2) 另外两个投影都反映线段实长，且垂直于相应的投影轴 简言之：一点（积聚），二垂线（实长）		

3. 一般位置直线

与三个投影面都处于倾斜位置的直线，称为一般位置直线。如图 2—20 所示物体上的直线 AB，它与 H 面、V 面和 W 面的倾角分别为 α、β、γ。

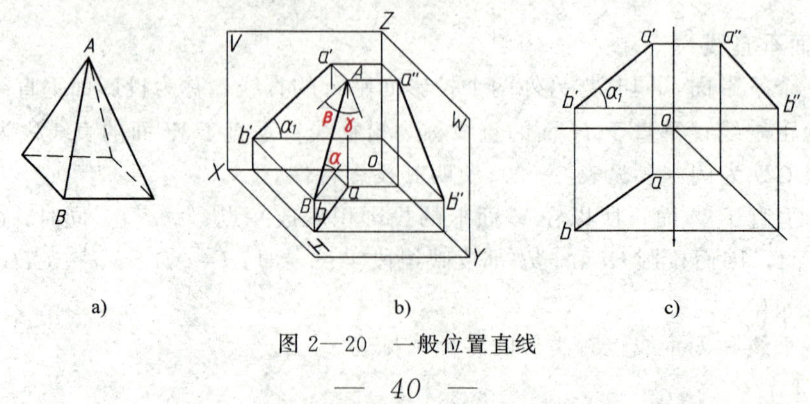

图 2—20　一般位置直线

一般位置直线的投影特性是：

(1) 三个投影均不反映实长，投影较实长短。

(2) 三个投影均对投影轴倾斜，且直线的投影与投影轴的夹角不反映空间直线对投影面的倾角，如图 2—20 所示。

AB 的 V 面投影 $a'b'$ 与 OX 轴所夹的角 α_1 是倾角 α 在 V 面上的投影，由于$\angle\alpha$ 所在平面不平行于 V 面，所以$\angle\alpha_1$ 不等于$\angle\alpha$。同理，直线与其他投影面的倾角也是如此。

例 2—5 分析正三棱锥各棱线及底边与投影面的相对位置，如图 2—21 所示。

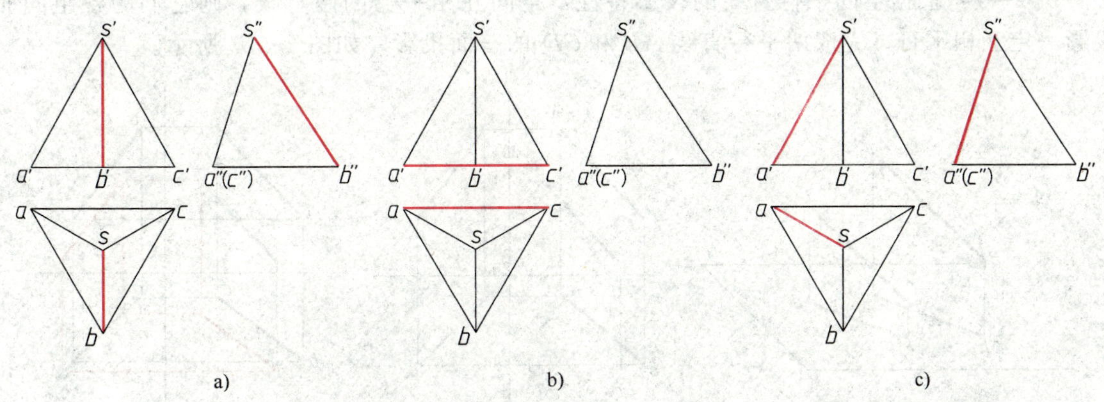

图 2—21 直线与投影面的相对位置

a）棱线 SB b）底边 AC c）棱线 SA

(1) 棱线 SB sb 与 $s'b'$ 分别平行于 OY_H 和 OZ，$s''b''$为一倾斜线，可确定 SB 为侧平线，且 $s''b''=SB$，反映实长，如图 2—21a 所示。

(2) 底边 AC 侧面投影 a''（c''）重影，即 AC 的侧面投影为一点，由此可判断 AC 为侧垂线，$a'c'=ac=AC$，如图 2—21b 所示。

(3) 棱线 SA 三个投影 sa、$s'a'$、$s''a''$对投影轴均倾斜，所以其为一般位置直线，如图 2—21c 所示。

(4) 底边 AB $a'b'$与 $a''b''$分别平行于 OX 轴与 OY_W 轴，由此可判定 AB 为一水平线，且 $ab=AB$（图 2—21c）。同理可判定 BC 也为水平线。

例 2—6 根据直线 AB 上点 K 的两面投影，求其第三面投影，如图 2—22 所示。

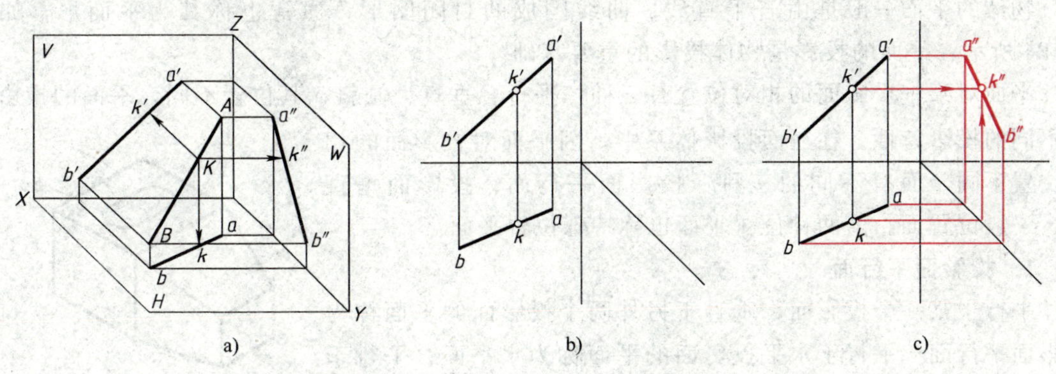

图 2—22 直线上点的投影（从属关系）

(1) 按投影规律先求出直线 A、B 两端点的投影 a''、b''，连线即得到直线 AB 的侧面投影 $a''b''$。

(2) 按投影规律，求 k''，显然 k'' 落在直线 $a''b''$ 上，如图 2—22c 所示。

由此得知，直线上的点有以下投影特性：若点在直线上，则点的投影必在该直线的同面投影上（同一个投影面上的投影称为同面投影）。由图 2—22 可见，点 K 在直线 AB 上，则 k' 在 $a'b'$ 上，k 在 ab 上，k'' 在 $a''b''$ 上。反之，若点的各投影均在直线的各同面投影上，则点必在该直线上（图 2—22）。

例 2—7 根据空间平行直线的投影特性：空间互相平行的两直线，则它们的各组同面投影一定互相平行。完成两平行直线 AB 和 CD 的三面投影，如图 2—23 所示。

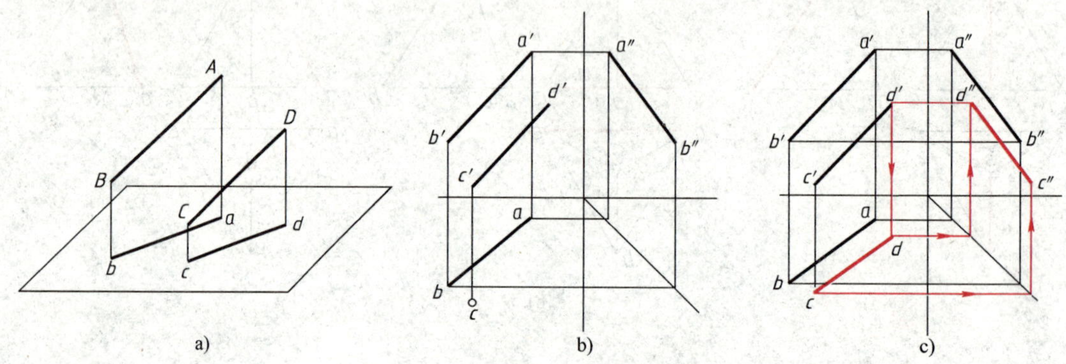

图 2—23 空间两直线平行其同面投影平行

分析

根据空间平行直线的投影特性可知：因为 $AB /\!/ CD$，则 $a'b' /\!/ c'd'$、$ab /\!/ cd$、$a''b'' /\!/ c''d''$。

作图

(1) 过 c 作 ab 平行线，根据“长对正”关系，过 d' 作铅垂线与其相交得点 d，加深 cd 即为 CD 的水平投影，如图 2—23c 所示。

(2) 根据投影规律及 $a''b'' /\!/ c''d''$，可求得 $c''d''$（图 2—23c）。

思考

由空间两平行线端点围成的平面，其投影如何？

三、平面的投影

物体的平面一般是由若干直线、曲线围成的封闭图形，通常也称其为平面形，如图 2—24 所示，平面的投影是物体投影的重要基础。

平面对某一投影面的相对位置有三种：平行、垂直、倾斜，其位置不同，平面的投影各有不同的投影特性。在三面投影体系中，因平面对投影面的相对位置不同，而有不同的三种：投影面平行面、投影面垂直面、一般位置面。前两种位置平面也称特殊位置平面。

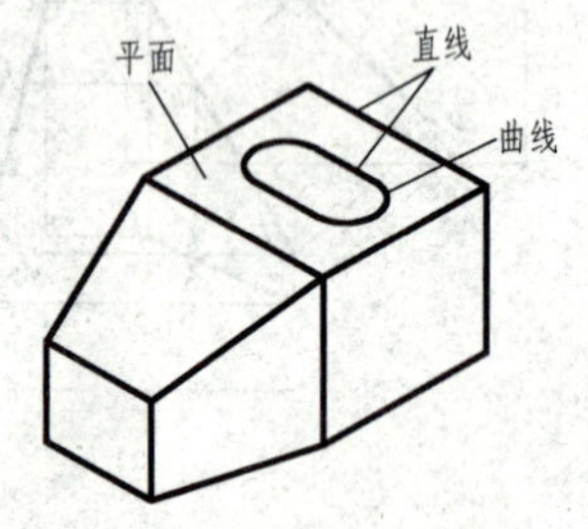

图 2—24 物体上的平面

1. 投影面平行面

平行于某一个投影面，垂直于另外两个投影面的平面称为投影面平行面。平行于水平投影面的平面称为水平面；平行于正投影面的平面称为正平面；平行于侧投影面的平面称为侧平面。

以正平面为例（表 2—3）来分析说明其投影特性：

(1) 平面形平行于 V 面，其 V 面投影反映实形。

(2) H 面和 W 面投影均为直线，且分别平行于与 V 面相关的两投影轴 OX 和 OZ。

表 2—3　　投影面平行面及其投影特性

名称	正平面（//V）	水平面（//H）	侧平面（//W）
实例	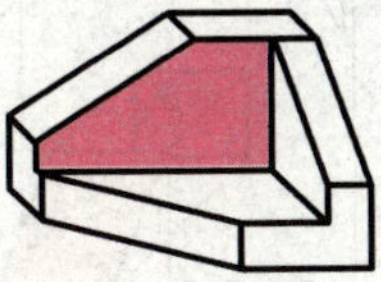		
立体图	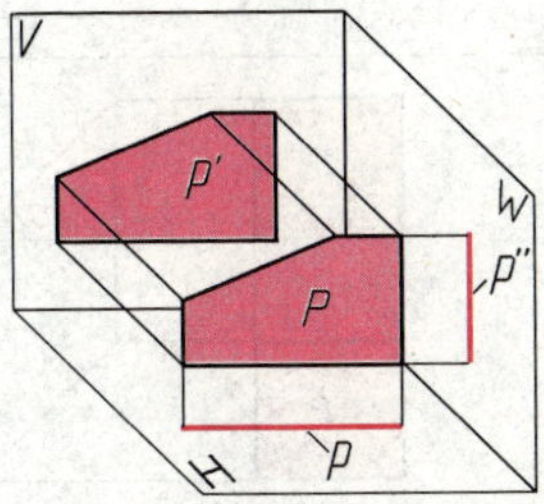 V　p′　p″　W　p　H	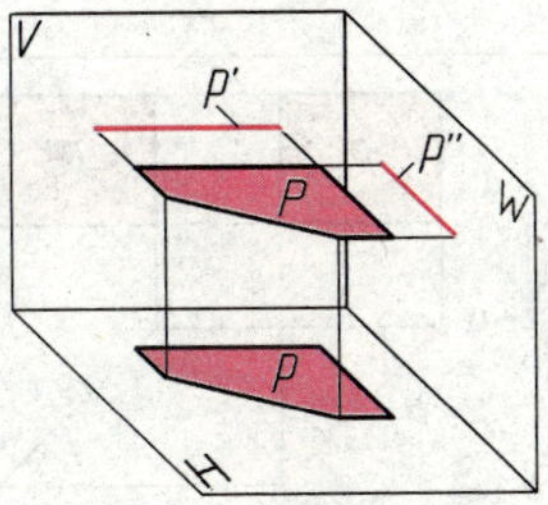 V　p′　p″　W　p　H	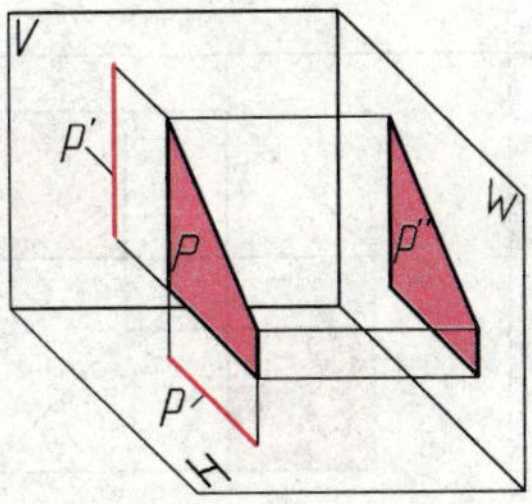 V　p′　p″　W　p　H
投影图	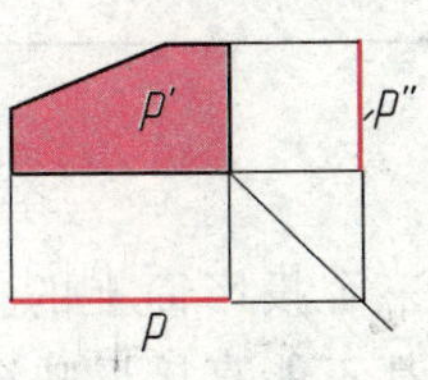 p′　p″　p	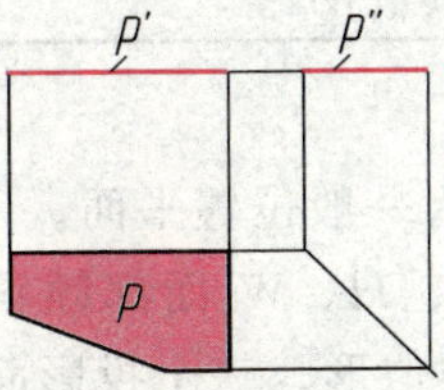 p′　p″　p	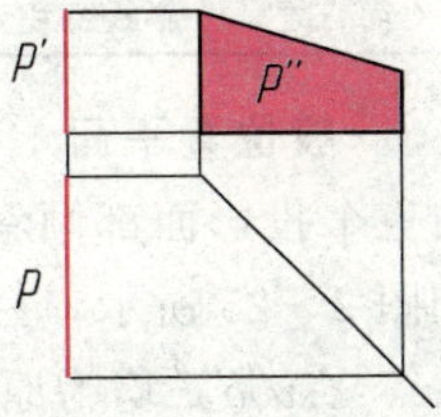 p′　p″　p
投影特性	(1) 在所平行的投影面上，该平面的投影为一线框且反映实形 (2) 其余两个投影为线段且与相应的投影轴平行，有积聚性 简言之：一线框（实形），二平线（积聚）		

2. 投影面垂直面

垂直于一个投影面同时倾斜于另外两个投影面的平面称为投影面垂直面。垂直于水平投影面的平面称为铅垂面；垂直于正投影面的平面称为正垂面；垂直于侧投影面的平面称为侧垂面。

以铅垂面为例（参见表 2—4）分析说明其投影特性：

(1) 矩形平面垂直于 H 面，它的 H 面投影积聚成一直线。

(2) 矩形平面与 V 面和 W 面均倾斜，在 V 面和 W 面的投影均为类似形。

表 2—4　　　　投影面垂直面及其投影特性

名称	正垂面（⊥V）	铅垂面（⊥H）	侧垂面（⊥W）
实例	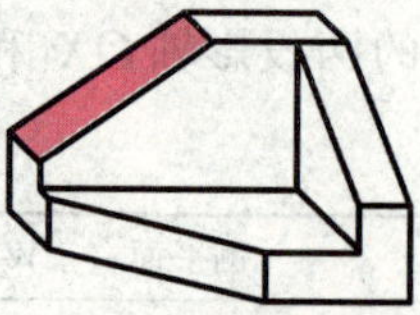	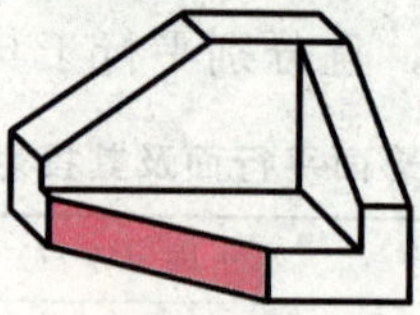	
立体图	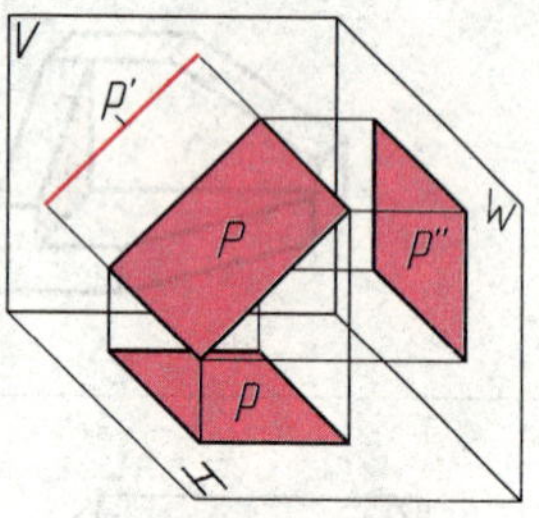	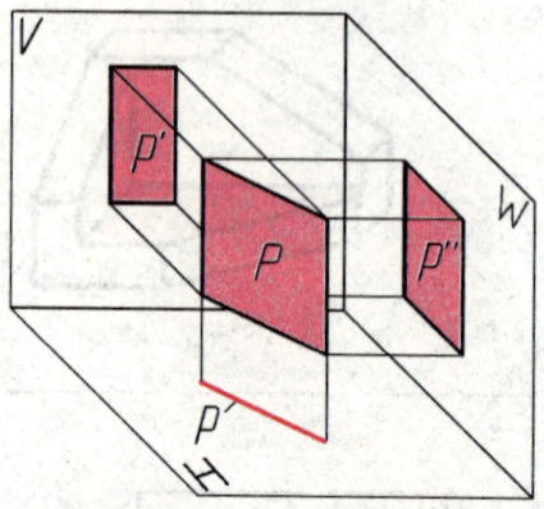	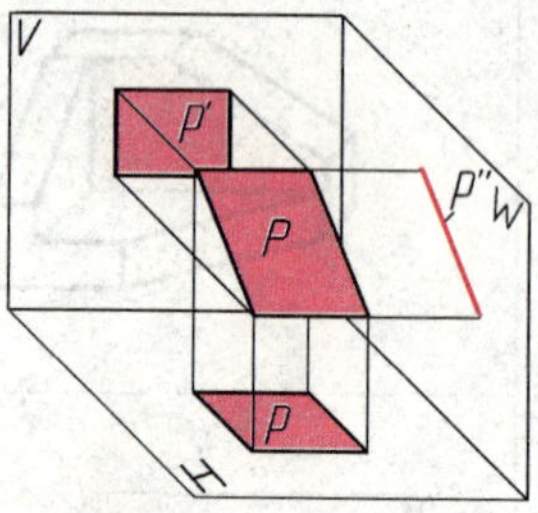
投影图	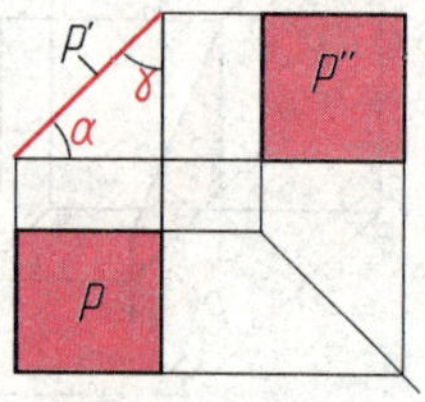	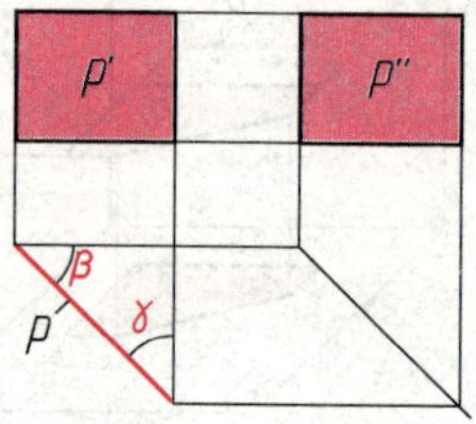	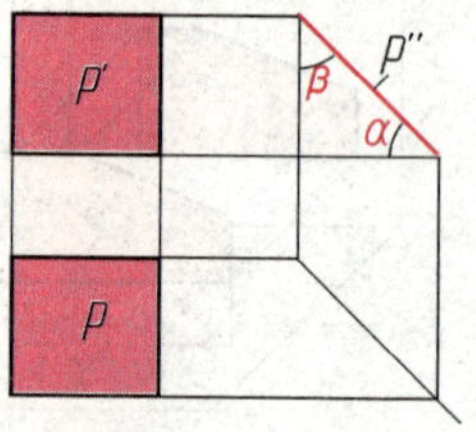
投影特性	（1）在所垂直的投影面上，该平面的投影为一斜线，有积聚性 （2）其余两个投影均为平面的类似形 简言之：一斜线（积聚），二线框（类似形）		

3. 一般位置平面

与三个投影面都倾斜的平面称为一般位置平面。

如图 2—25 所示，$\triangle ABC$ 与 V、H、W 面都倾斜，所以在三个投影面上的投影$\triangle abc$、$\triangle a'b'c'$、$\triangle a''b''c''$均为原三角形的类似形。三个投影面上的投影都不能直接反映该三角形平面的实形和其对投影面的夹角。

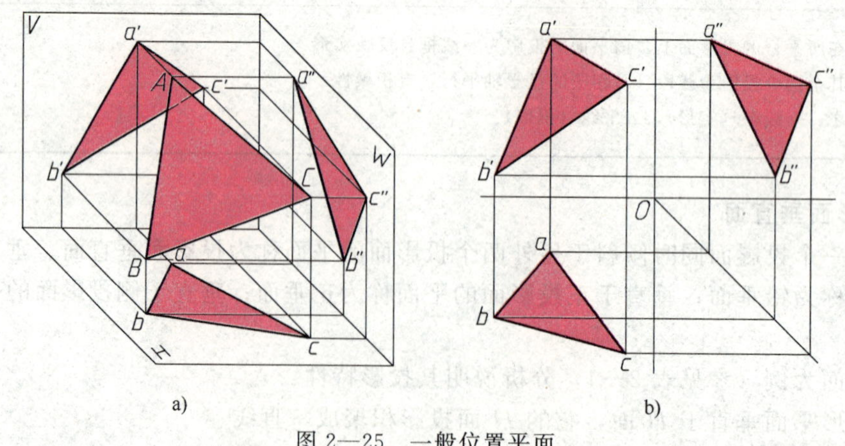

图 2—25　一般位置平面

例 2—8 分析正三棱锥各棱面和底面与投影面的相对位置，如图 2—26 所示。

（1）底面 ABC V 面和 W 面投影分别积聚为一条水平线，且分别平行于 OX 轴和 OY_W 轴，可确定底面 ABC 是水平面，水平投影反映实形，如图 2—26a 所示。

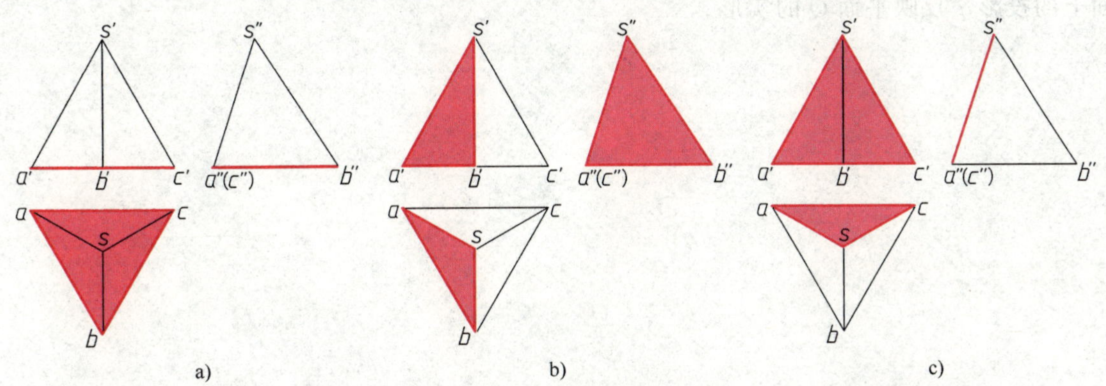

图 2—26 平面与投影面的相对位置

a）底面 ABC b）棱面 SAB c）棱面 SAC

（2）棱面 SAB 三个投影 sab、$s'a'b'$、$s''a''b''$都没有积聚性，均为棱面 SAB 的类似形，可判断棱面 SAB 是一般位置平面，如图 2—26b 所示。

（3）棱面 SCB 棱面 SCB 的分析方法同棱面 SAB，棱面 SCB 也是一般位置平面。

（4）棱面 SAC 从 W 面投影中的重影点 a''（c''）可知，棱面 SAC 的一边 AC 是侧垂线。根据几何学相关定理，一个平面上的任一直线垂直于另一个平面，则两平面互相垂直。因此，可判定棱面 SAC 是侧垂面，W 面投影积聚成一条直线，如图 2—26c 所示。

例 2—9 参照物体的立体图，看懂物体三视图（图 2—27a、b），判断物体上平面 P、Q 的空间位置，并指出（标记）平面 P、Q 的三面投影。

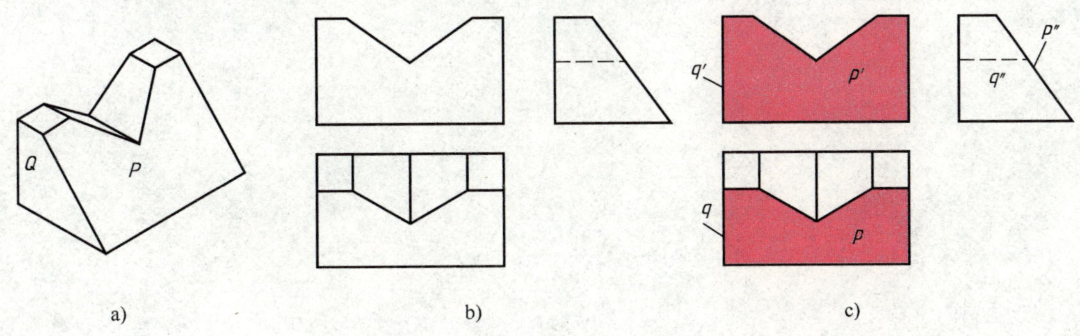

图 2—27 物体上平面的投影分析

根据立体图上指定的平面 P、Q，对照物体三视图，找到平面 P、Q 在主视图中的投影 p'、q'，再根据投影规律，找到平面 P、Q 在另外两投影面上的投影 p、q 和 p''、q''。可以看出：

（1）平面 P 在 V 面、H 面上的投影 p'、p 均为“V”字形（阴影部分），W 面上的投影为一有积聚性的倾斜线，由此可推断平面 P 垂直于 W 面，倾斜于 V 面和 H 面，平面 P 是侧垂面。

(2) 平面 Q 在 V 面和 H 面上投影 q'、q 均为直线（有积聚性），其投影均平行于与 W 面相关的投影轴（Z 轴和 Y_H 轴）。由此可推断：平面 Q 是侧平面，它平行于 W 面，且在 W 面上的投影 q'' 反映平面 Q 的实形。

第三章 基本体及其表面交线

任何物体都可以看成是由若干基本体组合而成的，它们由基本体经过切割、开孔或叠加等而成，组合处形成交线，因此，学习和掌握基本体及其表面交线的投影，是学好组合体视图和零件图的重要基础。

§3—1 基本体的三视图

立体按表面性质不同可分为平面立体和曲面立体。

平面立体——表面由平面围成的立体，如棱柱、棱锥等（图 3—1a）。

曲面立体——表面由曲面或由曲面和平面所围成的立体，如圆柱、圆锥、球、圆环等（图 3—1b）。

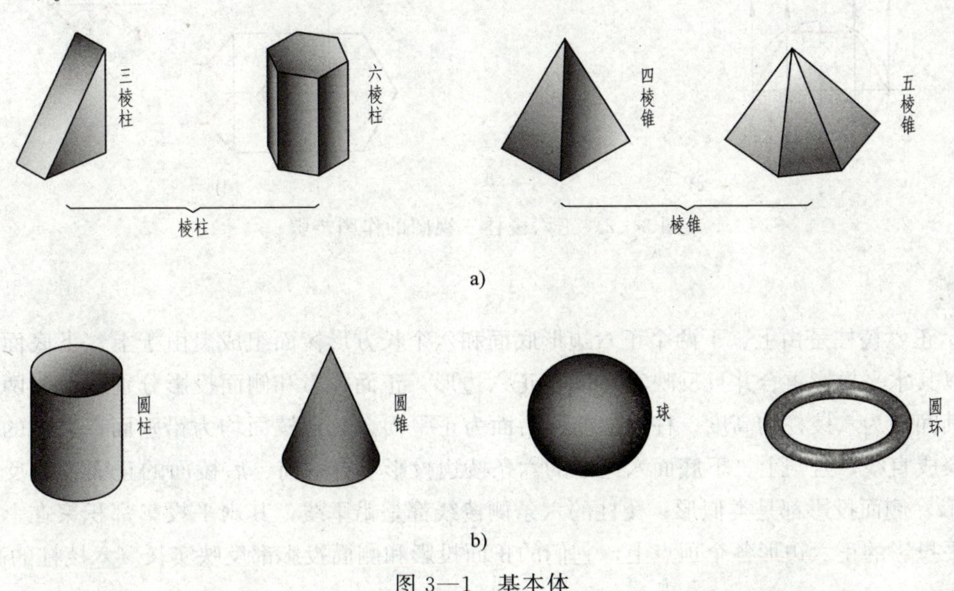

图 3—1 基本体

a）平面立体 b）曲面立体

上述列举的棱柱、棱锥、圆柱、圆锥、球、圆环等简单立体也称基本体，它们是构成各种物体的基础。

一、平面立体

平面立体由若干个多边形平面围成，平面与平面交线既是多边形的边，也是立体的棱线。这些多边形平面由若干条直线段组成，直线段又由其两端点来确定。因此，画平面立体的投影图（即视图）就是画出它的棱线和所有棱线端点（顶点）的投影。

1. 棱柱

棱柱由两个多边形端面和若干矩形平面（侧面）组成，棱柱的侧面棱线互相平行。常见的棱柱有三棱柱、四棱柱、五棱柱和六棱柱等。

（1）棱柱的三视图　以图 3—2a 所示的正六棱柱为例，分析其投影特征和三视图的画法。

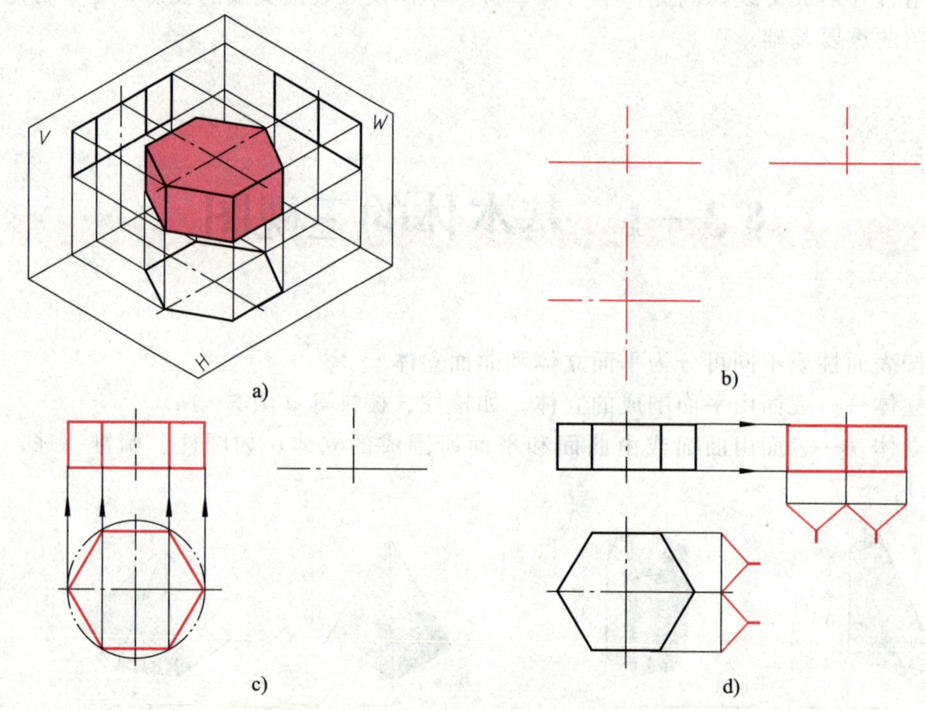

图 3—2　正六棱柱三视图的作图步骤

分析

图示正六棱柱是由上、下两个正六边形底面和六个长方形棱面组成。由于上、下底面为水平面，所以其水平投影重合并且反映实形——正六边形，正面投影和侧面投影分别积聚为两条平行直线，其间距为六棱柱的高度；柱面的前、后面为正平面，其他棱面均为铅垂面，它们的水平投影都积聚成直线，且与上、下底面六边形的六条棱边投影重合；前、后棱面的正面投影反映实形——矩形，侧面投影都是类似形；棱柱的六条侧棱线都是铅垂线，其水平投影都积聚在上、下底面的水平投影的正六边形各个顶点上，它们的正面投影和侧面投影都反映实长（六棱柱的高）。

作图

1）作正六棱柱的对称中心线和基准线，确定各视图的位置（图 3—2b）。

2）先画反映主要形状特征的视图，即俯视图的正六边形，再按长对正的投影关系和正六棱柱的高度画出主视图（图 3—2c）。

3）按高平齐、宽相等的投影关系画出左视图（图 3—2d）。

类似地，三棱柱、四棱柱、五棱柱的三视图如图 3—3 所示。可以看出，棱柱的投影特征为：与底面平行的投影反映棱柱的实形（几棱柱即为几边形），另两投影均为矩形的组合图形。

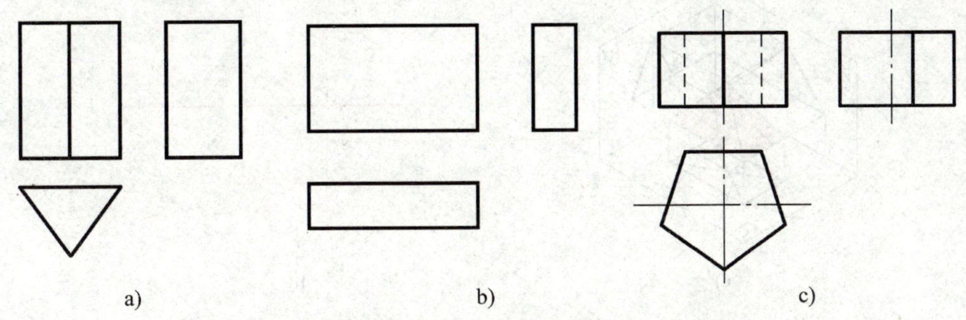

图 3—3　三棱柱、四棱柱、五棱柱的三视图

a）三棱柱　b）四棱柱　c）五棱柱

（2）棱柱表面上点的投影　从平面立体表面上取点的方法，同直接在平面上取点的方法一样，但要明确当前是在立体的哪个表面上取点。若点在某一表面上，则该点的投影必在该表面的各同面投影上。当该表面的投影可见时，则该点的同面投影也可见，反之为不可见。为此，在求立体表面上点的投影时，应首先分析该点所在表面及其投影特性，然后再根据点的投影规律求得。当点所在的立体表面的某一投影有积聚性时，应先求其投影，而后再根据点的两投影求第三投影，最后判断其可见性。

如图 3—4 所示，已知正六棱柱棱面 $ABCD$ 上点 M 的 V 面投影 m'，要求作该点 H 面投影 m 和 W 面投影 m''。由于点 M 所在棱面 $ABCD$ 为铅垂面，其 H 面的投影积聚为直线 $a(d)b(c)$，因此，点 M 的 H 面投影 m 必定在直线 $a(d)b(c)$ 上，由此求出 m，然后由 m' 和 m 求出 m''。由于棱面 $ABCD$ 的 W 面投影为可见，故 m'' 为可见。

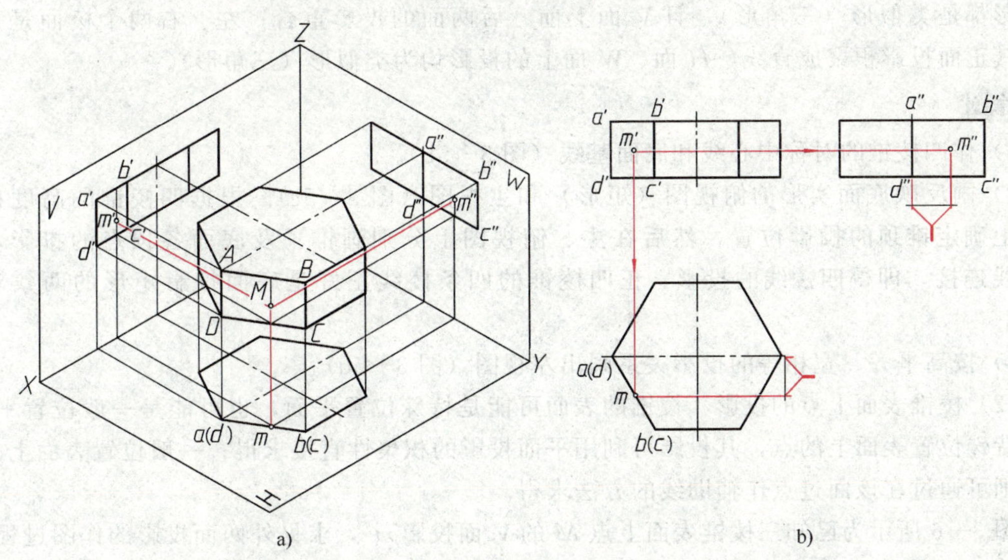

图 3—4　棱柱表面上点的投影

2. 棱锥

棱锥底面是多边形，侧面为三角形，棱线交于一点。常见的棱锥有三棱锥、四棱锥、五棱锥和六棱锥等。

（1）棱锥的三视图　以图 3—5a 所示四棱锥为例，分析其投影特性和三视图的画法。

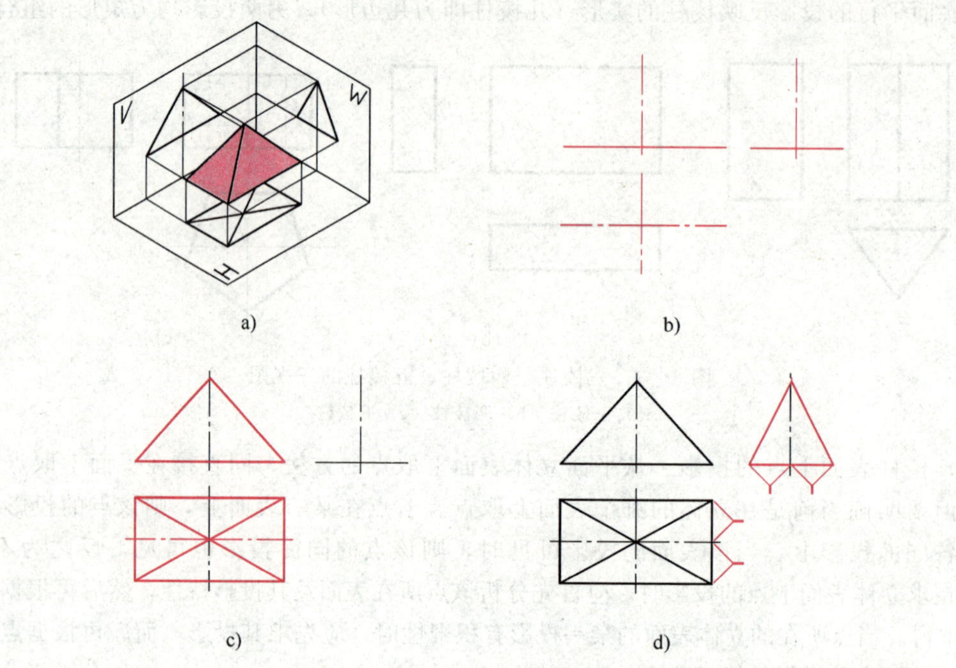

图 3—5　四棱锥三视图的作图步骤

分析

图示四棱锥的底面平行于水平面，其水平投影反映实形——矩形，V 面和 W 面投影积聚成水平直线；前、后两个棱面垂直于 W 面是侧垂面，其侧面投影积聚成直线，H 面、V 面投影都是类似形（三角形），且 V 面上前、后两面的投影重合；左、右两个棱面是正垂面，其正面投影积聚成直线，H 面、W 面上的投影均为类似形（三角形）。

作图

1）作四棱锥的对称中心线和底面基线（图 3—5b）。

2）画反映底面实形的俯视图（矩形）和主视图（图 3—5c）。根据四棱锥的高度在主视图上确定锥顶的投影位置，然后在主、俯视图上分别画锥顶及底面各顶点的投影，并用直线连接，即得四棱线的投影。正四棱锥的四条棱线正好是底面投影矩形的两条对角线。

3）按高平齐、宽相等的投影关系画出左视图（图 3—5d）。

（2）棱锥表面上点的投影　棱锥的表面可能是特殊位置平面，也可能是一般位置平面。凡属特殊位置表面上的点，其投影可利用平面投影的积聚性直接求得；一般位置表面上的投影，则可通过在该面过点作辅助线的方法求得。

图 3—6 所示为已知三棱锥表面上点 M 的 V 面投影 m'，求另外两面投影的作图过程。

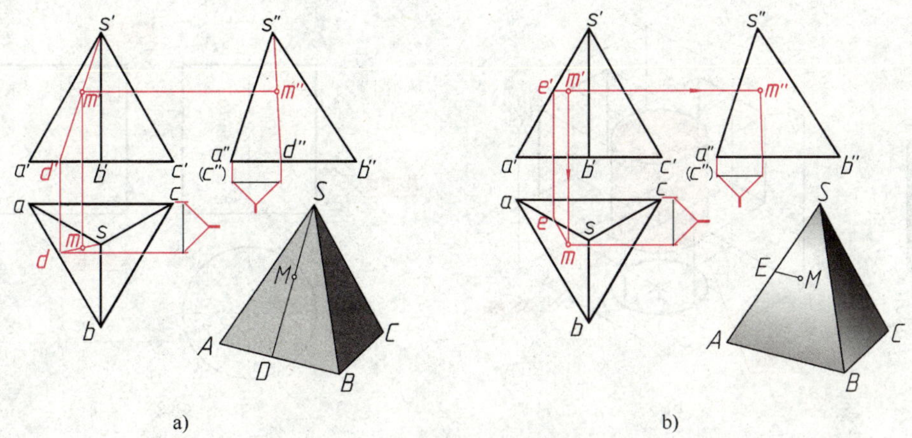

图 3—6　棱锥表面上点的投影

由于点 M 所在表面△SAB 为一般位置平面，因此要用辅助线法作图。在图 3—6a 中，辅助线为过锥顶 S 和点 M 的直线 SD。作图步骤：连接 $s'm'$，并延长交 $a'b'$ 于 d'，得辅助线 SD 的 V 面投影 $s'd'$，再求出 SD 的 H 面投影 sd，则 m 必在 sd 上，由此求得 M 点的 H 面投影 m。点 M 的 W 面投影 m''，可通过 $s''d''$ 求得，也可由 m' 和 m 直接求得。

图 3—6b 所示为另一种辅助线的作图方法，即过点 M 作 AB 的平行线 ME。作图步骤：过 m' 作辅助线的 V 面投影 $m'e' /\!/ a'b'$，再求出辅助线 ME 上点 E 的 H 面投影 e，由 $em /\!/ ab$ 可求出点 M 的 H 面投影 m，然后由 m' 和 m 求出 m''。

二、回转体

由一条母线（直线或曲线）围绕轴线回转而形成的表面，称为回转面。由回转面围成或回转面与平面围成的立体，称为回转体。如圆柱、圆锥、球等都是回转体，它们也都属于特殊的曲面立体。

1. 圆柱

圆柱体由圆柱面与上、下两底面围成。圆柱面可以看作一条直母线绕与其平行的轴线回转而成（图 3—7a）。圆柱面上任一条平行于轴线的直线，称为圆柱面的素线。

（1）圆柱体的三视图　以图 3—7b 所示圆柱为例，分析其投影特性和三视图的画法。

分析

在图 3—7b 中，由于圆柱轴线垂直于水平面，且圆柱上、下端面为水平面，因此圆柱上、下端面的水平投影反映实形且重合，正、侧面投影积聚成直线。圆柱面的水平投影积聚为一圆，与两端面的水平投影重合。在正面投影中，前、后两半圆柱面的投影重合为一矩形，矩形的两条竖线分别是圆柱面最左、最右素线的投影，也是圆柱面前、后分界的转向轮廓线。在侧面投影中，左、右两半圆柱面的投影重合为一矩形，矩形的两条竖线分别是圆柱面最前、最后素线的投影，也是圆柱面左、右分界的转向轮廓线。

作图

画圆柱体的三视图时，应先画各投影的轴线，以确定视图位置，然后画圆柱面投影具有积聚性的视图（俯视图），最后根据投影规律和圆柱的高度画出另外两个视图，如图 3—7c 所示。

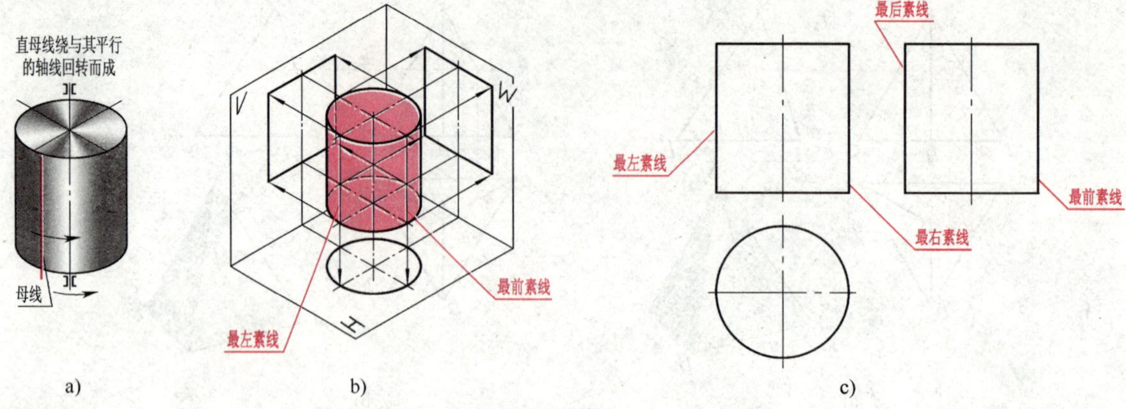

图 3—7　正圆柱及其三视图

（2）圆柱体表面上点的投影　如图 3—8 所示，已知圆柱面上两点 M、N 的 V 面投影 m'、n'，求作它们的 H 面投影和 W 面投影。

由于圆柱体的轴线垂直于 H 面，所以点 M、N 的 H 面投影可利用圆柱面的 H 面投影积聚性直接求得。由于 m'是可见的，所以点 M 在前半圆柱面上，即在 H 面投影圆的前半圆的圆周上。求得 m 后，可根据 m'和 m 求出 m''。同理可求出 n 和 n''。由于点 N 在圆柱面最右素线上，即圆柱面前、后分界的转向轮廓线上，所以 n'' 为不可见。

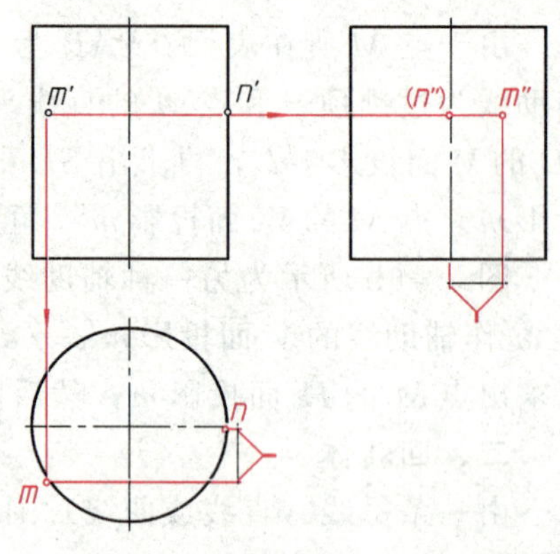

图 3—8　圆柱表面上点的投影

思考

若已知圆柱面上点 M 的正面投影（m'），如何求作 m 和 m''以及判别其可见性？

2. 圆锥

圆锥体由圆锥面和底平面围成。圆锥面可以看作由一条直母线绕与它相交的轴线回转而成（图 3—9a）。圆锥面上的任意一条与轴线倾斜相交的直线都是圆锥面的素线，素线与轴线的交点为圆锥的顶点。

（1）圆锥的三视图　以图 3—9b 所示圆锥为例，分析其投影特性和三视图的画法。

分析

在图 3—9b 中，由于圆锥轴线为铅垂线，底面为水平面，所以它的水平投影为一圆，且反映底面的实形，底面的正面和侧面投影积聚成直线。

圆锥面的三个投影都没有积聚性，其水平投影与底面的水平投影重合，其正面投影为等腰三角形，这个三角形的两腰分别是圆锥面最左、最右素线的投影，也是圆锥面前、后两部分分界的转向轮廓线。类似地，侧面投影由左、右两半圆锥面的投影重合为一等腰三角形，三角形的两腰分别是圆锥最前、最后素线的投影，也是圆锥面左、右两部分分界的转向轮廓线。

作图

画圆锥的三视图时，先画各投影的轴线，再画投影反映底面实形的投影，即底面圆的投影，然后根据投影规律和圆锥高确定锥顶的投影，连线画出圆锥面的投影（等腰三角形），即完成了圆锥的三视图（图 3—9c）。

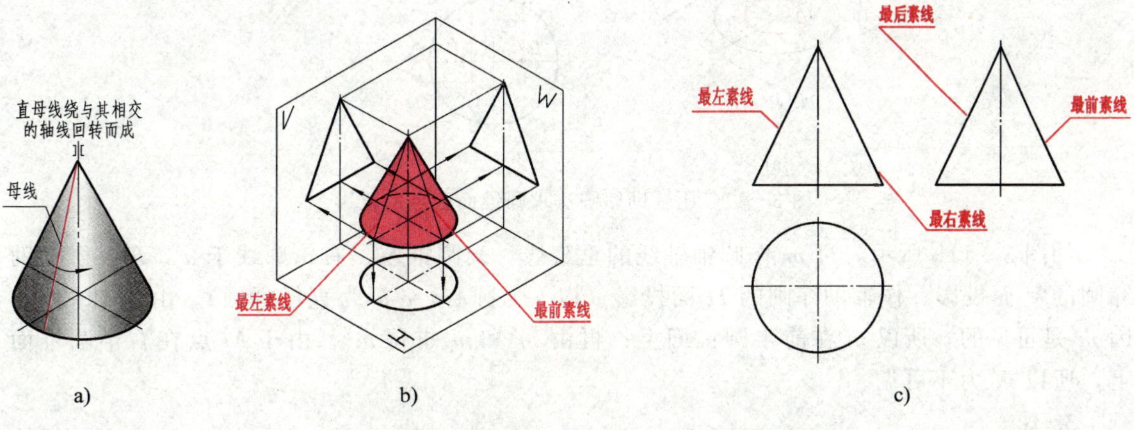

图 3—9　圆锥体的形成及其三视图

（2）圆锥体表面上点的投影　由于圆锥面的三个投影都没有积聚性，所以必须在圆锥面上作一条包含该点的辅助线（直线或圆），先求出辅助线的投影，再利用线上点的投影关系求出圆锥表面上的投影。

如图 3—10 所示，已知圆锥面上一点 M 的 V 面投影，求作点 M 的 H 面投影 m 和 W 面投影 m''。

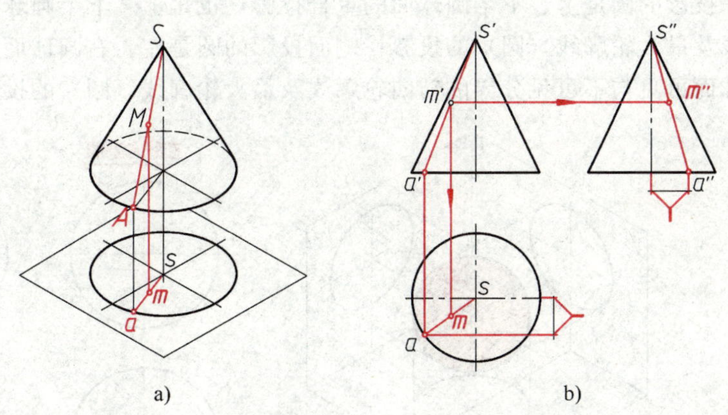

图 3—10　用辅助线法求圆锥面上点的投影

图 3—10b 所示为用辅助线法求圆锥面上点的投影的作图方法：过锥顶作包含点 M 的素线 SA（$s'a'$、sa、$s''a''$），则 m、m''必分别在 sa、$s''a''$上，由 m'便可作出 m 和 m''。

图 3—11a 所示为用辅助纬圆法求圆锥面上点的投影的作图方法：在锥面上过点 M 作一辅助纬圆（垂直于圆锥轴线的圆），则点 M 的各投影必在该圆的同面投影上。

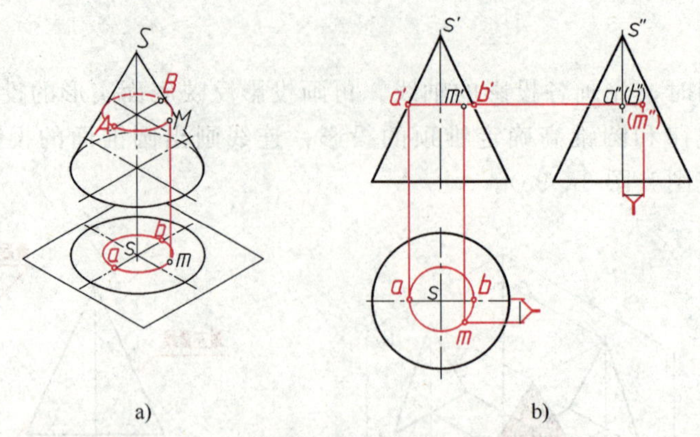

a)　　　　　b)

图 3—11　用辅助纬圆法求圆锥面上点的投影

如图 3—11b 所示，过 m'作圆锥轴线的垂直线，交圆锥左、右轮廓线于 a'、b'，得辅助纬圆的 V 面投影。作辅助纬圆的 H 面投影（以 s 为圆心，$a'b'$为直径画圆）。由 m'求得 m，因 m'是可见的，所以 m 在前半圆锥面上；再由 m'和 m 求得 m''。由于 M 点在右半圆锥面上，所以 m''为不可见。

3. 球

球面可以看作由一条圆母线绕其直径回转而成（图 3—12a）。

（1）球的三视图　以图 3—12b 所示圆球为例，分析其投影特性和三视图的画法。

分析

从图 3—12b 可以看出，球的三个视图均为与球直径相等的圆。虽然球的各投影图形相同，但各个圆的意义却不相同。正面投影的圆是平行于 V 面的圆素线的投影，也是前、后两半圆球面的重合投影，还是前、后两半圆球面可见与不可见分界的转向轮廓线及最大轮廓线（圆）的投影；同理，水平投影的圆是上、下半圆球面的重合投影，也是上、下半圆球面可见与不可见分界的转向轮廓线及最大轮廓线（圆）的投影；侧面投影的圆是左、右圆球面的重合投影，也是左、右两半圆球面可见与不可见分界的转向轮廓线及最大轮廓线（圆）的投影。

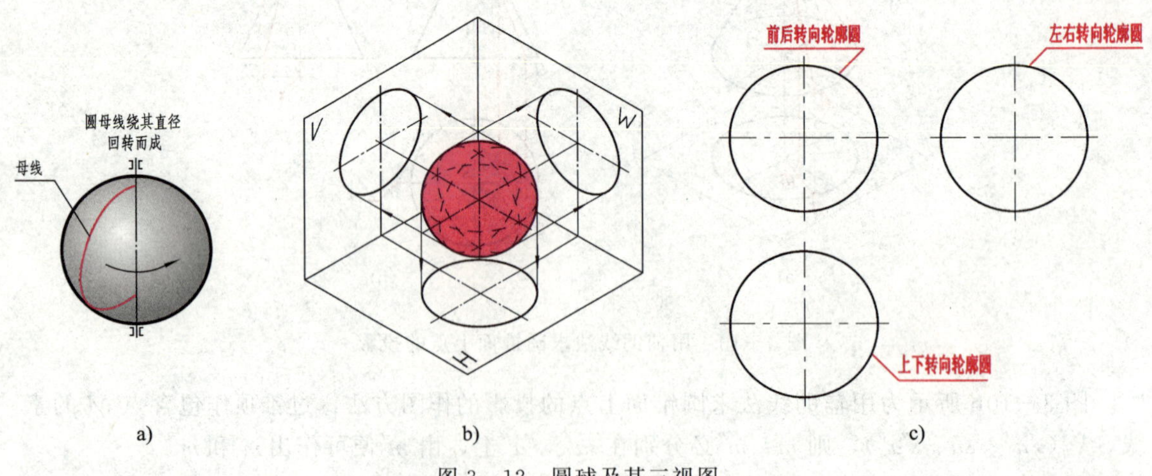

a)　　　　　b)　　　　　c)

图 3—12　圆球及其三视图

作图

先画出三个视图中圆的中心线，确定球心，过球心分别画出三个与球等径的圆（图3—12c）。

(2) 球表面上点的投影　如图 3—13 所示，已知球面上点 M 的 V 面投影 (m')，求 m 和 m''。

球面的三个投影都没有积聚性，要利用辅助纬圆法求解。

图 3—13a 所示为作水平辅助纬圆：过 m' 作水平圆 V 面的积聚投影 $1'2'$，再作出其 H 面的投影（以 o 为圆心，$1'2'$ 为直径画圆），在该圆的 H 面投影上求得 m。由于 m' 不可见，所以 M 必在后半球面上。然后由 m' 和 m 求出 m''，由于点 M 在右半球面上，所以 m'' 不可见。

讨论

分析图 3—13b 所示通过平行侧面的辅助纬圆求球面上点的投影的作图过程。

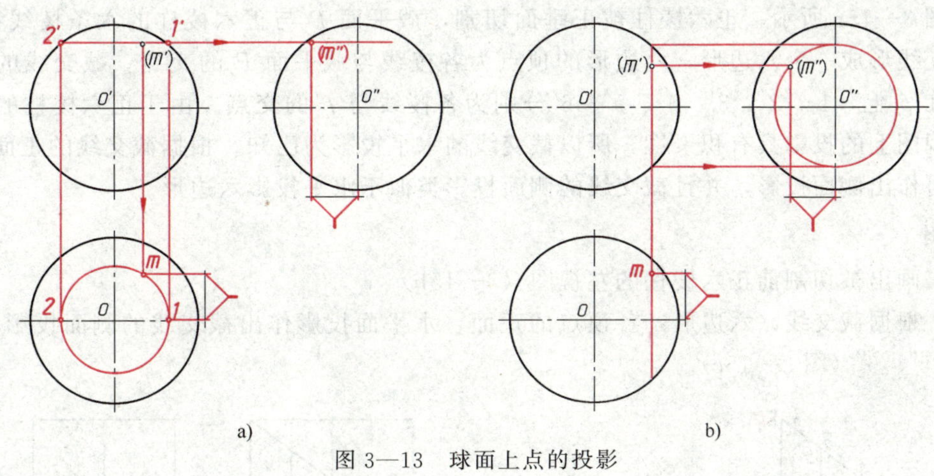

图 3—13　球面上点的投影

§ 3—2　切割体的投影作图

生产中有许多零件是由基本体用平面切割而成的，该平面称为截平面，形成该平面的封闭线框叫做截交线，如图 3—14 所示的压板和顶尖，它们的表面都有被平面切割而形成的截交线。

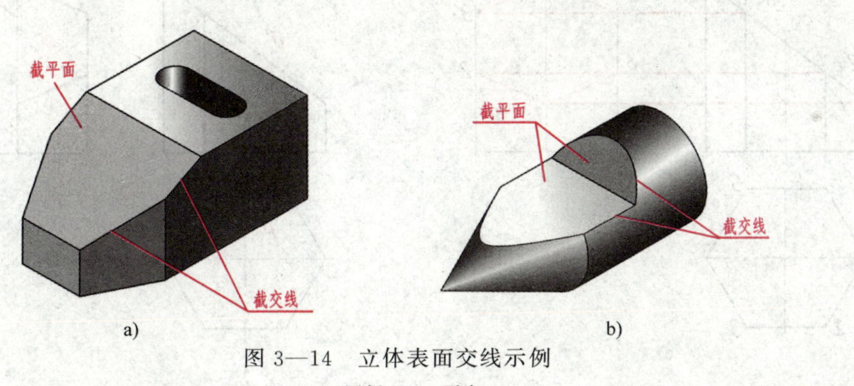

图 3—14　立体表面交线示例

a）压板　b）顶尖

截交线形状虽有多种，但都具有以下两个基本特性：

（1）截交线是封闭的。

（2）截交线既在截平面上，又在立体表面上，是截平面与立体表面的共有线，截交线上的点均为截平面与立体表面的共有点。因此，求作截交线就是求截平面与立体表面的共有点和共有线。

一、平面切割平面体

1. 正六棱柱被切割

分析

如图 3—15a 所示，正六棱柱被正垂面切割，截平面 P 与正六棱柱的六条棱线都相交，所以截交线形成一个六边形，六边形的顶点为各棱线与截平面 P 的交点。截交线的正面投影积聚在 p'上，1′、2′、3′、4′、5′、6′分别为各棱线与 p'的交点。由于正六棱柱的六条棱线在俯视图上的投影具有积聚性，所以截交线的水平投影为已知。根据截交线的正面和水平面投影可作出侧面投影，并且截交线的侧面投影类似于水平投影六边形。

作图

（1）画出被切割前正六棱柱的左视图（3—15b）。

（2）根据截交线（六边形）各顶点的正面、水平面投影作出截交线的侧面投影 1″、2″、3″、4″、5″、6″（图 3—15c）。

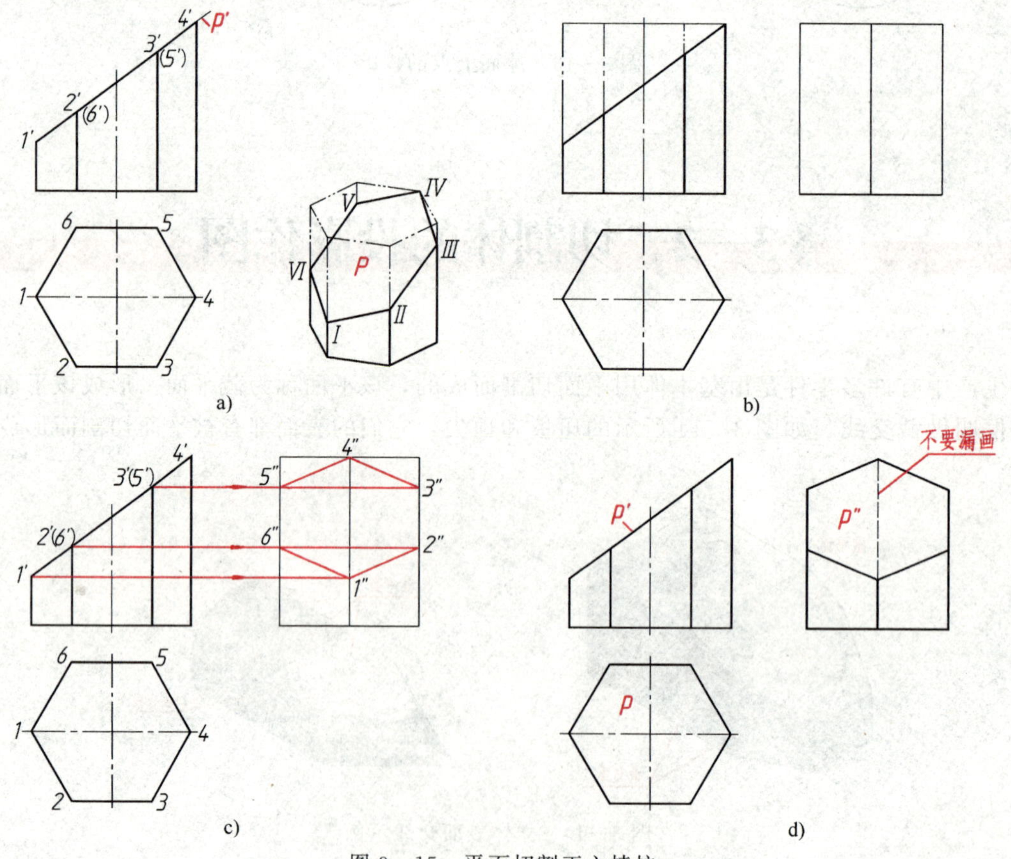

图 3—15　平面切割正六棱柱

(3) 顺次连接 1″、2″、3″、4″、5″、6″、1″，擦去多余的作图线（注意：六棱柱上最右棱线的侧面投影为不可见，左视图上不要漏画这一段虚线），描深。作图结果如图 3—15d 所示。

2. 正四棱锥被切割

分析

如图 3—16a 所示，正四棱锥被正垂面切割，截交线是一个四边形，四边形的顶点是四条棱线与截平面 P 的交点。由于正垂面的正面投影具有积聚性，所以截交线的正面投影积聚在 p'上，1′、2′、3′、4′分别为四条棱线与 p'的交点，水平投影与侧面投影应为类似的四边形。

作图

(1) 画出被切割前正四棱锥的左视图（图 3—16b）。

(2) 根据截交线的正面投影作水平投影和侧面投影（图 3—16c）。截交线的侧面投影可直接由正面投影按高平齐的投影关系作出。水平投影 1、3 可由正面投影按长对正的投影关系作出；水平投影 2、4 可由侧面投影 2″、4″按俯、左视图宽相等的投影关系作出。

(3) 在俯视图及左视图上顺次连接各交点的投影，擦去多余的作图线并描深。注意不要漏画左视图上的虚线（图 3—16d）。

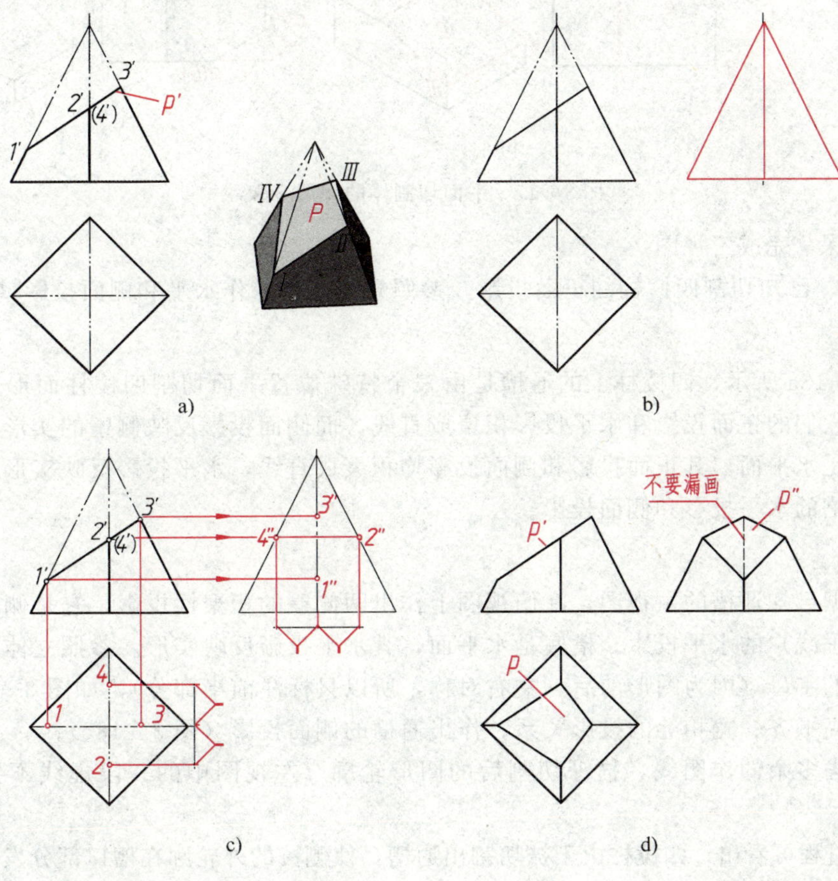

图 3—16　平面切割四棱锥

例 3—1　画出图 3—17a 所示平面切割体的三视图。

分析

该切割体可看成是用正垂面 P 和铅垂面 Q 分别切去长方体的左上角和左前角而形成。平面 P 与长方体表面的交线Ⅰ Ⅱ、Ⅲ Ⅳ是正垂线；平面 Q 与长方体表面的交线 AB、CD 是铅垂线；而 P 面与 Q 面的交线 AD 则是一般位置直线。本题作图的关键是求作 AD 的侧面投影 $a''d''$。

作图

（1）作出长方体被正垂面 P 切割后的投影（图 3—17b）。

（2）作出铅垂面 Q 的投影（图 3—17c）。铅垂面 Q 产生的交线为梯形 $ABCD$，先画出有积聚性的水平投影，再作出铅垂线 AB 和 CD 的正面和侧面投影 $a'b'$、$c'd'$、$a''b''$、$c''d''$，连接端点 $a''d''$即为一般位置直线 AD 的侧面投影。注意，截平面 Q 的正面和侧面投影应为类似形。

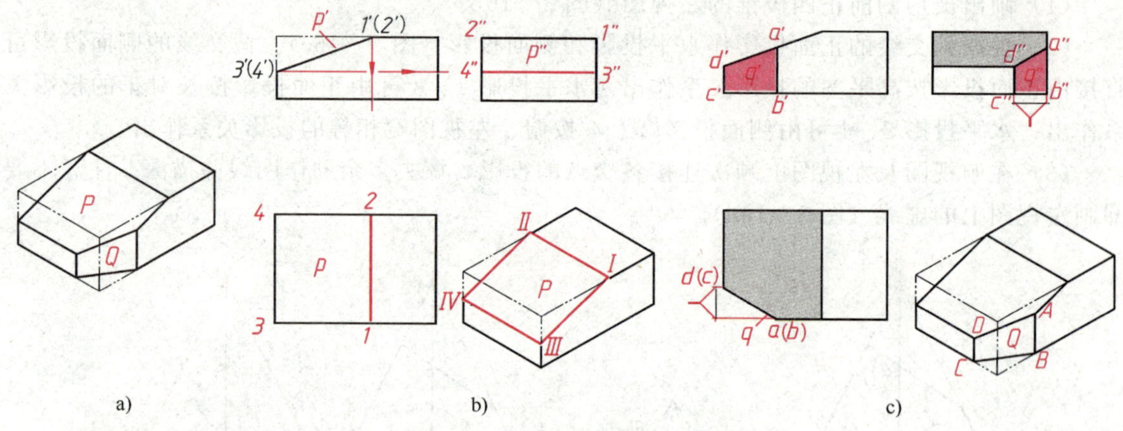

图 3—17　平面切割体的作图步骤

（3）描深，完成三视图。

例 3—2　已知切割四棱柱的正面投影，参照立体图，求作水平和侧面投影（图 3—18）。

分析

如图 3—18a 所示，四棱柱上的通槽是由三个特殊位置平面切割四棱柱而形成。两侧壁是侧平面，它们的正面投影和水平投影积聚成直线，而侧面投影反映侧壁的实形，并重合在一起。槽底是水平面，其正面投影和侧面投影均积聚成直线，水平投影反映实形，可利用积聚性作出通槽的水平投影和侧面投影。

作图

（1）根据已知通槽的主视图，在俯视图上作出两侧壁的积聚性投影，它是侧平面与水平面交线（正垂线）的水平投影。槽底是水平面，其水平投影反映实形。参照立体图在俯视图上注写相应的字母（因为图形前后、左右对称，所以只标注前半部分），如图 3—18b 所示。

（2）按高平齐、宽相等的投影关系，作出通槽的侧面投影（图 3—18c）。

（3）擦去多余的作图线，描深切割后的图形轮廓，左视图中的一段虚线不要漏画（图 3—18d）。

从作图过程可看出，四棱柱由于被切割出通槽，使侧棱的外轮廓在槽口部分发生变形，左视图中槽口部分的轮廓线（截交线）向中心“收缩”，从而使两边出现缺口，如图 3—18d 所示。

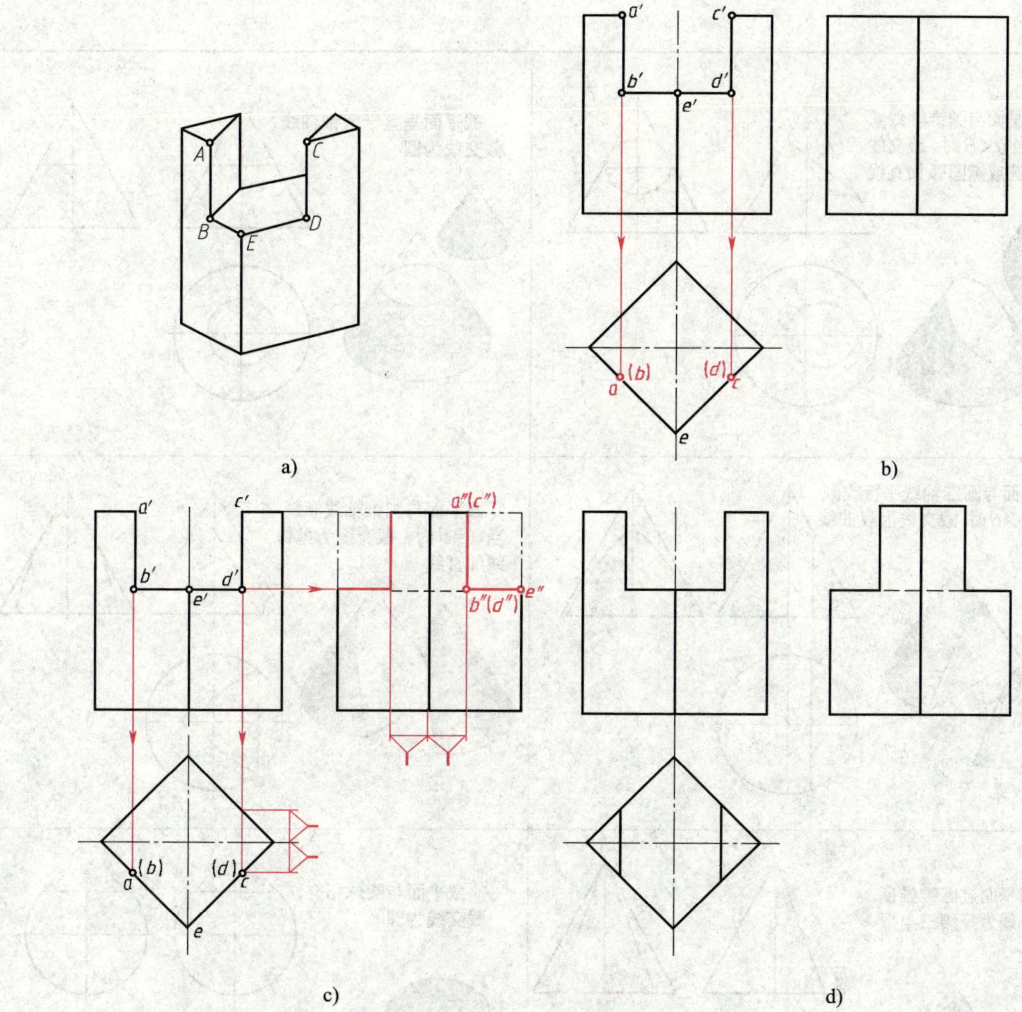

a)　　b)

c)　　d)

图 3—18　四棱柱开通槽

二、平面切割回转曲面体

平面切割曲面体时，截交线的形状取决于曲面体表面的形状以及截平面与曲面体的相对位置。当平面与曲面体相交时，截交线的形状和性质见表 3—1。

表 3—1　　平面切割回转曲面体

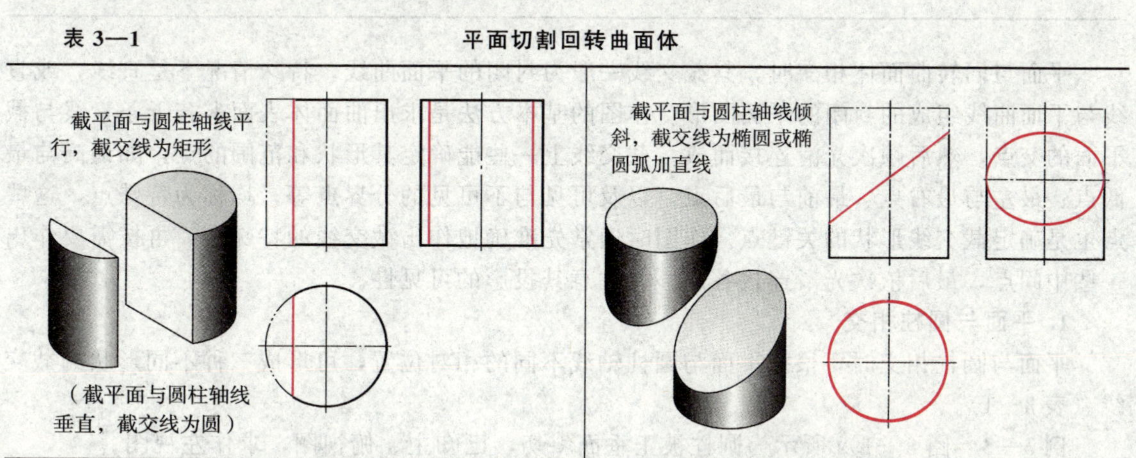

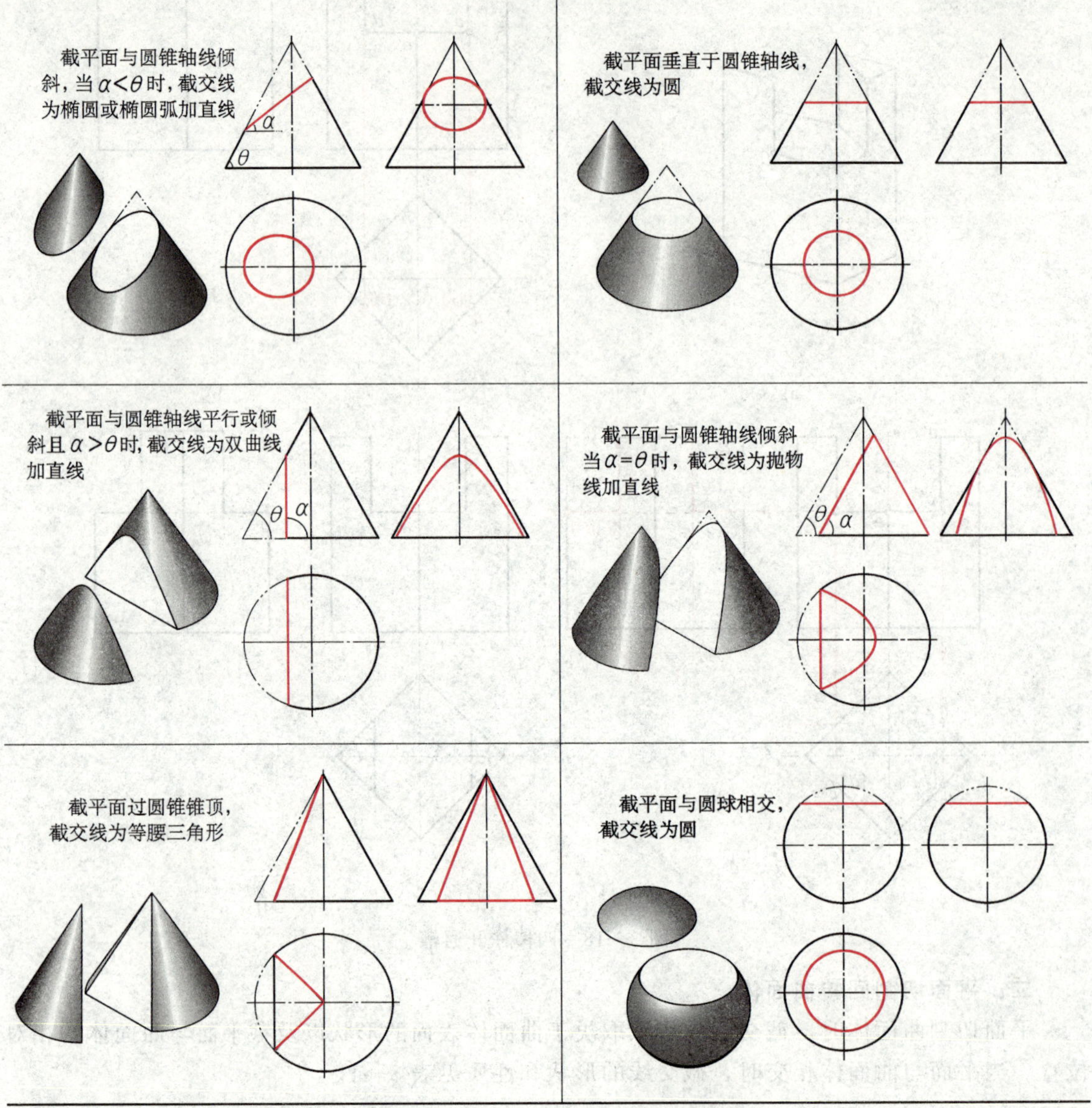

平面与回转曲面体相交时，其截交线一般为封闭的平面曲线，特殊情况下是直线，或直线与平面曲线组成的封闭的平面图形。作图的基本方法是求出曲面体表面上若干条素线与截平面的交点，然后顺次光滑连接而成。截交线上一些能确定其形状和范围的点，如最高与最低点、最左与最右点、最前与最后点，以及可见与不可见的分界点等，均称为特殊点，这些点也是确定截交线形状的关键点。作图时通常先准确地作出截交线的特殊点，再按需要作出一些中间点，最后依次光滑连接各点，并注意其投影的可见性。

1. 平面与圆柱相交

平面与圆柱相交时，根据平面与圆柱轴线不同的相对位置，可形成三种不同形状的截交线（表 3—1）。

例 3—3 图 3—19a 所示为圆柱被正垂面斜切，已知主、俯视图，求作左视图。

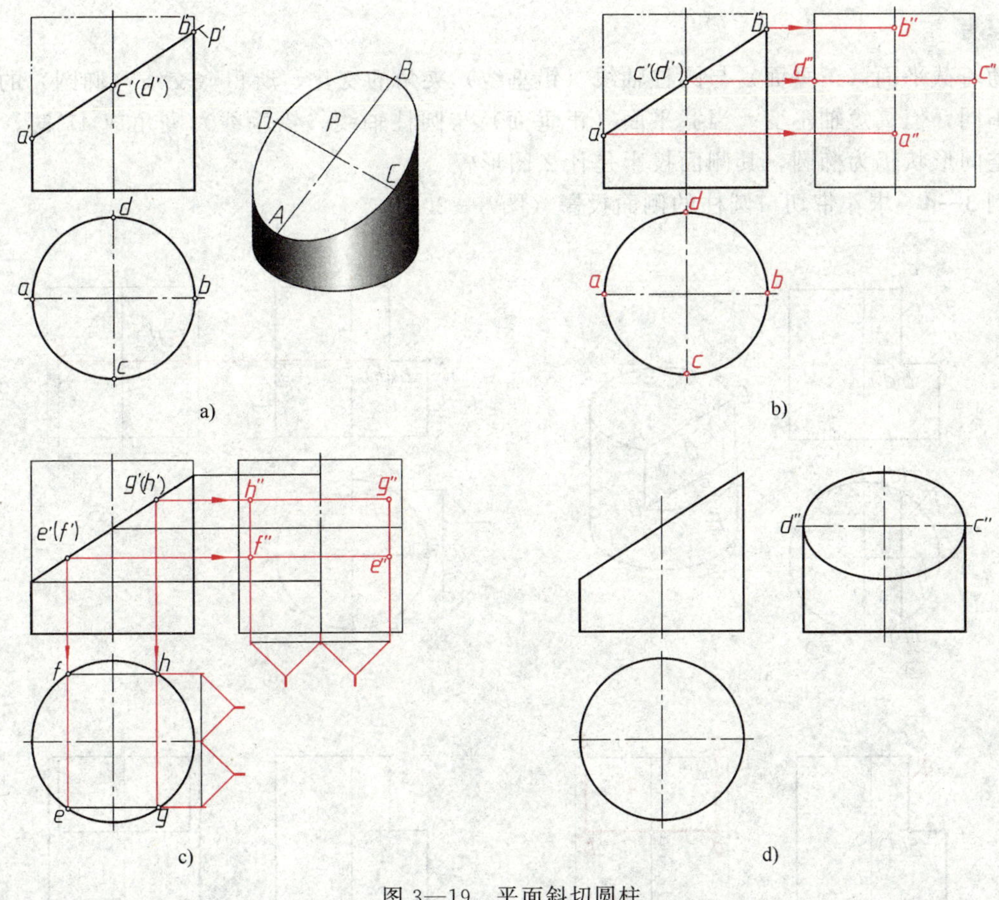

图 3—19　平面斜切圆柱

分析

截平面 P 与圆柱的轴线倾斜，截交线为椭圆。截交线既在截平面上又在圆柱面上，是二者的共有线。由于 P 面是正垂面，所以截交线的正面投影积聚在 P' 上。因为圆柱面的水平投影有积聚性，所以截交线的水平投影积聚在圆周上。而截交线的侧面投影一般情况下仍为椭圆。

作图

（1）求特殊点　由图 3—19a 可知，最低点 A、最高点 B 是椭圆长轴的两端点，也是位于圆柱最左、最右素线上的点。最前点 C、最后点 D 是椭圆短轴两端点，也是位于圆柱最前、最后素线上的点。A、B、C、D 的正面投影和水平投影可利用积聚性直接作出。然后由正面投影 a'、b'、c'、d' 和水平投影 a、b、c、d 作出侧面投影 a''、b''、c''、d''（图 3—19b）。

（2）求中间点　为了准确作图，还必须在特殊点之间作出适当数量的中间点，如 E、F、G、H 各点。可先作出它们的水平投影 e、f、g、h 和正面投影 e'（f'）、g'（h'），再作出侧面投影 e''、f''、g''、h''（图 3—19c）。

（3）依次光滑连接 a''、e''、c''、g''、b''、h''、d''、f''、a''，即为所求截交线椭圆的侧面投影，圆柱的轮廓线在 c''、d''处与椭圆相切。描深，完成全图（图 3—19d）。

思考

随着截平面（正垂面）与圆柱轴线（铅垂线）夹角的变化，所得截交线（椭圆）的长轴有所不同，但其短轴不变。当截平面（正垂面）与圆柱轴线（铅垂线）夹角成45°时，截交线的空间形状仍为椭圆，其侧面投影是什么图形？

例 3—4 求作带切口圆柱的侧面投影（图 3—20a）。

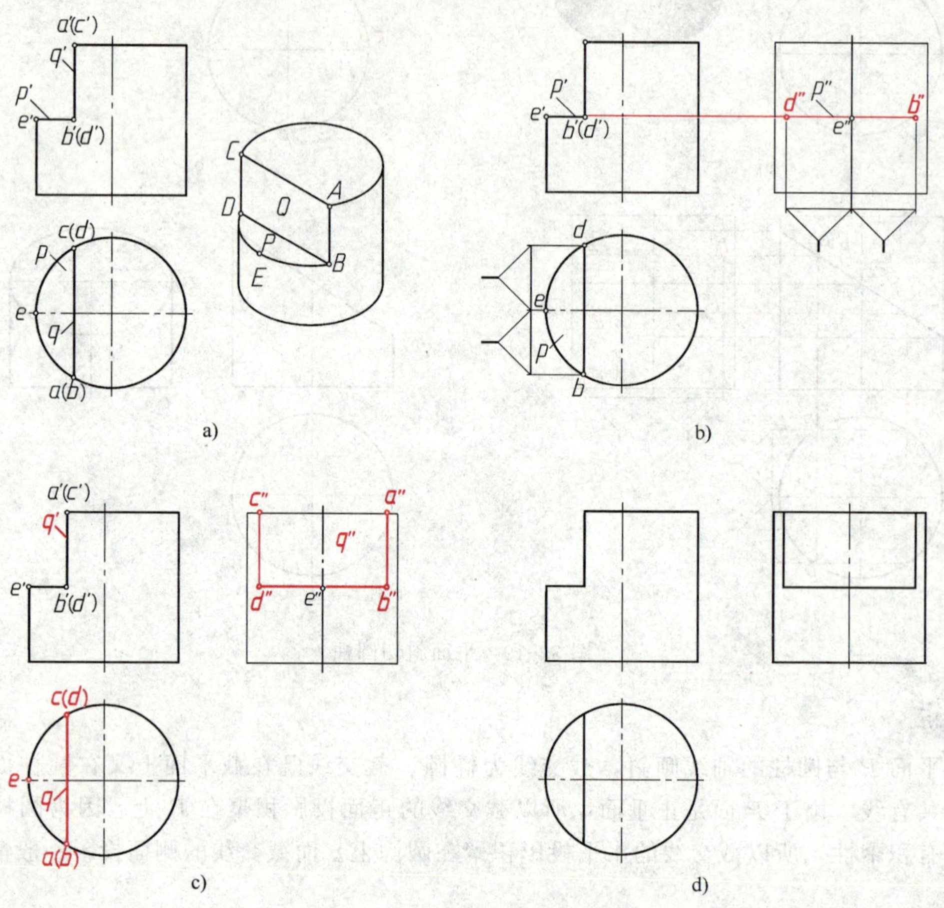

图 3—20　带切口圆柱的侧面投影

分析

圆柱切口由水平面 P 和侧平面 Q 切割而成。如图 3—20a 所示，由截平面 P 所产生的截交线是一段圆弧，其正面投影是一段水平线（积聚在 p' 上），水平投影是一段圆弧（积聚在圆柱的水平投影上）。截平面 P 与 Q 的交线是一条正垂线 BD，其正面投影积聚成点 $b'(d')$，水平投影 b 和 d 在圆周上。由截平面 Q 所产生的截交线是两段铅垂线 AB 和 CD（圆柱面上两段素线），它们的正面投影 $a'b'$ 与 $c'd'$ 积聚在 q' 上，水平投影分别积聚为圆周上两个点 $a(b)$、$c(d)$。Q 面与圆柱顶面的截交线是一条正垂线 AC，其正面投影 $a'(c')$ 积聚成点，水平投影 ac、bd 重合。

作图

(1) 由 p' 向右引投影连线，再从俯视图上量取宽度定出 b''、d''（图 3—20b）。

（2）由 b''、d''分别向上作竖线与顶面交于 a''、c''，即得由截平面 Q 所产生的截交线 AB、CD 的侧面投影 $a''b''$、$c''d''$（图 3—20c）。

（3）作图结果如图 3—20d 所示。

思考

若扩大切割圆柱的范围，使截平面 P 切过圆柱的轴线，如图 3—21 所示的侧面投影与图 3—20d 所示的侧面投影有所不同，因为截平面 P 已切过圆柱轴线，圆柱面的前后两段轮廓已被切去。应仔细分析由于切割位置不同而形成侧面投影所画轮廓线的区别。

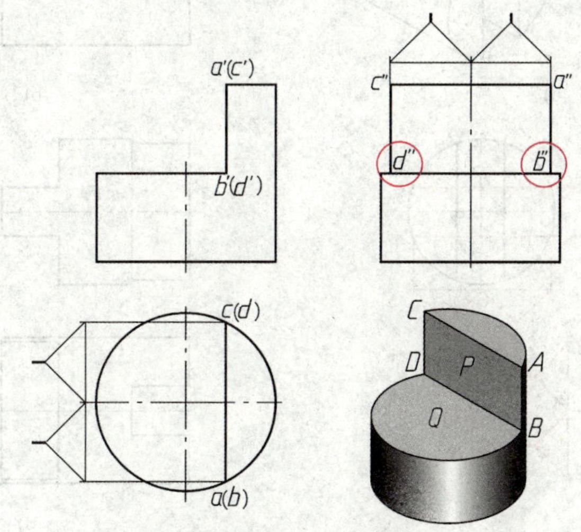

图 3—21　切割平面位置不同侧面投影有变化

例 3—5　补全接头（图 3—22a）的三面投影。

分析

接头是一个圆柱体左端开槽（中间被两个正平面和一个侧平面切割），右端切肩（上、下被水平面和侧平面对称地切去两块）而形成。所产生的截交线的边均为直线和平行于侧面的圆弧。

作图

（1）根据槽口的宽度，作出槽口的侧面投影（两条竖线），再按投影关系作出槽口的正面投影（图 3—22b）。

（2）根据切肩的厚度，作出切肩的侧面投影（两条虚线），再按投影关系作出切肩的水平投影（图 3—22c）。

（3）擦去多余的作图线并描深，完成接头三视图（图 3—22d）。

2. 平面与圆锥相交

参阅表 3—1，根据截平面对圆锥轴线的位置不同，截交线形状有五种：椭圆、圆、双曲线、抛物线和相交两直线，有时也称它们为圆锥曲线。除了过锥顶的截平面与圆锥面的截交线是相交两直线外，其他四种情况都是曲线，但不论何种曲线（圆除外），其作图步骤总是先作出截交线上的特殊点，再作出若干中间点，然后光滑连成曲线。

例 3—6　补全正平面切割圆锥后的正面投影（图 3—23a）。

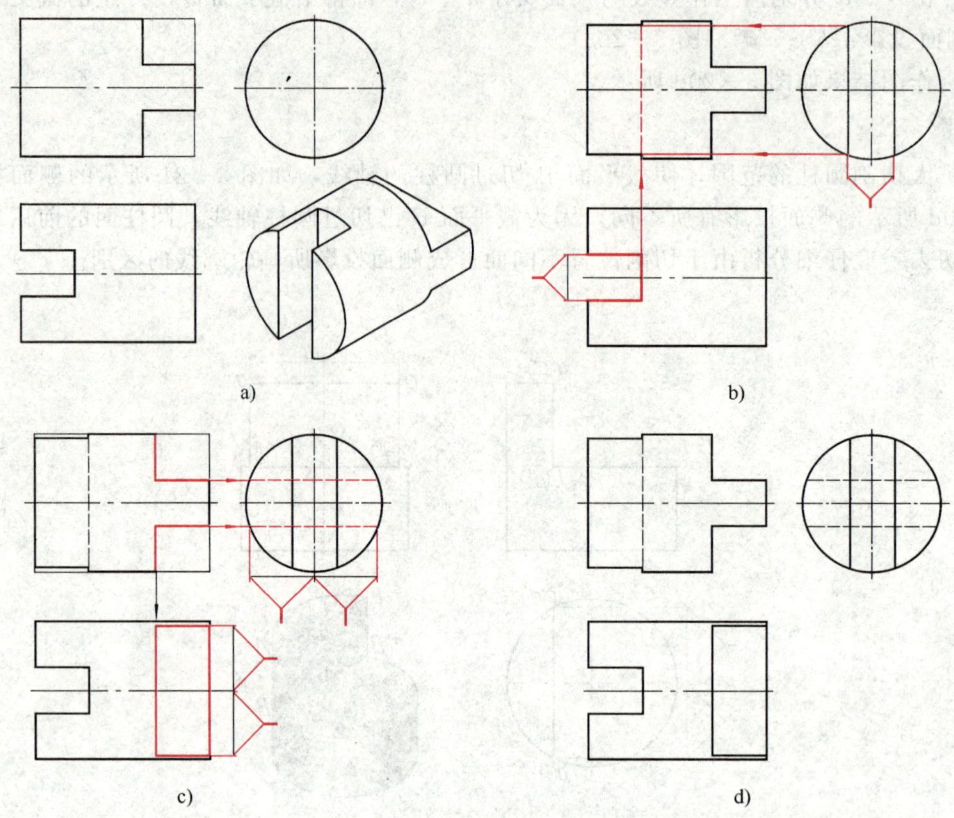

图 3—22　接头表面截交线的作图步骤

分析

正平面与圆锥轴线平行，与圆锥面和底面形成的交线为双曲线和直线，可采用辅助纬圆法或辅助素线法求作双曲线的正面投影。

作图

(1) 求特殊点　最高点 C 是圆锥面上最前素线与正平面的交点，利用积聚性直接作出侧面投影 c'' 和水平投影 c，由 c'' 和 c 作出正面投影 c'；最低点 A、B 是圆锥底面与正平面的交点，直接定出 a、b 和 a''、b''，再作出 a'、b'（图 3—23b）。

(2) 求中间点　在适当位置作水平纬圆，该圆的水平投影与正平面的水平投影的交点 d、e 即为交线上两点的水平投影，再作出 d'、e' 和 d''、e''（图 3—23c）。

(3) 依次光滑连接 a'、d'、c'、e'、b'，即补全切割后的正面投影（图 3—23d）。

思考

如图 3—24 所示，正垂面 P 斜切圆锥，当 $\alpha=\theta$ 时，截交线是什么曲线？试作出截交线的水平和侧面投影。

3. 平面与圆球相交

平面切割圆球时，其交线均为圆，圆的大小取决于平面与球心的距离。当平面平行于投影面时，在该投影面上的交线圆的投影反映实形，另外两个投影面上的投影积聚成直线。图 3—25 所示为圆球被水平面和侧平面切割后的三面投影图。

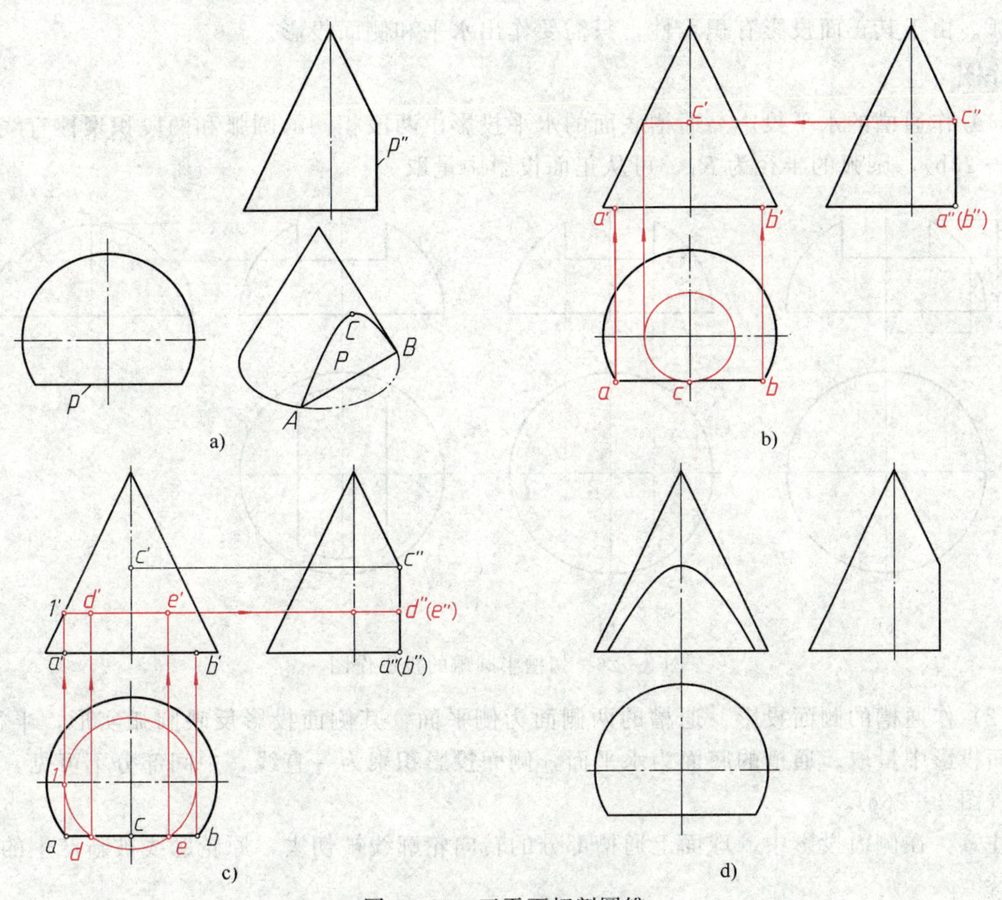

图 3—23　正平面切割圆锥

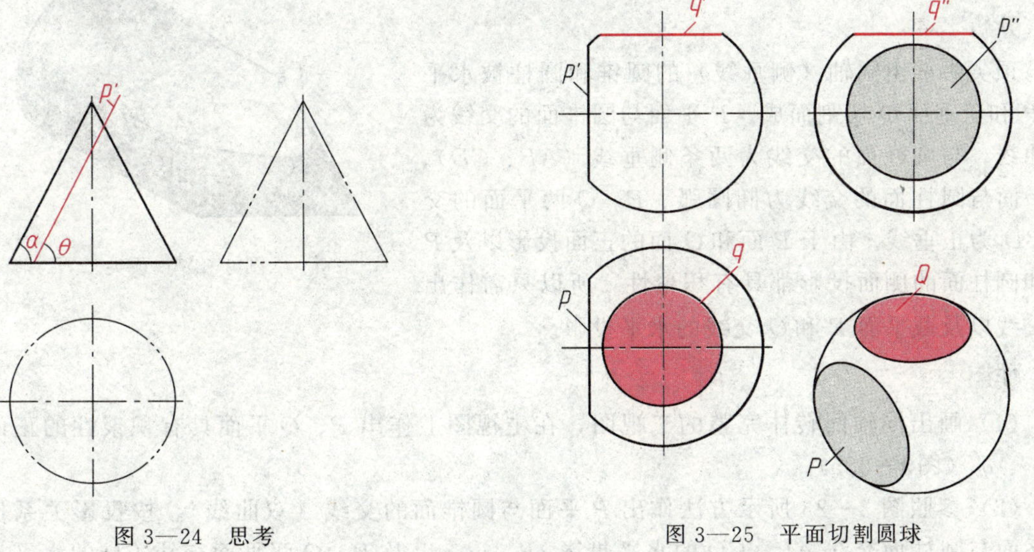

图 3—24　思考　　　　图 3—25　平面切割圆球

例 3—7　如图 3—26a 所示，已知半球开槽的主视图，补全俯视图，并作出左视图。

分析

半球上部的通槽是由左右对称的两个侧平面和水平面切割而成，它们与球面的截交线均为圆弧。由于其正面投影有积聚性，只需要作出水平和侧面投影。

作图

（1）作通槽的水平投影　通槽底面的水平投影由两段相同的圆弧和两段积聚性直线组成（图 3—26b），圆弧的半径为 R_1，可从正面投影中量取。

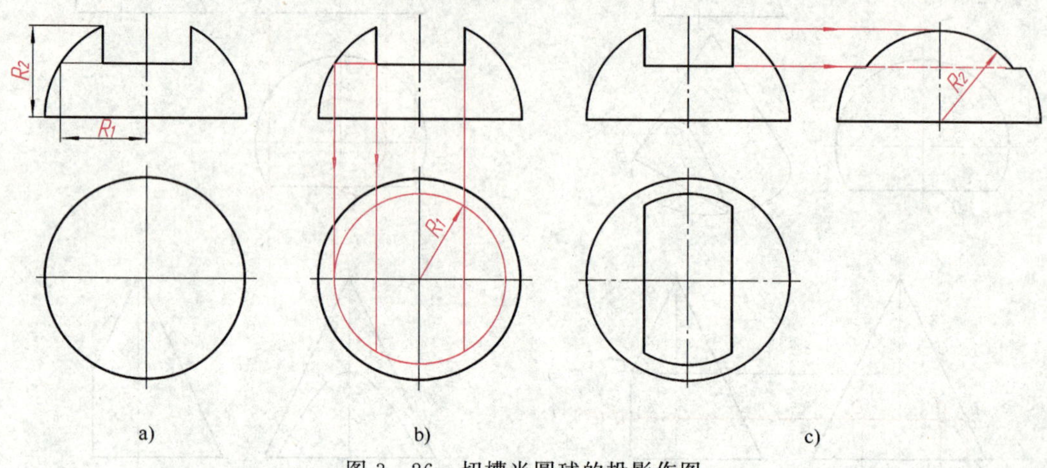

图 3—26　切槽半圆球的投影作图

（2）作通槽的侧面投影　通槽的两侧面为侧平面，其侧面投影反映圆弧实形，半径 R_2 从正面投影中量取。通槽的底面为水平面，侧面投影积聚为一直线，中间部分不可见，画成虚线（图 3—26c）。

注意：在侧面投影中，球面上通槽部分的转向轮廓线被切去，原轮廓线被新产生的截交线代替。

例 3—8　绘制图 3—27 所示顶尖的三视图。

分析

顶尖头部由同轴（侧垂线）的圆锥和圆柱被水平面 P 和正垂面 Q 切割而成。P 平面与圆锥面的交线为双曲线，与圆柱面的交线为两条侧垂线（AB、CD）。Q 平面与圆柱面的交线为椭圆弧。P、Q 两平面的交线 BD 为正垂线。由于 P 面和 Q 面的正面投影以及 P 面和圆柱面的侧面投影都具有积聚性，所以只需作出截交线以及截平面 P 和 Q 交线的水平投影。

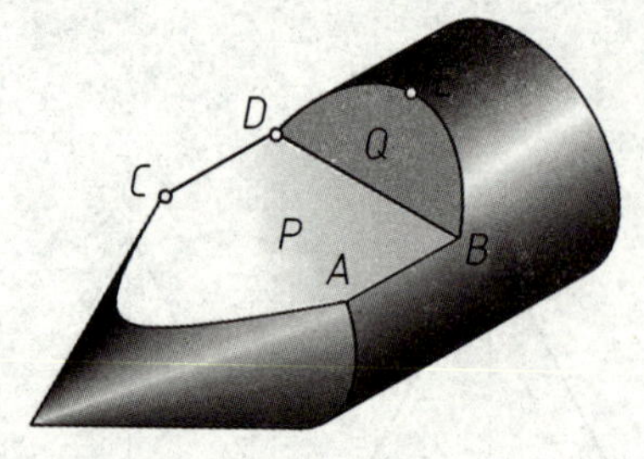

图 3—27　顶尖

作图

（1）画出同轴回转体完整的三视图，在主视图上作出 P、Q 平面具有积聚性的正面投影 p'、q'（图3—28a）。

（2）参照图 3—23 所示方法作出 P 平面与圆锥面的交线（双曲线）。按投影关系作出 P 平面与圆柱面交线 AB、CD 的水平投影 ab、cd，以及 P、Q 两平面交线 BD 的水平投影 bd（图 3—28b）。注意俯视图中圆锥与圆柱的交线被 P 面、Q 面截去的一段不应画出，但由于其下方还有圆锥与圆柱不可见的交线，所以这一段应改为虚线。

（3）Q 面与圆柱面交线（椭圆弧）的正面投影积聚为直线，侧面投影积聚为圆。由 e'

作出 e 和 e''，在椭圆弧正面投影的适当位置定出 f'、g'，直接作出侧面投影 f''、g''，再由 f''、g'' 和 f'、g' 作出 f、g。依次连接 b、f、e、g、d，即为 Q 平面与圆柱面交线的水平投影（图 3—28c）。

（4）作图结果如图 3—28d 所示。

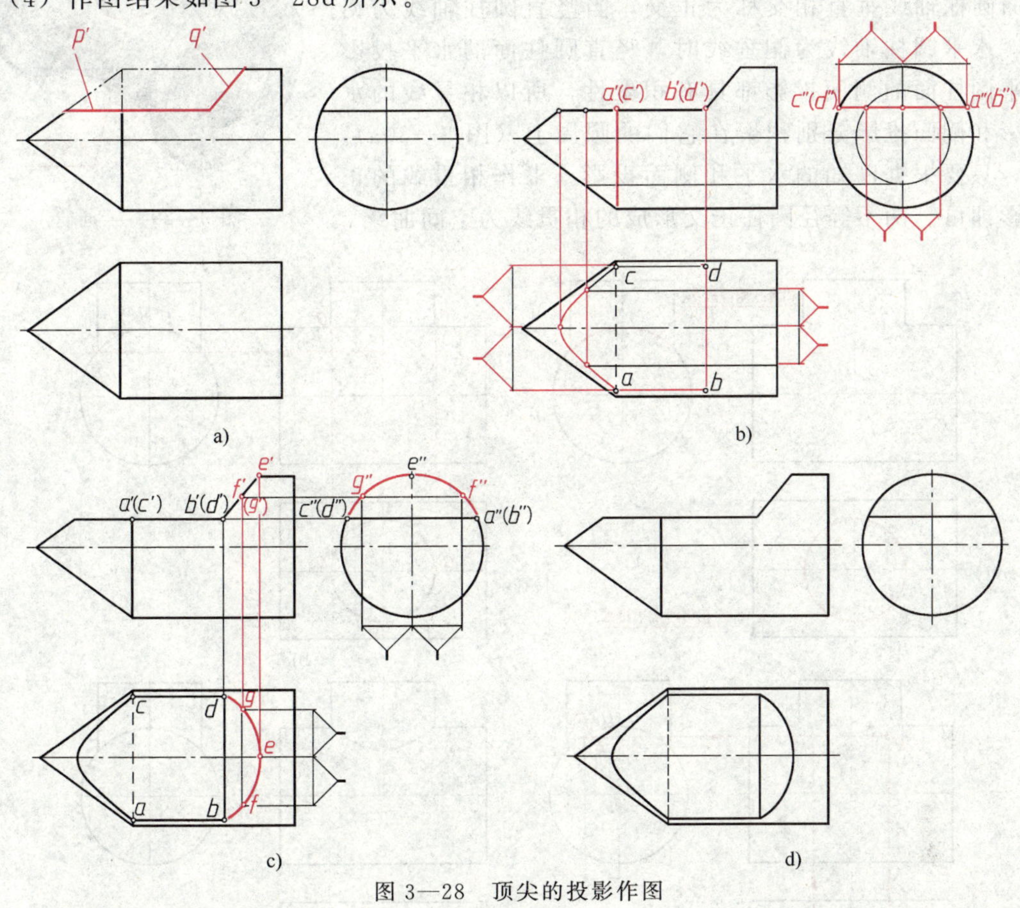

图 3—28　顶尖的投影作图

§3—3　两回转体相交的投影作图

两回转体相交，常见的是圆柱与圆柱相交、圆锥与圆柱相交以及圆柱与圆球相交，其交线称为相贯线。相贯线的形状取决于两回转体各自的形状、大小和相对位置，一般情况下为闭合的空间曲线。两回转体的相贯线，实际上是两回转体表面上一系列共有点的连线，求作共有点的方法通常采用表面取点法（积聚性法）和辅助平面法。

一、圆柱与圆柱相交

工程上最常见的是两圆柱体正交，如图 3—29 所示三通管就是轴线正交的两圆柱表面形成相贯线的实例。

例 3—9 两个直径不等的圆柱正交，求作相贯线的投影（图 3—30）。

分析

两圆柱轴线垂直相交称为正交，当竖直圆柱轴线为铅垂线、水平圆柱轴线为侧垂线时，竖直圆柱面的水平投影和水平圆柱面的侧面投影都具有积聚性，所以相贯线的水平投影和侧面投影分别积聚在它们的圆周上（图 3—30a）。因此，只要根据已知的水平和侧面投影，求作相贯线的正面投影即可。两不等径圆柱正交形成的相贯线为空间曲线，

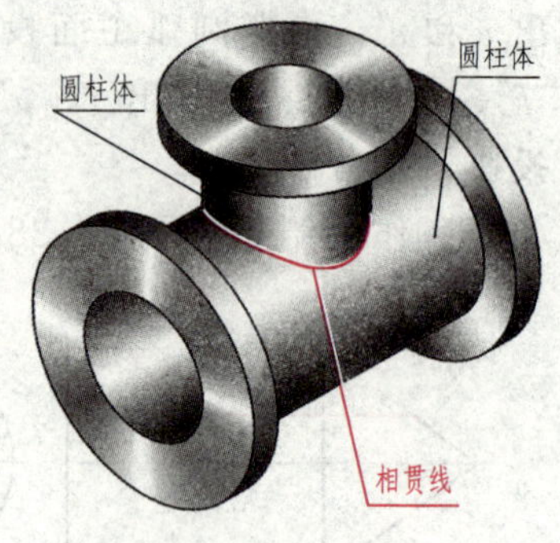

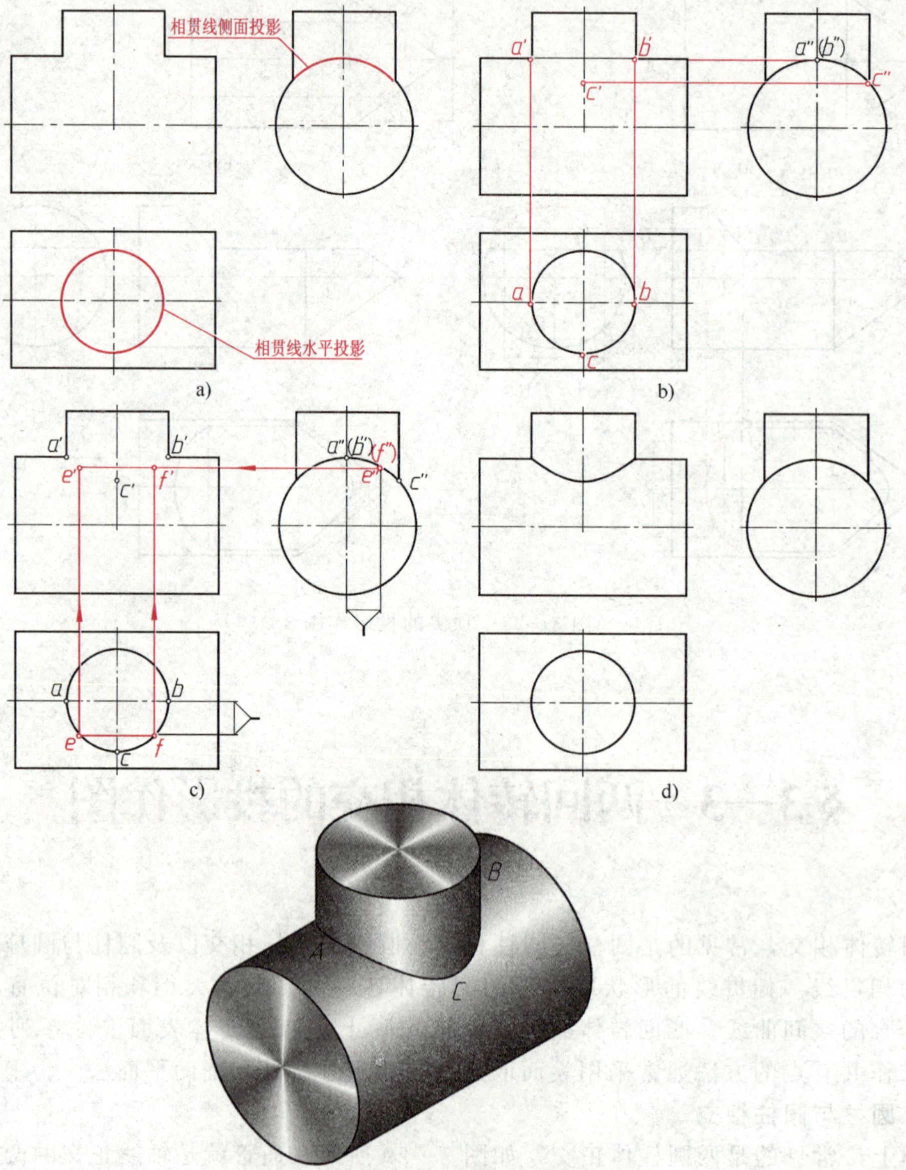

图 3—29 三通管

图 3—30 不等径两圆柱正交

如图 3—30 中立体图所示。因为相贯线前后对称，在其正面投影中，可见的前半部分与不可见的后半部分重合，且左右也对称。因此，求作相贯线的正面投影，只需作出前面的一半。

作图

（1）求特殊点　水平圆柱的最高素线与竖直圆柱最左、最右素线的交点 A、B 是相贯线上的最高点，也是最左、最右点。a'、b'，a、b 和 a''、b''均可直接作出。点 c 是相贯线上最低点，也是最前点，c''、c 可直接作出，再由 c''、c 求得 c'（图 3—30b）。

（2）求中间点　利用积聚性，在侧面投影和水平投影上定出 e''、f''和 e、f，再作出 e'、f'（图 3—30c）。

（3）光滑连线　光滑连接 a'、e'、c'、f'、b'，即为相贯线的正面投影，作图结果如图 3—30d 所示。

讨论

（1）如图 3—31a 所示，若在水平圆柱上穿孔，就会出现圆柱外表面与圆柱孔内表面相交而产生的相贯线。这种相贯线可以看成是竖直圆柱与水平圆柱相贯后，再把竖直圆柱抽去而形成的。

如图 3—31b 所示，若要求作两圆柱孔内表面的相贯线，作图方法与求作两圆柱外表面相贯线的方法相同。但相贯线投影不可见，画成虚线。

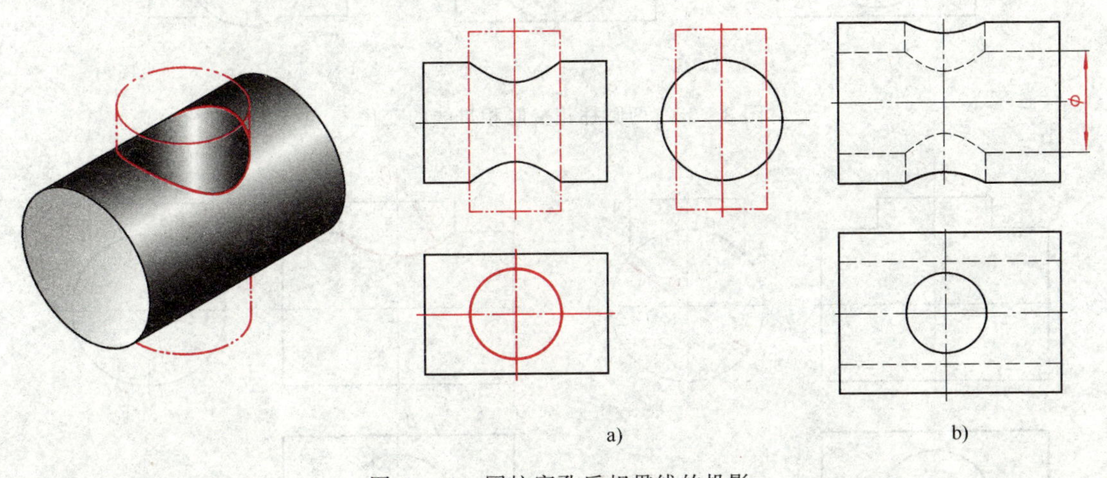

图 3—31　圆柱穿孔后相贯线的投影

（2）如图 3—32 所示，当正交两圆柱的相对位置不变，而相对大小发生变化时，相贯线的形状和位置也将随之变化。

1）当 $\phi_1>\phi$ 时，相贯线的正面投影为上下对称的曲线（图 3—32a）。

2）当 $\phi_1=\phi$ 时，相贯线在空间中为两个相交的椭圆，其正面投影为两条相交的直线（图 3—32b）。

3）当 $\phi_1<\phi$ 时，相贯线的正面投影为左右对称的曲线（图 3—32c）。

（3）工程上两圆柱正交的实例很多，为了简化作图，国家标准规定，允许采用简化画法作出相贯线的投影，即以圆弧代替非圆曲线。当轴线垂直相交且平行于正面的两个不等径圆柱相交时，相贯线的正面投影以大圆柱的半径为半径画圆弧即可。简化画法的作图过程如图 3—33 所示。

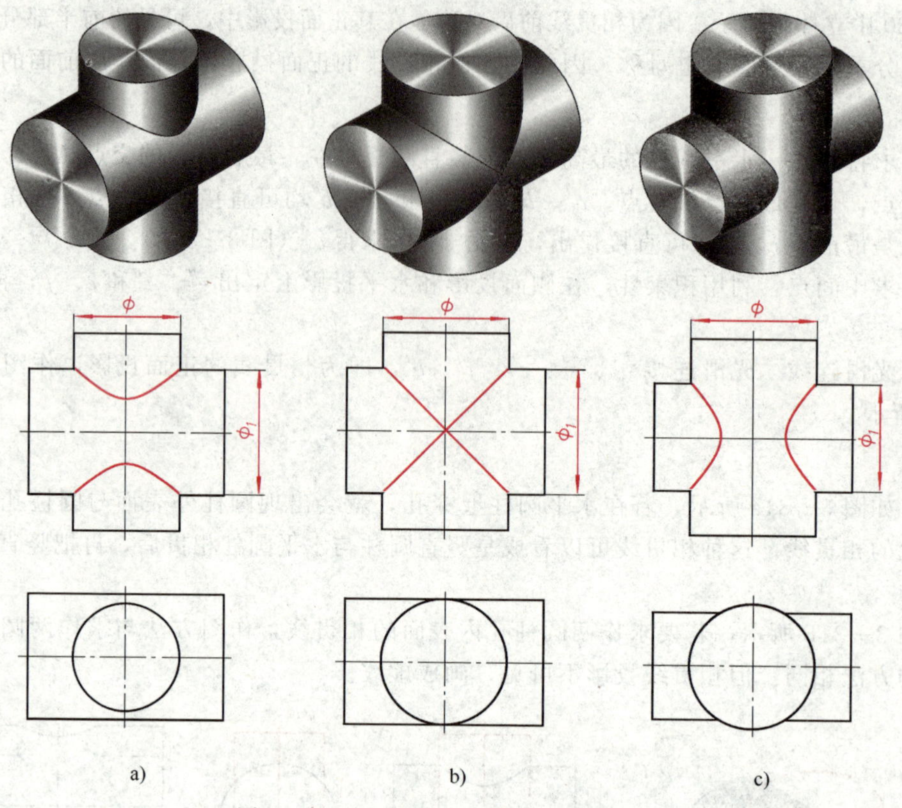

图 3—32　两圆柱正交时相贯线的变化

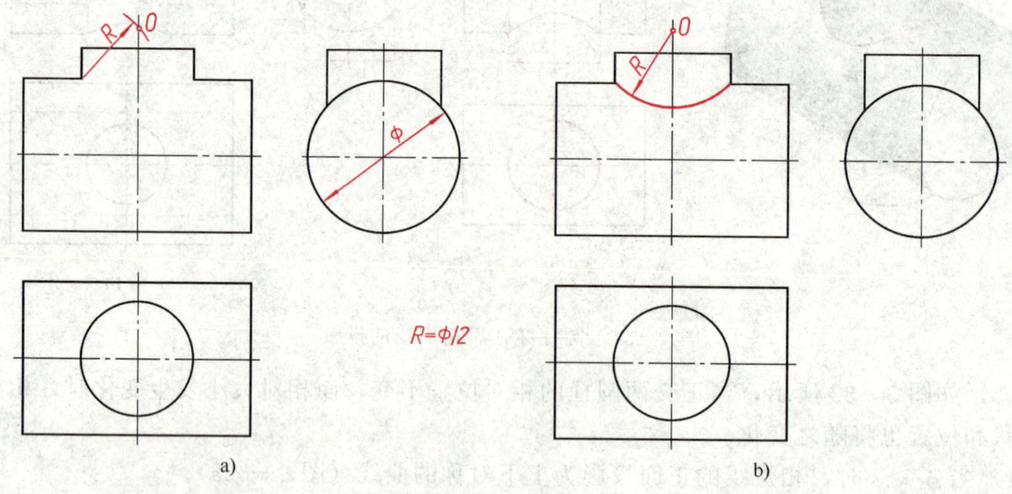

图 3—33　相贯线简化画法

二、相贯线的特殊情况

1. 相贯线为平面曲线

（1）两个同轴回转体相交时，它们的相贯线一定是垂直于轴线的圆，当回转体轴线平行于某投影面时，这个圆在该投影面的投影为垂直于轴线的直线（图 3—34）。

（2）当轴线相交的两圆柱或圆柱与圆锥公切于一个球面时，相贯线是平面曲线——两个相交的椭圆。椭圆所在的平面垂直于两条轴线所决定的平面（图 3—35）。

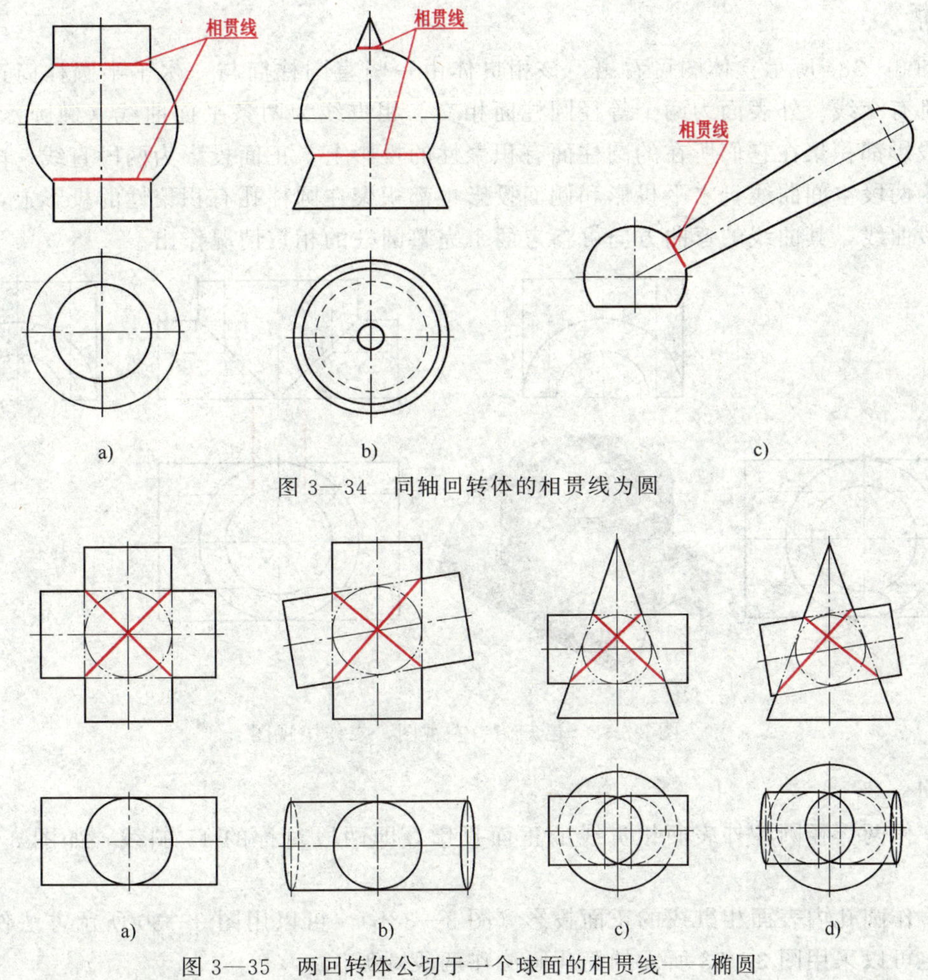

图 3—34　同轴回转体的相贯线为圆

图 3—35　两回转体公切于一个球面的相贯线——椭圆

2. 相贯线为直线

当两圆柱的轴线平行时，相贯线为直线（图 3—36）。当两圆锥共顶时，相贯线为直线（图 3—37）。

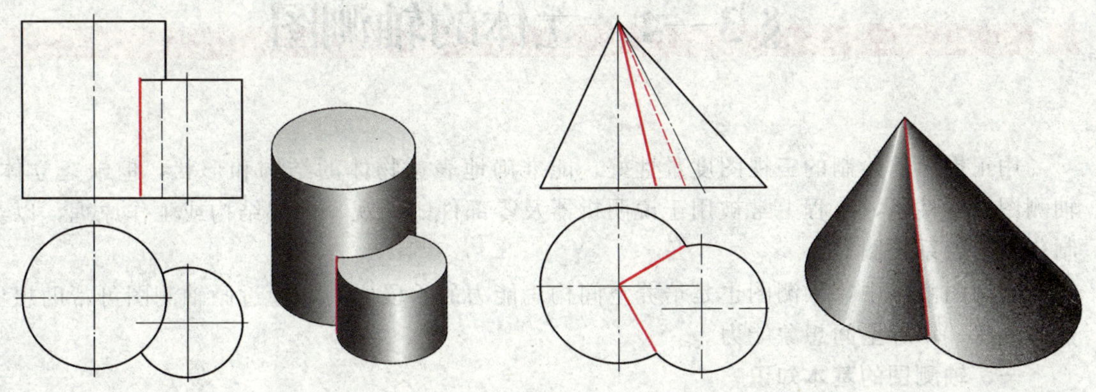

图 3—36　轴线平行的相交两圆柱相贯线为直线　　　图 3—37　共顶的相交两圆锥相贯线为直线

三、综合实例

例 3—10　已知相贯体的俯、左视图（图 3—38a），求作主视图。

分析

由图 3—38a 所示立体图可看出，该相贯体由一竖直圆柱筒与一水平半圆柱筒正交，内外表面都有交线。外表面为两个等径圆柱面相交，相贯线为两条平面曲线（椭圆），其水平和侧面投影都积聚在它们所在的圆柱面有积聚性的投影上，正面投影为两段直线。内表面的相贯线为两段空间曲线，水平投影和侧面投影也都积聚在圆柱孔有积聚性的投影上，正面投影为两段曲线，其曲线的弯曲方向可参考两个完整圆柱的相贯情况作出。

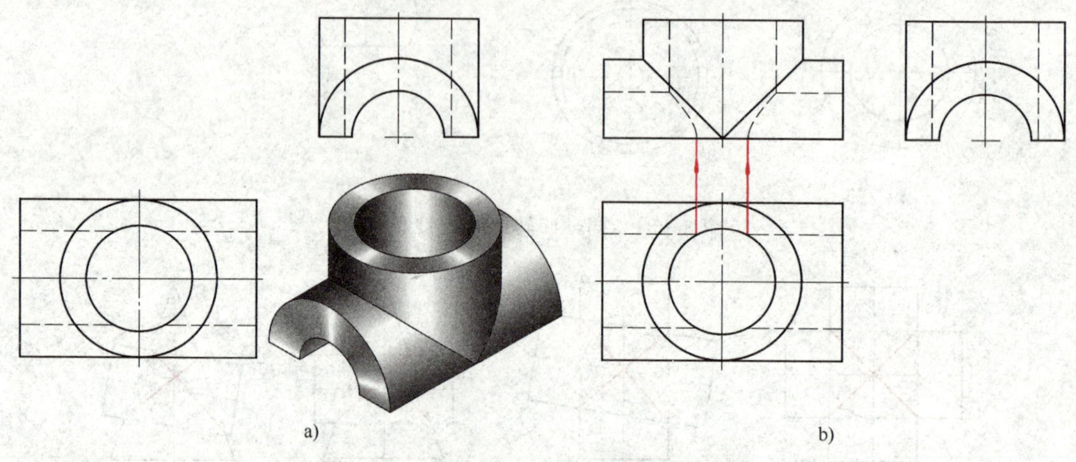

a)　　b)

图 3—38　已知俯、左视图，求作主视图

作图

（1）作两等径圆柱外表面相贯线的正面投影，即两段对称的 45°斜线，如图 3—38b 所示。

（2）作圆孔内表面相贯线的正面投影（图 3—38b）。可以用图 3—30 所示方法作这两段曲线，也可以采用图 3—33 所示的简化画法作两段圆弧。

§ 3—4　立体的轴测图

用正投影法绘制的三视图度量性好，能准确地表达物体的结构和形状，但缺乏立体感。轴测图直观性强，工程上常被用于说明机器及零部件的外观、内部结构或工作原理，以及绘制化工管道系统图等。

在制图教学中，轴测图也是培养空间构思能力的手段之一，通过画轴测图可帮助想象物体的形状，培养空间想象能力。

一、轴测图的基本知识

1. 轴测图的形成和分类

轴测图是将物体连同其直角坐标系，沿不平行于任一坐标面的方向，用平行投影法投射在单一投影面上所得到的具有立体感的图形，如图 3—39 所示。轴测图又称为轴测投影。该单一投影面称为轴测投影面。直角坐标轴 O_0X_0、O_0Y_0、O_0Z_0 在轴测投影面上的投影 OX、OY、OZ 称为轴测轴。轴测轴之间的夹角 $\angle XOY$、$\angle YOZ$、$\angle ZOX$ 称为轴间角。三条轴测轴的交点 O 称为原点，轴测轴的单位长度与相应直角坐标轴的单位长度的比值称为轴向伸缩系数。X 向、Y 向和 Z 向的轴向伸缩系数分别用 p_1、q_1、r_1 表示。

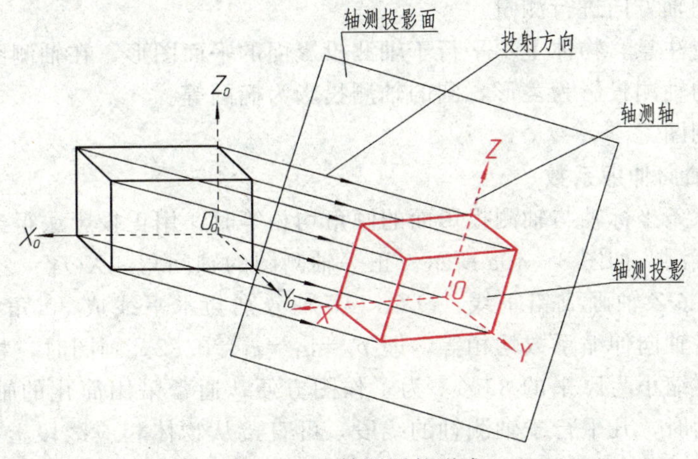

图 3—39　轴测图的形成

根据投射方向与轴测投影面的相对位置，轴测图可分为两类：投射方向与轴测投影面垂直所得的轴测图称为正轴测图；投射方向与轴测投影面倾斜所得的轴测图称为斜轴测图。

轴间角与轴向伸缩系数是绘制轴测图的两个主要参数。正（斜）轴测图按轴向伸缩系数是否相等又分为等测、二等测和不等测三种。

表 3—2 所列为常用轴测图的分类。在 GB/T 4458.3—2013 和 GB/T 14692—2008 中均推荐了三种轴测图——正等测、正二测和斜二测。本节只介绍最常用的正等轴测图和斜二轴测图的画法。

表 3—2　　**常用轴测图的分类（GB/T 14692—2008）**

分类		正轴测投影			斜轴测投影		
特性		投影线与轴测投影面垂直			投影线与轴测投影面倾斜		
轴测类型		等测投影	二测投影	三测投影	等测投影	二测投影	三测投影
简称		正等测	正二测	正三测	斜等测	斜二测	斜三测
应用举例	伸缩系数	$p_1=q_1=r_1=0.82$	$p_1=r_1=0.94$ $q_1=\frac{p_1}{2}=0.47$			$p_1=r_1=1$ $q_1=0.5$	
	简化系数	$p=q=r=1$	$p=r=1$ $q=0.5$			无	
	轴间角	Z X Y 120° 120° 120°	Z X Y ≈97° 131° 132°	视具体要求选用	视具体要求选用	Z X Y 90° 135° 135°	视具体要求选用
	图例	1 1 1	1 $\frac{1}{2}$ 1			1 $\frac{1}{2}$ 1	

2. 轴测图的基本性质

（1）平行性　物体上相互平行的线段，轴测投影仍相互平行。平行于坐标轴的线段，轴测投影仍平行于相应的轴测轴，且同一轴向所有线段的轴向伸缩系数相同。

（2）度量性　凡物体上与轴测轴平行的线段的尺寸可以沿轴向直接量取。所谓“轴测”，就是强调只沿轴测轴方向进行测量。

画轴测图时应注意，物体上不平行于轴测投影面的平面图形，在轴测图上变成原形的类似形。如正方形的轴测投影为菱形，圆的轴测投影为椭圆等。

二、正等轴测图

1. 轴间角和轴向伸缩系数

当物体上的三条坐标轴与轴测投影面的倾角均相等时，用正投影法得到的投影称为正等轴测图，简称正等测，如图 3—40a 所示。正等轴测图的轴间角$\angle XOY=\angle YOZ=\angle ZOX=120°$。作图时，将 OZ 轴画成铅垂线，OX、OY 轴分别与水平线成 30°角，如图 3—40b 所示。正等轴测图各轴向伸缩系数均相等，即 $p_1=q_1=r_1=0.82$。画图时，物体长、宽、高三个方向的尺寸均要缩小为原来的 82%。为了作图方便，通常采用简化的轴向伸缩系数，即 $p=q=r=1$。作图时，凡平行于轴测轴的线段，可直接从物体相应线段上按实际长度量取，不需换算。这样画出的正等轴测图，沿各轴向长度是原长的 1/0.82≈1.22 倍，但形状没有改变。

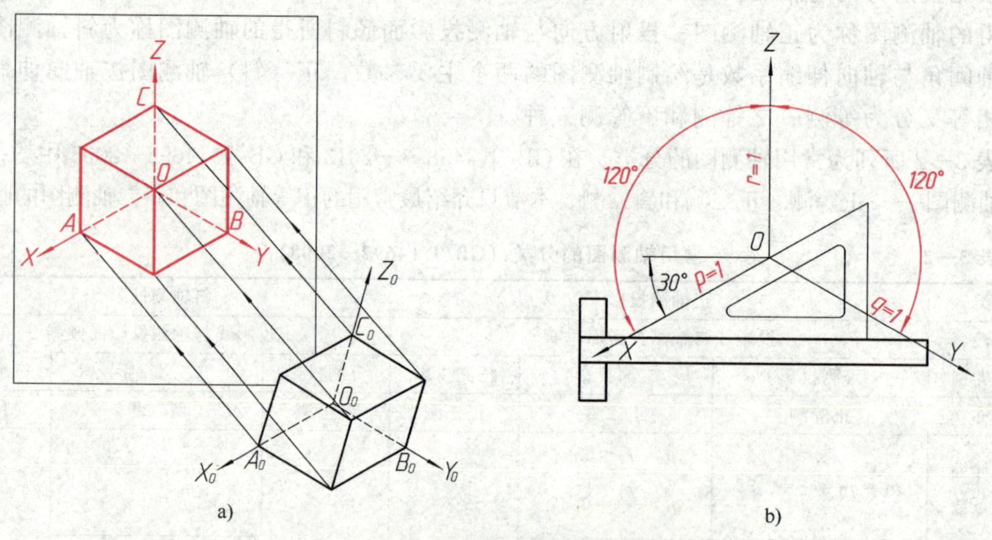

图 3—40　正等轴测图的轴间角和轴向伸缩系数

2. 正等轴测图画法

常用的轴测图画法是坐标法和切割法。作图时，先确定直角坐标轴和坐标原点，画出轴测轴，再按立体表面上各顶点或线段端点的坐标，画出其轴测投影，然后连接有关各点，完成轴测图。

下面以一些常见的图例来介绍正等测画法。

（1）正六棱柱

例 3—11　作正六棱柱的正等轴测图（图 3—41）。

分析

正六棱柱竖直放置，其前后、左右对称。设坐标原点 O_0 为顶面六边形的对称中心，O_0X_0、O_0Y_0 轴分别为正六边形的对称中心线，O_0Z_0 轴与正六棱柱的轴线重合，这样便于直接定出顶面正六边形各顶点的坐标，并从顶面开始作图。

作图

1）选定正六棱柱顶面正六边形对称中心 O_0 为坐标原点，建立坐标轴方向（图 3—41a）。

2）画轴测轴 OX、OY，按尺寸 ϕ、s 在轴测轴上直接定出 A、D 和Ⅰ、Ⅱ四点（图 3—41b）。

3）过Ⅰ、Ⅱ两点分别作 OX 轴的平行线，在线上定出 B、C、E、F 各点。依次连接各顶点即得顶面的轴测图（图 3—41c）。

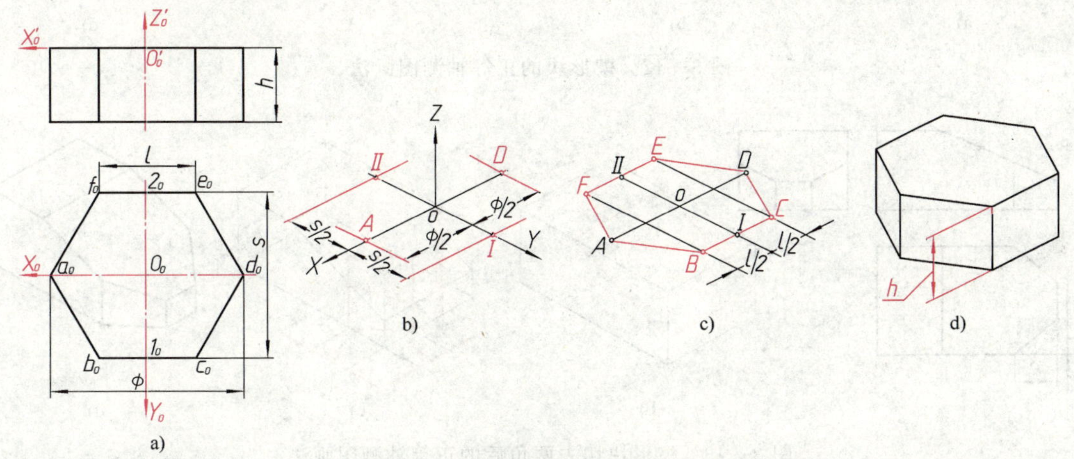

图 3—41　正六棱柱的正等测画法

4）过顶点 A、B、C、D、E、F 做 OZ 轴的平行线，并在其上量取高度 h，依次连接得底面的轴测图，擦去多余作图线，描深，完成正六棱柱的正等轴测图（图 3—41d）。轴测图中的不可见轮廓线一般不要求画出。

例 3—12　作楔形块的正等轴测图（图 3—42）。

分析

对于图 3—42a 所示的楔形块，可采用切割法作图，将它看成由一个长方体斜切一角而成。对于切割后的斜面中与三个坐标轴都不平行的线段，在轴测图上不能直接从正投影图中量取，而应按坐标求出其端点，然后再连线，并利用平行性完成轴测图。

作图

1）定坐标原点及坐标轴（图 3—42a）。

2）按给出的尺寸 a、b、h 作出长方体的轴测图（图 3—42b）。

3）按给出的尺寸 c、d 定出斜面上线段端点的位置，并连成平行四边形（图 3—42c）。

4）擦去多余作图线，描深，完成楔形块的正等轴测图（图 3—42d）。

思考

如图 3—43a 所示，若用铅垂面对称地切去楔形块的两角，其轴测图画法要根据给出的尺寸 e、f 在原长方体轮廓线上定出铅垂面上倾斜线端点的位置，然后连线六边形，如图 3—43b、c、d 所示。

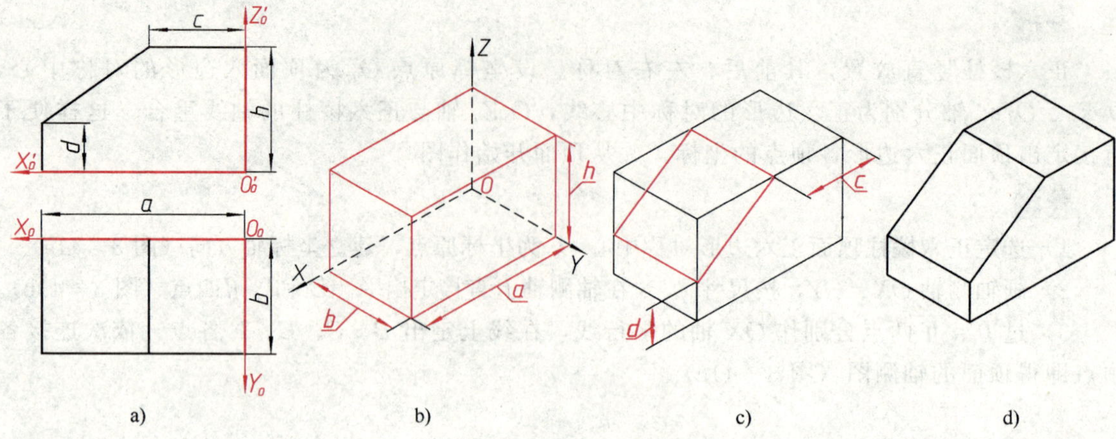

图 3—42 楔形块的正等轴测图画法

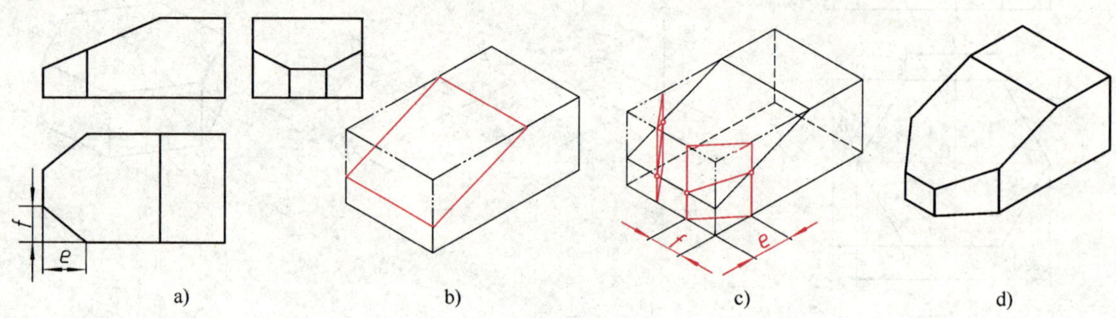

图 3—43 楔形块切去两角后的正等轴测图画法

（2）圆柱

例 3—13 作竖直正圆柱的正等轴测图（图 3—44）。

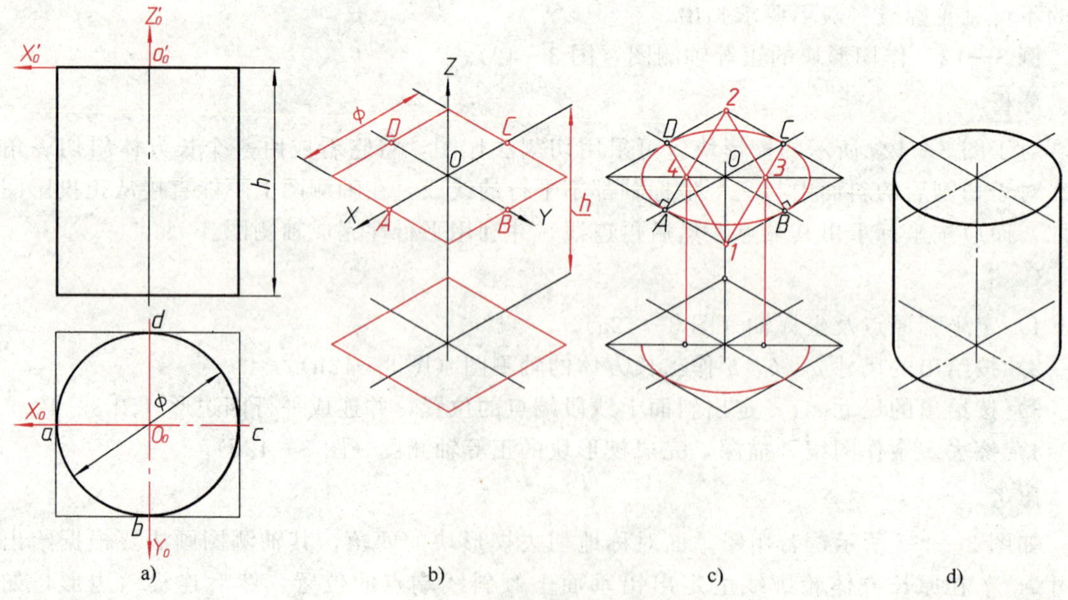

图 3—44 圆柱的正等测画法

分析

如图 3—44a 所示，竖直正圆柱的轴线垂直于水平面，上、下底为两个与水平面平行且大小相同的圆，在轴测图中均为椭圆。圆柱的正等测可按圆柱的直径 ϕ 和高 h 作出两个形状和大小相同、中心距为 h 的椭圆，再作两椭圆的公切线。

作图

1）选定坐标轴和坐标原点。作圆柱上底圆的外切正方形，得切点 a、b、c、d（图3—44a）。

2）画轴测轴，定出四个切点 A、B、C、D，过四点分别作 X、Y 轴的平行线，得外切正方形的轴测图（菱形）。沿 Z 轴量取圆柱高度 h，用同样的方法作出下底菱形（图 3—44b）。

3）过菱形两顶点 1、2，连 $1C$、$2B$ 得交点 3，连 $1D$、$2A$ 得交点 4。1、2、3、4 即为形成近似椭圆的四段圆弧的圆心（该椭圆画法也称四心法）。以 1、2 为圆心，$1C$ 为半径作 $\overset{\frown}{CD}$ 和 $\overset{\frown}{AB}$；以 3、4 为圆心，$3B$ 为半径作 $\overset{\frown}{BC}$ 和 $\overset{\frown}{AD}$，得圆柱上底的轴测图（椭圆）。将椭圆的两个圆心 3、4 沿 Z 轴平移距离 h，作出下底椭圆，不可见的椭圆不必画出（图3—44c）。

4）作两椭圆的公切线，擦去多余作图线，描深，完成圆柱轴测图（图 3—44d）。

讨论

当圆柱轴线垂直于正面或侧面时，轴测图的画法与上述方法相同，只是圆平面内所含的轴测轴应分别为 X、Z 和 Y、Z，如图 3—45 所示。

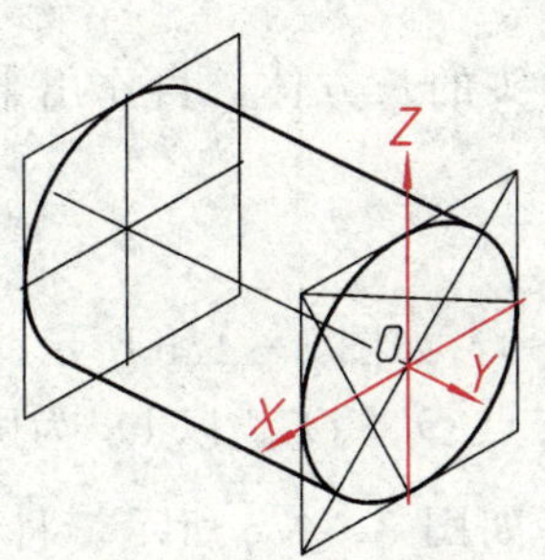

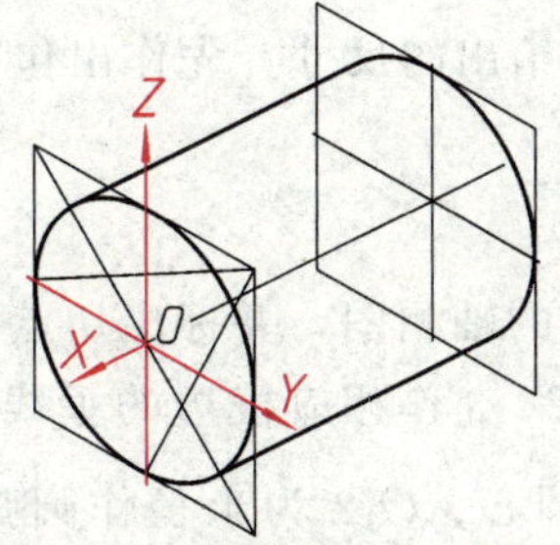

图 3—45　不同方向圆柱的正等测图

（3）圆角

例 3—14　作圆角的正等轴测图（图 3—46）。

分析

平行于坐标面的圆角是圆的一部分，图 3—46a 所示为常见的四分之一圆周的圆角，其正等测恰好是上述近似椭圆的四段圆弧中的一段。

作图

1）作出平板的轴测图，并根据圆角的半径 R，在平板上底面相应的棱线上作出切点 1、2、3、4，如图 3—46b 所示。

2）过切点 1、2 分别作相应棱线的垂线，得交点 O_1，过切点 3、4 作相应棱线的垂线，得交点 O_2。以 O_1 为圆心，$O_1 1$ 为半径作圆弧 $\overset{\frown}{12}$，以 O_2 为圆心，$O_2 3$ 为半径作圆弧 $\overset{\frown}{34}$，即为平板上底面圆角的轴测图，如图 3—46c、d 所示。

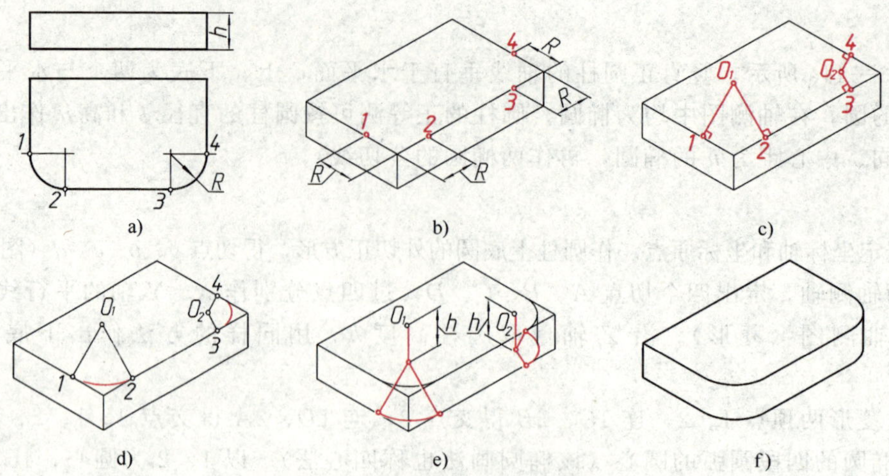

图 3—46　圆角的正等测画法

3）将圆心 O_1、O_2 下移平板的厚度 h，再用与上底面圆弧相同的半径分别作两圆弧，得平板下底面圆角的轴测图，如图 3—46e 所示。在平板右端作上、下小圆弧的公切线，描深，完成正等测（图 3—46f）。

（4）半圆头板

例 3—15　作半圆头板的正等轴测图（图 3—47）。

分析

根据图 3—47a 给出的尺寸，先作出包括半圆头的长方体，再作出半圆头和圆孔的轴测图。

作图

1）画出长方体的轴测图，并标出切点 1、2、3，如图 3—47b 所示。

2）过切点 1、2、3 作相应棱边的垂线，得交点 O_1、O_2。以 O_1 为圆心、$O_1 2$ 为半径作圆弧 $\overset{\frown}{12}$。以 O_2 为圆心、$O_2 2$ 为半径作圆弧 $\overset{\frown}{23}$，如图 3—47c 所示。将 O_1、O_2 和 1、2、3 各点向后平移板厚 t，作相应的圆弧，再作小圆弧公切线，如图 3—47d 所示。

3）作圆孔椭圆，后壁椭圆只画出可见部分的一段圆弧，擦去多余作图线，描深，如图 3—47e 所示。

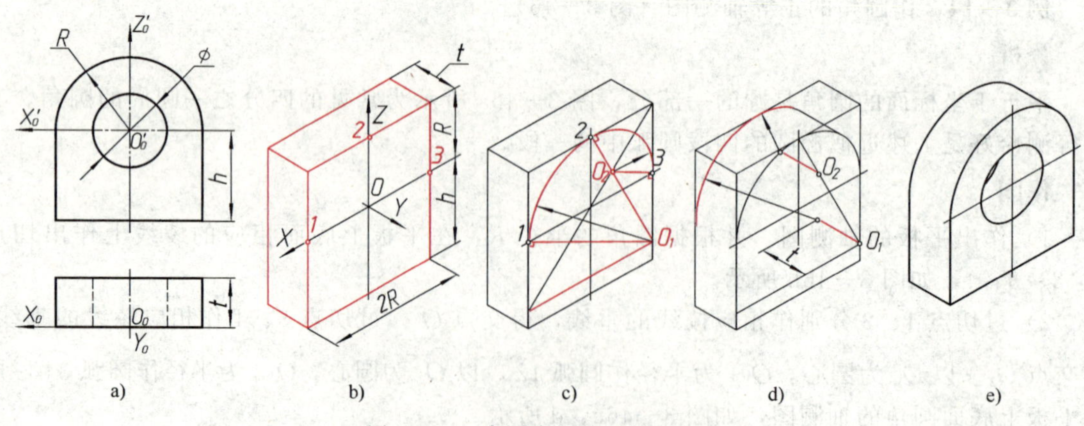

图 3—47　半圆头板的正等测画法

三、斜二轴测图

如图 3—48a 所示，将坐标轴 O_0Z_0 置于铅垂位置，并使坐标面 $X_0O_0Z_0$ 平行于轴测投影面 V，用斜投影法将物体连同其坐标轴一起向 V 面投射，所得到的轴测图称为斜二轴测图。

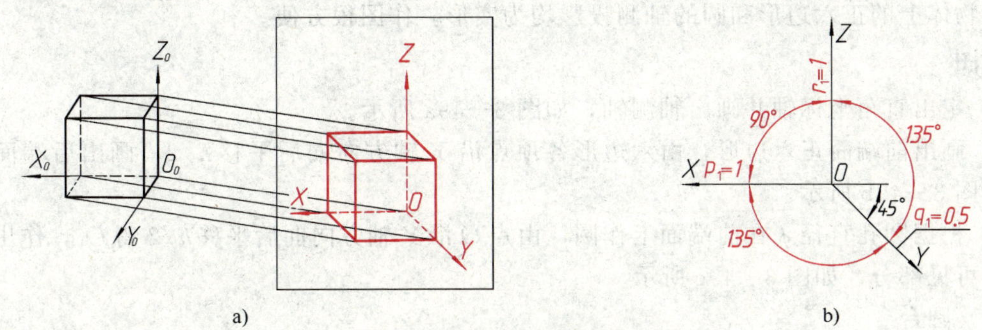

图 3—48　斜二轴测图

a）斜二轴测图的形成　b）斜二轴测图的轴间角和轴向伸缩系数

1. 轴间角和轴向伸缩系数

由于 $X_0O_0Z_0$ 坐标面平行于轴测投影面 V，所以轴测轴 OX、OZ 仍分别为水平方向和铅垂方向，其轴向伸缩系数 $p_1=r_1=1$，轴间角 $\angle XOZ=90°$。轴测轴 OY 的方向和轴向伸缩系数 q_1，可随着投射方向的变化而变化。为了绘图简便，国家标准规定，选取轴间角 $\angle XOY=\angle YOZ=135°$，$q_1=0.5$，如图 3—48b 所示。按照这些规定绘制的斜轴测图称为斜二轴测图，简称斜二测。

2. 斜二测的画法

在斜二轴测图中，由于物体上平行于 $X_0O_0Z_0$ 坐标面的直线和平面图形均反映实长和实形，所以当物体上有较多的圆或圆弧平行于 $X_0O_0Z_0$ 坐标面时，采用斜二测作图比较方便。下面举两个常见图例来说明斜二测画法。

（1）带圆孔的六棱柱

例 3—16　作带圆孔的六棱柱的斜二测图（图 3—49）。

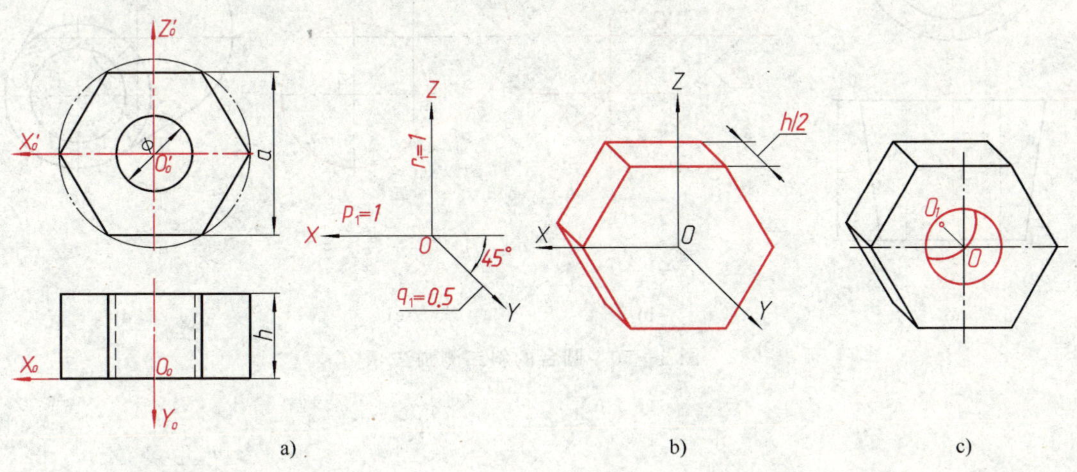

图 3—49　带圆孔六棱柱的斜二测画法

分析

图 3—49a 所示为带圆孔的六棱柱，其前（后）端面平行于正面，确定直角坐标系时，使坐标轴 O_0Y_0 与圆孔轴线重合，坐标面 $X_0O_0Z_0$ 与正面平行，选择正平面作为轴测投影面。这样，物体上的正六边形和圆的轴测投影均为实形，作图很方便。

作图

1）定出直角坐标轴并画出轴测轴，如图 3—49a 所示。

2）画出前端面正六边形，由六边形各顶点沿 Y 轴方向向后平移 $h/2$，画出后端面六边形，如图 3—49b 所示。

3）根据圆孔直径 ϕ 在前端面上作圆，由点 O 沿 Y 轴方向向后平移 $h/2$ 得 O_1，作出后端面圆的可见部分，如图 3—49c 所示。

（2）圆台

例 3—17 作圆台的斜二测图（图 3—50）。

分析

图 3—50a 所示圆台是由圆锥台及同轴圆柱孔组合而成，圆台的前、后端面及孔口都是圆。因此，将前、后端面平行于正前放置，即轴线是正垂线，作图很方便。

作图

1）作轴测轴，在 Y_0 轴上量取 $l/2$，定出前端面、后端面的圆心 A、O（图 3—50b）。

2）画出前、后端面圆的轴测图（图 3—50c）。

3）分别作圆锥两端面圆的公切线及前孔口和后孔口的可见部分。擦去多余作图线，描深，如图 3—50d 所示。

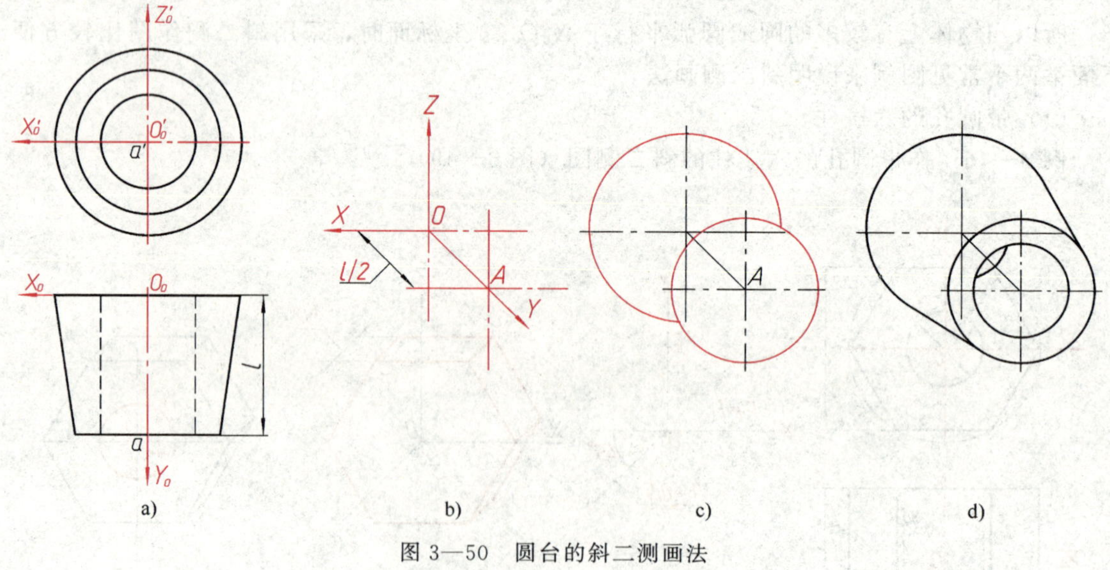

图 3—50　圆台的斜二测画法

第四章

组 合 体

任何机器零件从形体角度分析，都是由一些基本体经过叠加、切割或穿孔等方式组合而成。这种两个或两个以上的基本形体组合构成的整体称为组合体。掌握组合体画图和读图的基本方法十分重要，将为进一步识读和绘制零件图打下基础。

§4—1 组合体的组合形式与表面连接关系

一、组合体的组合形式

组合体的组合形式有叠加型、切割型和综合型三种。叠加型组合体可看成是由若干基本形体叠加而成（图 4—1a）。切割型组合体可看成是将一个完整的基本体经过切割或穿孔后形成（图 4—1b）。多数组合体则是既有叠加又有切割的综合型（图 4—1c）。

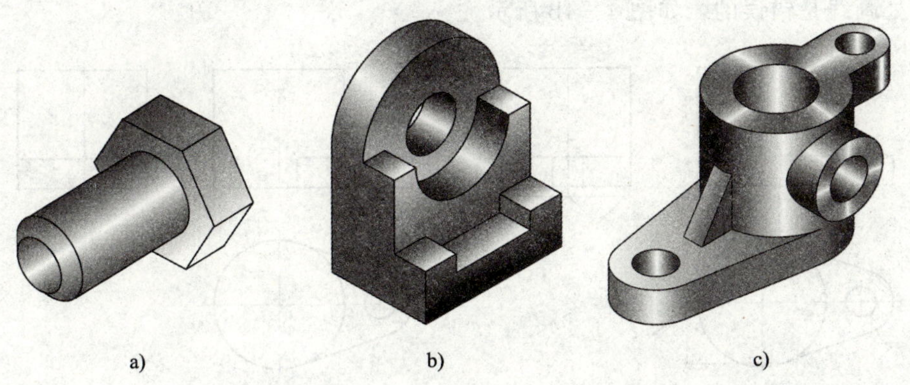

图 4—1 组合体的组合形式

a）叠加型 b）切割型 c）综合型

二、组合体中相邻形体表面的连接关系

组合体中的基本形体经过叠加、切割或穿孔后，形体的相邻表面之间可能形成共面、不共面、相切或相交四种结合关系，如图 4—2 所示。

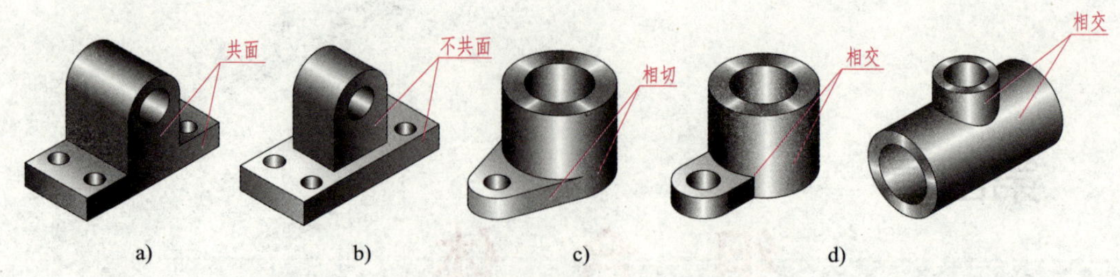

图 4—2　两表面的连接关系

a）共面　b）不共面　c）相切　d）相交

1. 共面

当两形体相邻表面共面时，即两表面平齐，在共面处不应有相邻表面的分界线，如图4—3a 所示。当两形体相邻表面不共面时，两形体的投影间应有线隔开，如图 4—3b 所示。

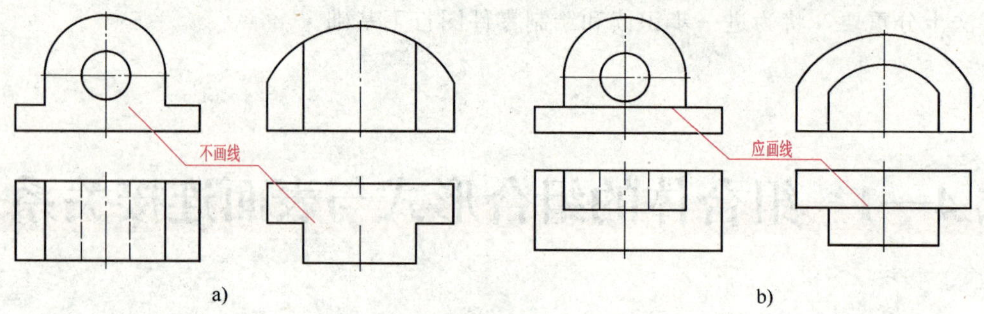

图 4—3　两表面共面或不共面的画法

a）共面　b）不共面

2. 相切

当两形体相邻表面相切时，由于两表面光滑过渡，所以切线的投影不画，如图 4—4a 所示。相切处画线是错误的，如图 4—4b 所示。

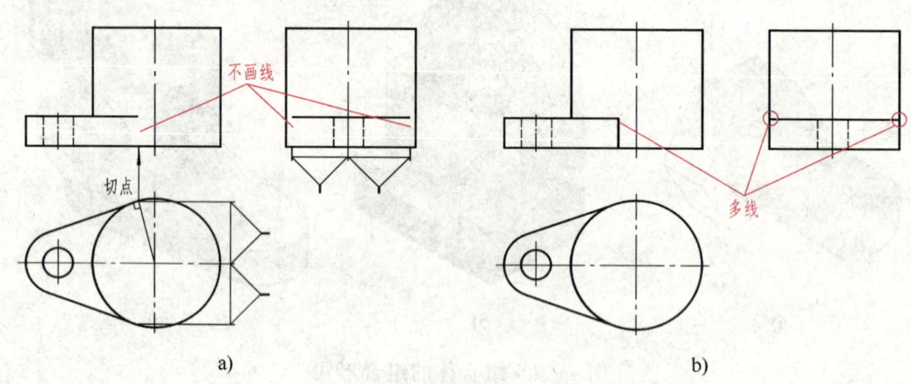

图 4—4　相切画法正误对比

a）正确　b）错误

图 4—5a 所示为圆柱面与半球面相切，其表面应是光滑过渡，切线的投影不必画出。但有一种特殊情况必须注意，如图 4—5b 所示，两个圆柱面相切，当圆柱面的公共切平面垂直于投影面时，应画出两个圆柱面的分界线。

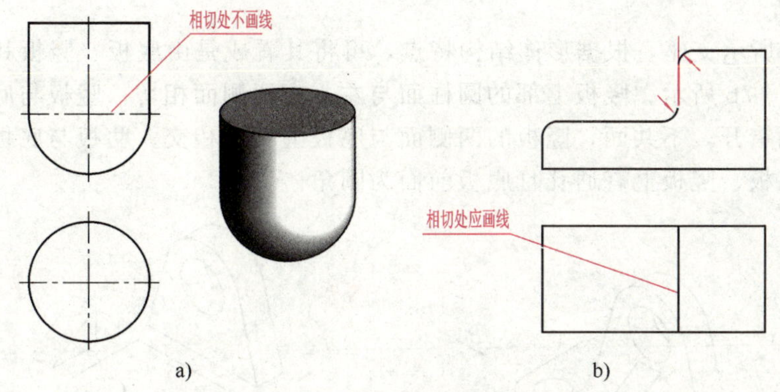

图 4—5　相切及其特殊情况的画法

3. 相交

两形体相交时，其相邻表面必产生交线，在相交处应画出交线的投影，如图 4—6a 所示。

如图 4—6b 所示，无论是实形体与实形体相邻表面相交，还是实形体与空形体相邻表面相交，只要形体的大小和相对位置一致，其交线完全相同。值得注意的是：当两实形体相交时已融为一体，圆柱面上原来的一段转向轮廓线已不存在；圆柱被穿方孔后的一段转向轮廓线已被切去，这些线都不画出。

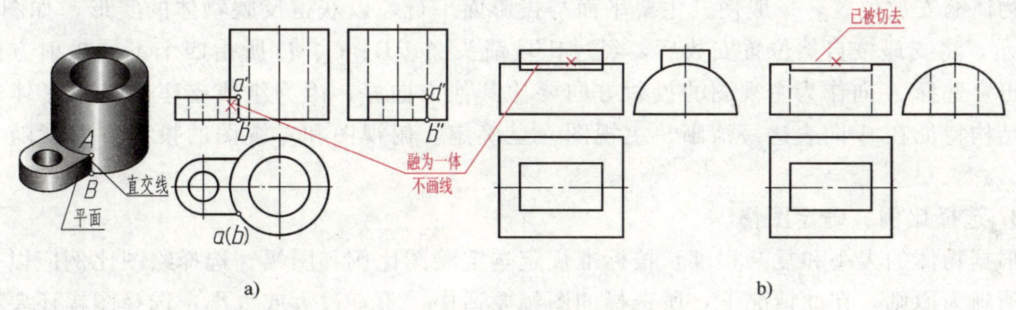

图 4—6　组合体相交交线的画法

§4—2　组合体视图及其轴测图画法

画组合体的视图时，常用的一种方法就是形体分析法。所谓形体分析法就是按组合体的功用，将其分解为若干基本形体，分析各部分的形状、组合形式和相对位置，判断形体间相邻表面的连接关系（共面、不共面、相切或相交），从而有分析、有步骤、逐一地画（读）出各基本形体的三视图，综合起来画出（看懂）组合体整体的三视图。

画（读）图时，通常还要结合投影规律，对组合体的某一表面进行面形分析。

一、组合体三视图的画法

以图 4—7 所示支座为例，说明画组合体三视图的方法与步骤。

1. 形体分析

如图 4—7a 所示支座，根据形体结构特点，可将其看成是由底板、竖板和肋板三部分叠加而成，如图 4—7b 所示。竖板上部的圆柱面与左、右两侧面相切；竖板与底板的后表面共面，二者前表面错开，不共面，竖板的两侧面与底板上表面相交；肋板与底板、竖板的相邻表面都相交；底板、竖板上有通孔且底板前面为圆角。

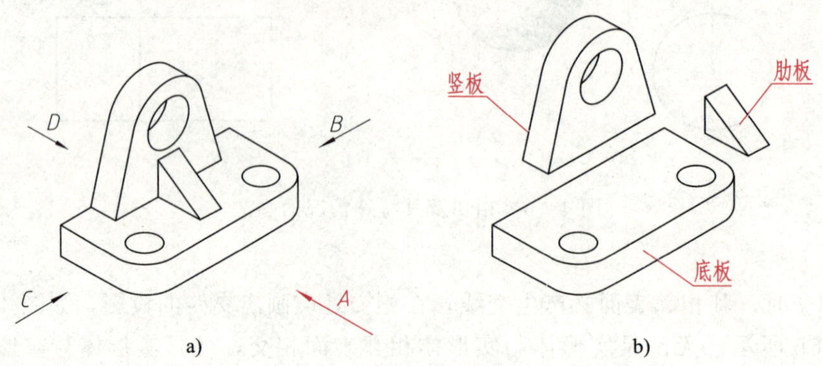

图 4—7 支座的形体分析

2. 选择视图

选择视图的关键是选择主视图。主视图应能明显地反映出物体形状的主要特征，同时要考虑物体的安放位置，一般使其主要平面与投影面平行，以获得反映物体的实形，如图 4—7a 所示，将支座按自然位置安放后，经过比较箭头 *A*、*B*、*C*、*D* 所指四个不同投射方向可以看出，选择 *A* 向作为主视图的投射方向要比其他方向好，因为组成支座的基本形体及其整体结构特征在 *A* 向表达最清晰。主视图一旦确定，俯视图和左视图的投射方向就随之而定了。

3. 选择比例、确定图幅

根据物体的大小和复杂程度，按标准规定选定绘图比例和图幅。选择绘图比例应以视图表达清晰为原则，在此情况下，所选择的图幅要适中，不宜过大或太小，选择图幅还要兼顾视图上便于标注尺寸和标题栏等内容。

4. 布置视图，绘制底稿

应将视图匀称地布置在图面上，视图间应留有足够的余地，以便标注尺寸，整个三视图与边框之间也要留有适当的空间。

支座绘图步骤如图 4—8 所示。

(1) 布图定位，从反映物体形状特征明显的视图入手。要掌握先画主要部分，后画次要部分；先大后小；先画可见部分，后画不可见部分；先画圆或圆弧，后画直线等画图原则。

(2) 按投影规律画物体的每一部分。三个视图要配合画，不要画完一个完整视图，再画另一个视图，否则，不仅会影响绘图速度，还有可能会导致绘图错误，如出现多线、漏线等问题，甚至某一视图画不出来。

5. 检查、描深

画完底稿后，应进行认真检查，如结构是否正确、完整，是否符合投影对应关系，相邻两形体表面间的接合处画法是否正确等。然后描深图线，完成三视图，如图 4—8d 所示。

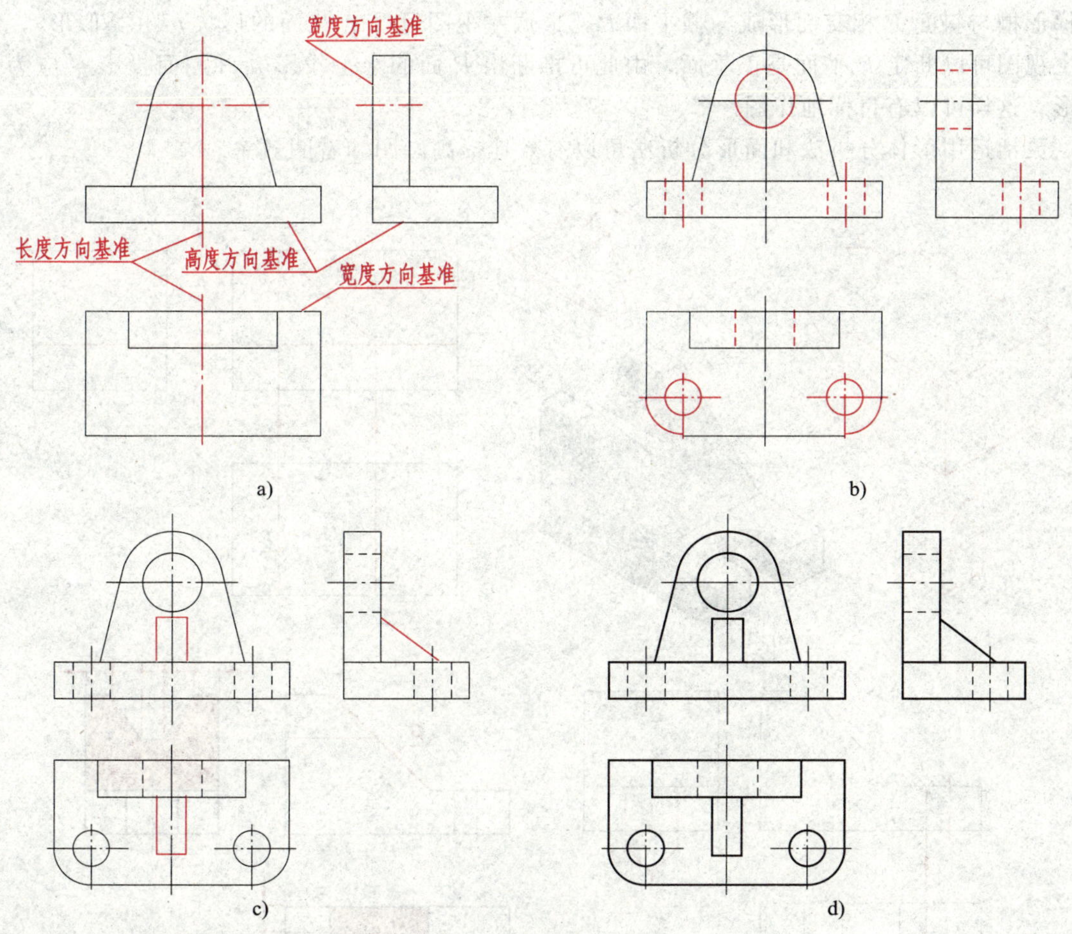

图 4—8　支座三视图的画法步骤

a) 布置视图，画基准线、底板和竖板　b) 画圆柱孔和圆角

c) 画肋板　d) 描深，完成三视图

例 4—1　参照图 4—9a 所示组合体轴测图，画出该组合体的三视图。

分析

该组合体为切割型组合体，可以将它看作由一个长方体切去三部分而形成的（图 4—9a）。

作图

(1) 先画整体，再画局部。应先画出组合体被切割前的原基本体——长方体（图 4—9b），再逐步画切去部分（注意：对称结构要画对称线，回转结构要画中心线或轴线）。

(2) 作每一切口投影时，应从反映其形体轮廓特征且具有积聚性投影的视图入手，再按投影关系画出其他视图。图中第一次切割（图 4—9b）时，先画切口的主视图，再画出相应结构的俯视图和左视图；第二次切割（图 4—9c）时，先画长圆槽的俯视图，再画出其主视图和左视图中的图线；第三次切割（图 4—9d）时，先画梯形槽的左视图，再画出其主视图和俯视图中的图线。

(3) 对于切口截面投影，可运用面形分析法来解决。所谓面形分析法就是根据表面的投影特性来分析组合表面的性质、形状和相对位置而进行画图和读图的方法。对如图 4—9d 中

的梯形槽与斜面 P 相交而形成的截平面 P，根据左视图可看出 P 面的形状 p''（类似形），结合主视图可以断定 P 平面是正垂面，由此可推断出 P 面的水平投影 p 和侧面投影 p''应为类似形，这样可以有目标地作图。

灵活运用形体分析法和面形分析法可以有效地提高画图和看图效率。

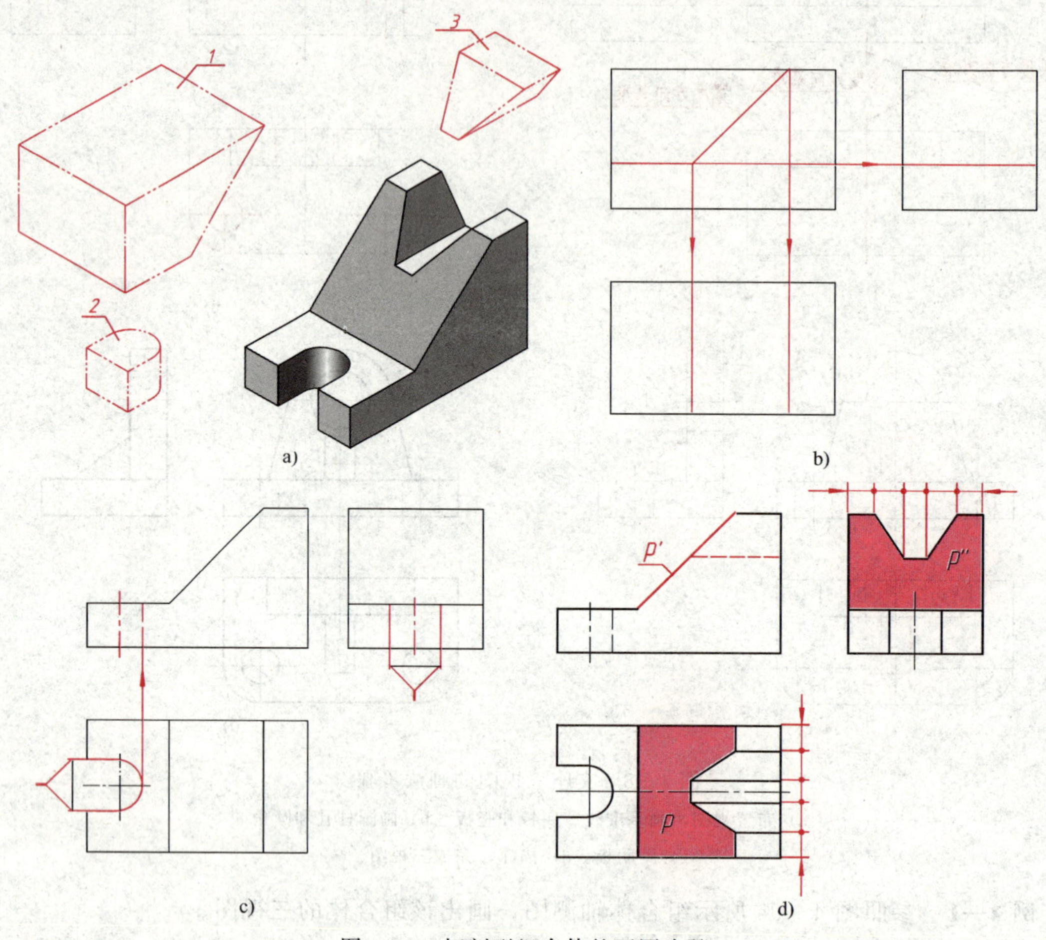

图 4—9 切割型组合体的画图步骤

a）切割型组合体 b）第一次切割 c）第二次切割 d）第三次切割

二、组合体轴测图的画法

画组合体轴测图时，首先要对组合体进行形体分析，明确组合体的组合形式，然后根据组合体的组合形式，采用叠加法或切割法画图。

1. 叠加法

对叠加型组合体分解成若干个基本体，然后按其相对位置逐个画出各基本体的轴测图，从而完成整体的轴测图。

2. 切割法

对切割型组合体，应先画出完整的基本体的轴测图，然后按其结构特点逐步切去多余的部分，以完成组合体的轴测图。

以上两种方法应视组合体结构形状交替使用。

例 4—2　根据图 4—10a 所示三视图，画出组合体的正等测图。

分析

由图 4—10a 可知，该组合体属叠加型，它是由中间有孔的竖板和带有两孔和圆角的长方形底板组合而成。该组合体左右对称，竖板与底板后面平齐（共面）。由此选定坐标：以底板上表面的后棱线中点 O 为原点，确定 X、Y、Z 轴的方向，画图时，先用叠加法画出底板和竖板，后用切割法画通孔和圆角。

作图

（1）画出轴测轴，完成底板的基本体（长方体）的轴测图，确定底板上竖板与底板的位置——交线 1234（图 4—10b）。

（2）画竖板的轴测图，注意竖板上半部分圆柱面轮廓线应为两椭圆弧的切线（图 4—10c）。

（3）按切割法画出三个通孔及两圆角的轴测图。值得注意的是竖板孔后表面的圆与底板上圆孔下表面的底圆是否可见，应根据该圆孔的深度与该孔径椭圆的短轴长短而定。如图 4—10c 中竖板的孔深（即竖板厚度）小于椭圆短轴，即 $H_1 < K_1$，则竖板后面的圆可见；而底板上圆孔，由于板厚大于椭圆短轴，即 $H_2 > K_2$，所以底圆不可见。

（4）擦去多余的图线，描深，完成轴测图。

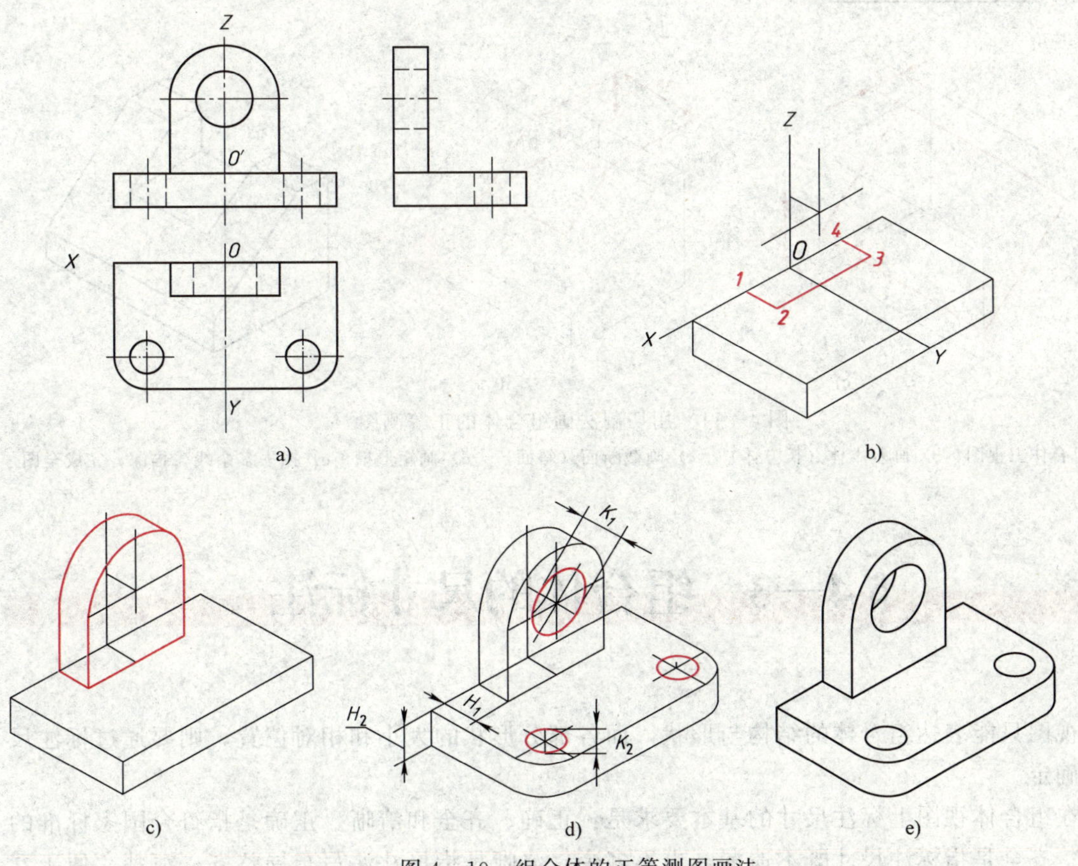

图 4—10　组合体的正等测图画法

a）组合体三视图　b）画底板及竖板底部轮廓（定位线）

c）画竖板　d）画通孔及底板圆角　e）擦去多余线，描深，完成全图

例 4—3 根据图 4—11a 所示的三视图，画正等测图。

分析

从图 4—11a 可见，该组合体是由一个长方体切去一个三棱柱后，又切出一个矩形槽而成的，因此应采用切割法作图。

作图

其具体作图方法及步骤如图 4—11b、c、d、e 所示。

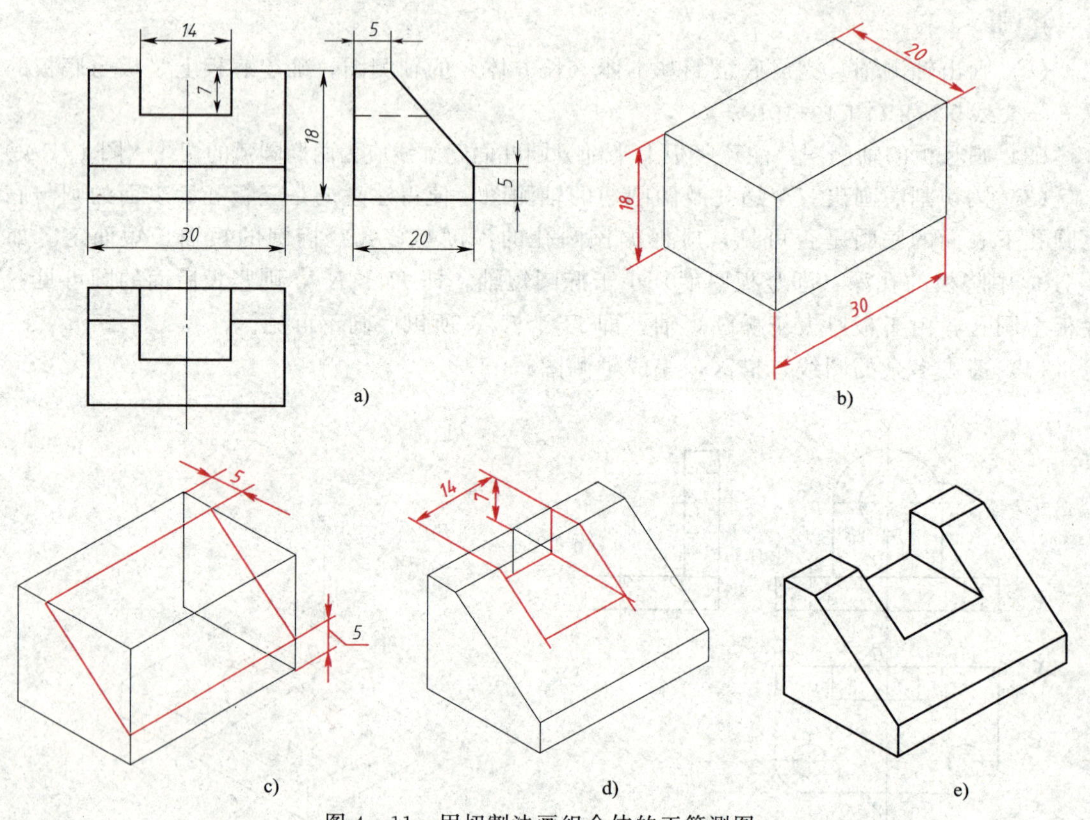

图 4—11 用切割法画组合体的正等测图

a）组合体三视图 b）画基本体（长方体） c）画截断面（斜面） d）画矩形槽 e）擦去多余线，描深，完成全图

§4—3 组合体的尺寸标注

视图只能表达组合体的结构与形状，而各部分形状的大小和相对位置，则要通过标注尺寸来确定。

在组合体视图上标注尺寸的基本要求是：正确、齐全和清晰。正确是指符合国家标准的规定；齐全是指标注尺寸既不遗漏，也不多余；清晰是指尺寸注写布局整齐、清楚，便于看图。本节着重介绍如何使尺寸标注齐全和清晰。

一、基本体的尺寸标注

要掌握组合体的尺寸标注，必须熟悉基本体的尺寸标注。基本体的大小通常由长、宽、高三个方向的尺寸来确定。

1. 平面体

平面体的尺寸应根据其具体形状进行标注。如图 4—12a 所示，应注出三棱柱底面尺寸和高度尺寸。对于图 4—12b 所示的正六棱柱，底面尺寸有两种注法，一种是注出正六边形的对角尺寸（外接圆直径），另一种是注出正六边形的对边尺寸（内切圆直径，通常也称为扳手尺寸），常用的是后一种注法，而将对角线尺寸作为参考尺寸，所以加上括号。图 4—12c 所示正五棱柱的底面为正五边形，只需标注其外接圆直径。图 4—12d 所示四棱台必须注出上、下底的长、宽和高度尺寸。

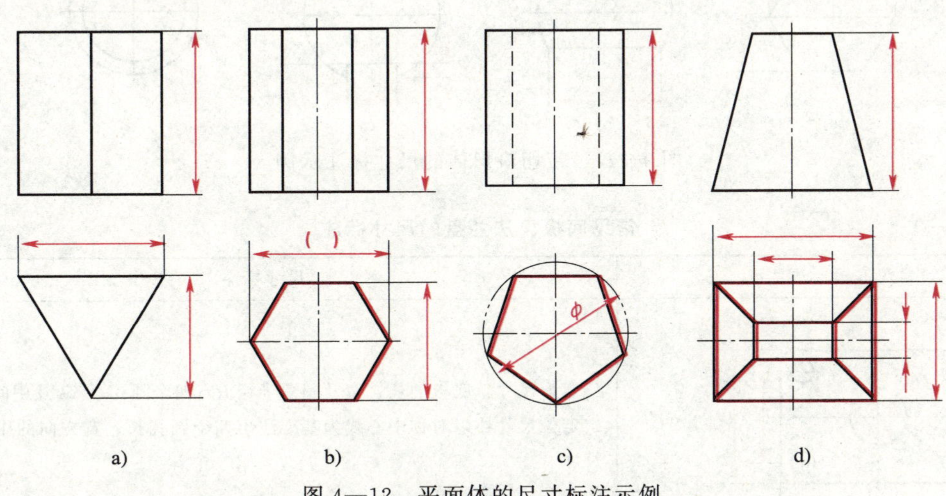

图 4—12　平面体的尺寸标注示例

2. 曲面体

如图 4—13a、b、c 所示，圆柱或圆锥应注出底圆直径和高度尺寸，圆台还要注出顶圆直径。标注直径尺寸时，应在数字前加注“ϕ”。值得注意的是，当完整标注了圆柱（或圆锥）、圆球的尺寸之后，只要用一个视图就能确定其形状和大小，其他视图可以省略不画。图 4—13d 所示的圆球只用一个视图加注尺寸即可，圆球在直径数字前应加注“$S\phi$”，在半径数字前加“*SR*”。

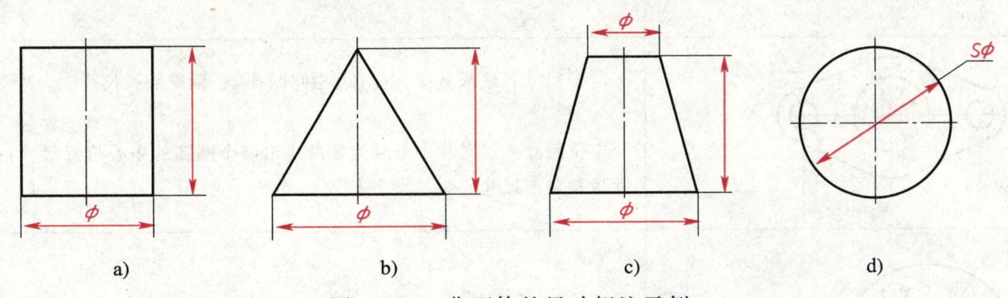

图 4—13　曲面体的尺寸标注示例

3. 带切口形体的尺寸标注

对于带切口的形体，除了标注基本体的尺寸外，还要注出确定截平面位置的尺寸。必须注意，由于形体与截平面的相对位置确定后，切口的交线已完全确定，因此不应在交线上标注尺寸。图 4—14 中画“×”的为多余的尺寸。

常见底板、法兰盘的尺寸标注见表 4—1。

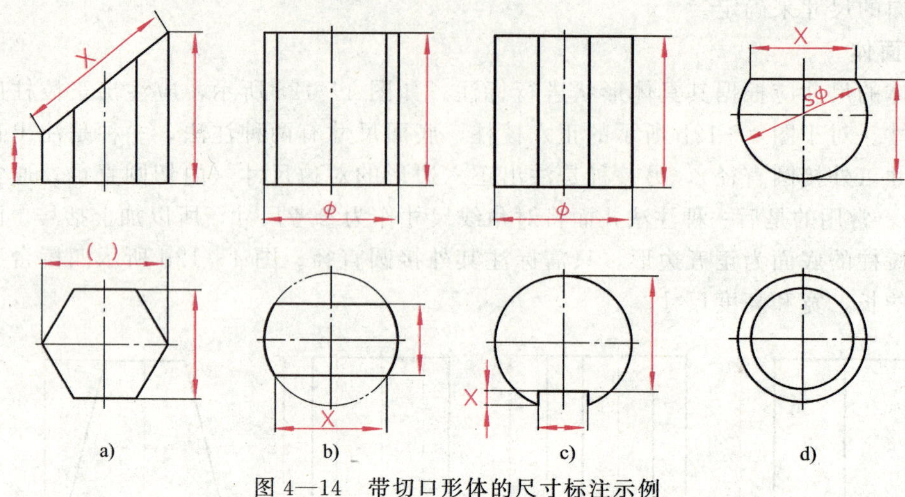

图 4—14　带切口形体的尺寸标注示例

表 4—1　　常见底板、法兰盘的尺寸标注

常见底板、法兰盘	尺寸标注
R　4×φ　φ	定形尺寸：底板的长、宽及圆角半径 R，四个圆孔 $4\times\phi$ 及中间圆孔 ϕ 定位尺寸：以对称中心线为基准注出四个圆孔长、宽方向的中心位置尺寸
R　φ	定形尺寸：底板圆弧的直径 ϕ 及宽度、两槽宽度和半径 R 定位尺寸：以对称中心线为基准注出槽的位置。此尺寸也是两槽的定形尺寸
R　2×φ　φ　φ	定形尺寸：底板宽度直径 ϕ、中间圆孔 ϕ、两端圆弧尺寸 R，两个圆孔 $2\times\phi$ 定位尺寸：以对称中心线为基准注出两个圆孔的中心位置尺寸，此尺寸也是定形尺寸
6×φ　φ　φ　φ	定形尺寸：法兰盘直径 ϕ 及中间圆孔 ϕ，六个圆孔 $6\times\phi$ 定位尺寸：以圆心为基准注出过六个圆心的定位尺寸（直径 ϕ）。由于六孔在圆周上均布，角度尺寸可省略

二、组合体的尺寸标注

下面以图 4—15 为例，说明标注组合体尺寸的基本方法。

1. 尺寸齐全

要保证尺寸齐全，既不遗漏，也不重复，应先按形体分析法注出各基本形体大小的定形尺寸，再确定它们之间相对位置的定位尺寸，最后根据组合体的结构特点注出总体尺寸。

（1）定形尺寸　确定组合体中各基本形体大小的尺寸（图 4—15a）。

例如，底板的长、宽、高尺寸（40、24、8），底板上圆孔和圆角尺寸（2×ϕ6、R6）。必须注意，相同圆孔 ϕ6 要注写数量，如 2×ϕ6，但相同圆角 R6 不注数量，二者均不必重复标注。

（2）定位尺寸　确定组合体中各基本形体之间相对位置的尺寸（图 4—15b）。

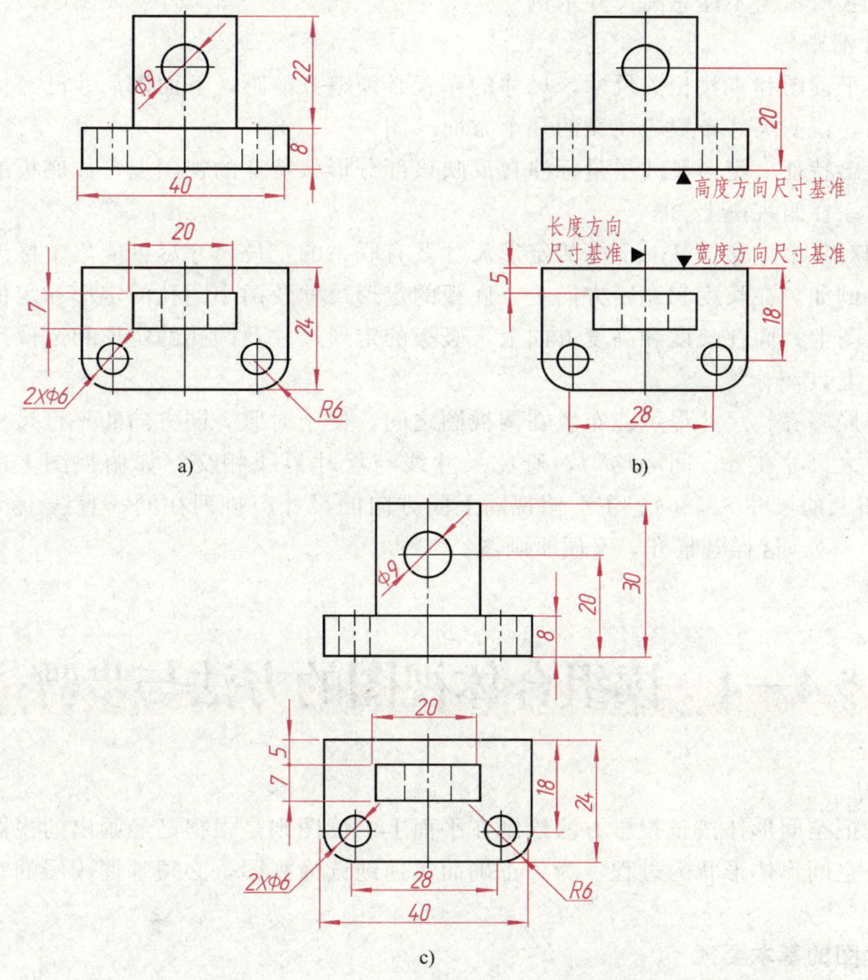

图 4—15　组合体的尺寸标注示例

标注定位尺寸时，须在长、宽、高三个方向分别选定尺寸基准，每个方向至少有一个尺寸基准，以便确定各基本形体在各方向上的相对位置。通常选择组合体底面、端面或对称平面以及回转轴线等作为尺寸基准。如图 4—15b 所示，组合体左右对称平面为长度方向尺寸基准；后端面为宽度方向尺寸基准；底面为高度方向尺寸基准（图中用符号"▼"表示基准位置）。

由长度方向尺寸基准注出底板上两圆孔的定位尺寸 28；由宽度方向尺寸基准注出底板

上圆孔与后端面的定位尺寸 18，竖板与后端面的定位尺寸 5；由高度方向尺寸基准注出竖板上圆孔与底面的定位尺寸 20。

（3）总体尺寸　确定组合体在长、宽、高三个方向的总长、总宽和总高尺寸（图 4—15c）。

组合体的总长和总宽尺寸即底板的长 40 和宽 24，不再重复标注。总高尺寸 30 应从高度方向尺寸基准处注出。总高尺寸标注以后，原来标注的竖板高度尺寸 22 取消。必须注意，当组合体一端为同心圆孔的回转体时，通常仅标注孔的定位尺寸和外端圆柱面的半径，不标注总体尺寸。图 4—16 所示为不注总高尺寸示例。

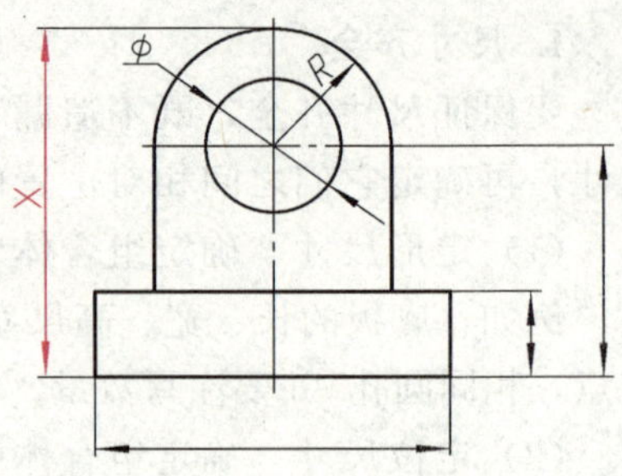

图 4—16　不注总高尺寸示例

2. 尺寸清晰

为了便于读图和查找相关尺寸，尺寸的布置必须整齐清晰，下面以尺寸已经标注齐全的组合体为例，说明尺寸布置应注意的几个方面（图 4—15c）。

（1）突出特征　定形尺寸尽量标注在反映该部分形状特征的视图上，如底板的圆孔和圆角尺寸应标注在俯视图上。

（2）相对集中　形体某一部分的定形尺寸及有联系的定位尺寸尽可能集中标注，便于读图时查找。例如，在长度和宽度方向上，底板的定形尺寸及两小圆孔的定形和定位尺寸集中标注在俯视图上；而在长度和高度方向上，竖板的定形尺寸及圆孔的定形和定位尺寸集中标注在主视图上。

（3）布局整齐　尺寸尽可能布置在两视图之间，便于对照。同方向的平行尺寸，应使小尺寸在内，大尺寸在外，间隔均匀，避免尺寸线与尺寸界线相交（如俯视图上的尺寸 18、24 与主视图上的尺寸 8、20）。主、俯视图上同方向的尺寸应排列在同一直线上（如俯视图上的尺寸 7、5），这样既整齐，又便于画图。

§4—4　读组合体视图的方法与步骤

画图是把空间形体按正投影方法绘制在平面上。读图则是根据已经画出的视图进行形体分析，想象空间形体形状的过程。为了正确而迅速地读懂视图，必须掌握读图的基本要领和方法。

一、读图的基本要领

1. 几个视图联系起来读图

在机械图样中，机件形状一般是通过几个视图来表达的，每个视图只能反映机件一个方向的形状，因此，仅由一个或者两个视图往往不能唯一地表达机件形状。如图 4—17 所示的四组图形，它们的俯视图均相同，但实际上是四种不同形状物体的俯视图。所以，只有把俯视图与主视图联系起来识读，才能判断它们的形状。又如图 4—18 所示的四组图形，它们的主、俯视图均相同，但同样是四种不同形状的物体。

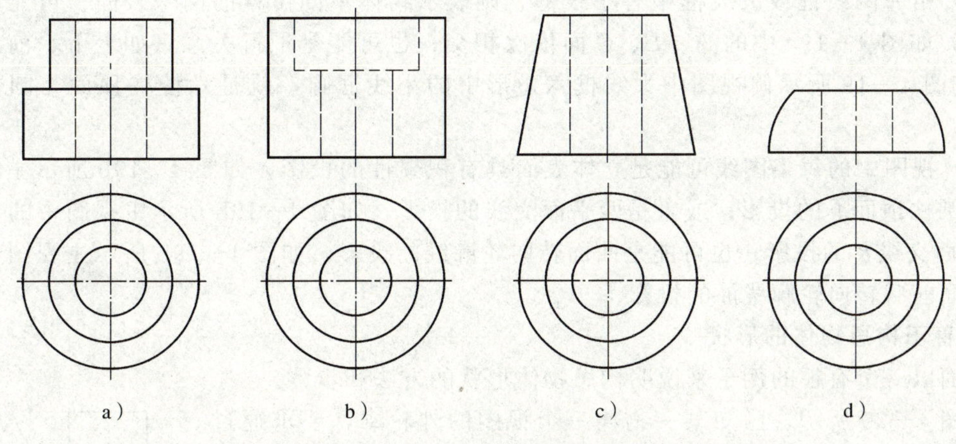

图 4—17　一个视图不能唯一确定物体形状的示例

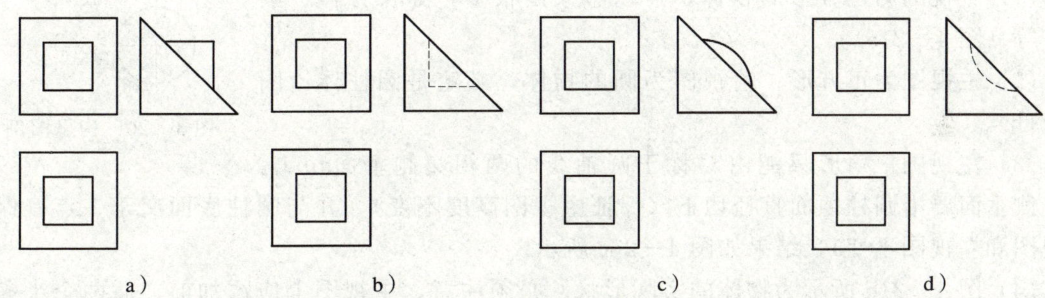

图 4—18　两个视图不能唯一确定物体形状的示例

由此可见，读图时必须将给出的全部视图联系起来分析，才能想象出物体的形状。

2. 明确视图中线框和图线的含义

（1）视图上的每个封闭线框，通常表示物体上一个表面（平面或曲面）的投影。如图 4—19a 所示主视图中有四个封闭线框，对照俯视图可知，线框 a'、b'、c'分别是六棱柱前三个棱面的投影，线框 d'则是前圆柱面的投影。

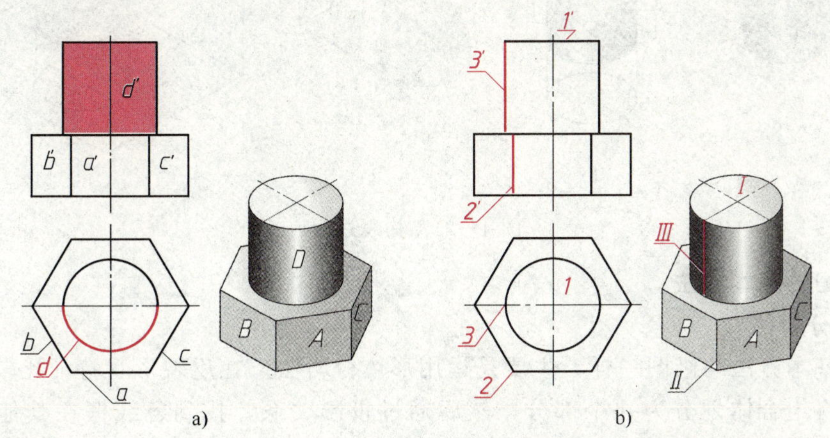

图 4—19　视图中线框和图线的含义

（2）相邻两线框或大线框中有小线框，则表示物体不同位置的两个表面。可能是两表面相交，如图 4—19a 中的 A、B、C 面依次相交；也可能是平行关系（如上下、前后、左右），如图 4—19 所示俯视图中大线框六边形中的小线框圆，就是六棱柱顶面与圆柱顶面的投影。

（3）视图中的每条图线可能是立体表面具有积聚性的投影，如图 4—19b 所示主视图中的 $1'$ 是圆柱顶面 I 的投影；或者是两平面交线的投影，如图 4—19b 所示主视图中的 $2'$ 是 A 面与 B 面交线 II 的投影；也可能是曲面转向轮廓线的投影，如图 4—19b 所示主视图中的 $3'$ 是圆柱面前后转向轮廓线 III 的投影。

3. 善于构思物体的形状

下面以一个有趣的例子来说明构思物体形状的方法和步骤。

如图 4—20 所示，已知某一物体三个视图的外轮廓，要求通过构思想象出这个物体的形状。构思过程如图 4—21 所示。

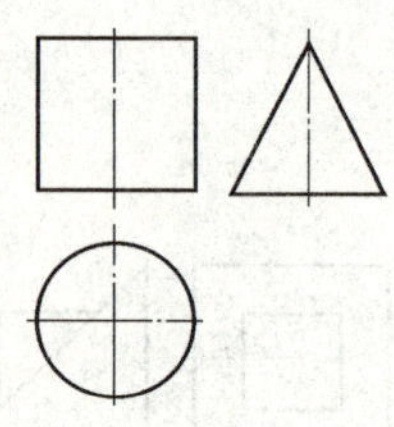

图 4—20　构思图例

（1）主视图为正方形的物体，可以想象出很多，如长方体、圆柱体等（图 4—21a）。

（2）主视图为正方形、俯视图为圆的物体，必定是圆柱体（图 4—21b）。

（3）左视图三角形只能由对称于圆轴线的两相交侧垂面切出，而且侧垂面要沿圆柱顶面直径切下（保证主视图高度不变），并与圆柱底面交于一点（保证俯视图和左视图不变），结果如图 4—21c 所示。

（4）图 4—21d 所示为物体的实际形状。必须注意，主视图上应添加前、后两个半椭圆重合的投影，俯视图上应添加两个截面交线的投影。

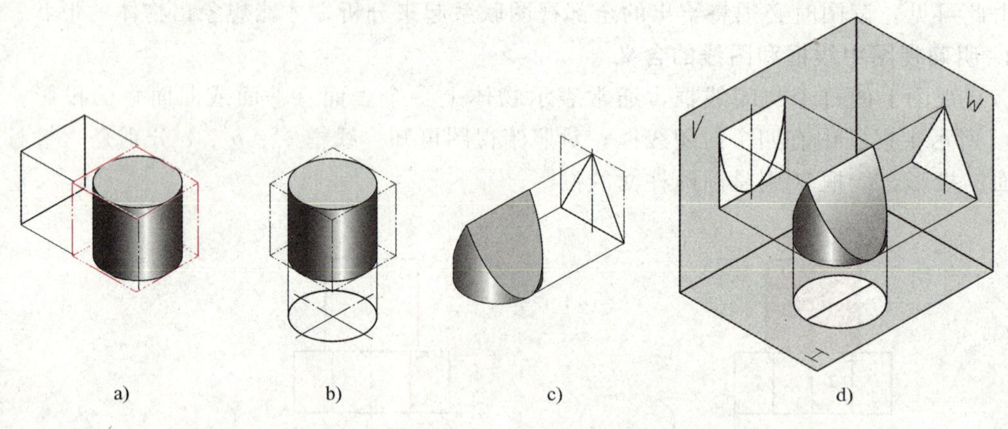

图 4—21　构思过程

二、读图的基本方法

1. 形体分析法

读图的基本方法与画图一样，主要是运用形体分析法。在反映形状特征比较明显的主视图上按线框将组合体划分为几个部分，然后通过投影关系，找到各线框在其他视图中的投影，从而分析各部分的形状及它们之间的相对位置，最后综合起来，想象出组合体的整体形状。现以图 4—22a 所示组合体的主、俯视图为例，说明运用形体分析法识读组合体视图的方法与步骤。

（1）划线框，分形体　从主视图入手，将该组合体按线框划分为四个部分（图 4—22a）。

（2）对投影，想形状　从主视图开始，分别把每个线框所对应的其他投影找出来，确定每组投影所表示的形体形状（图 4—22b、c、d）。

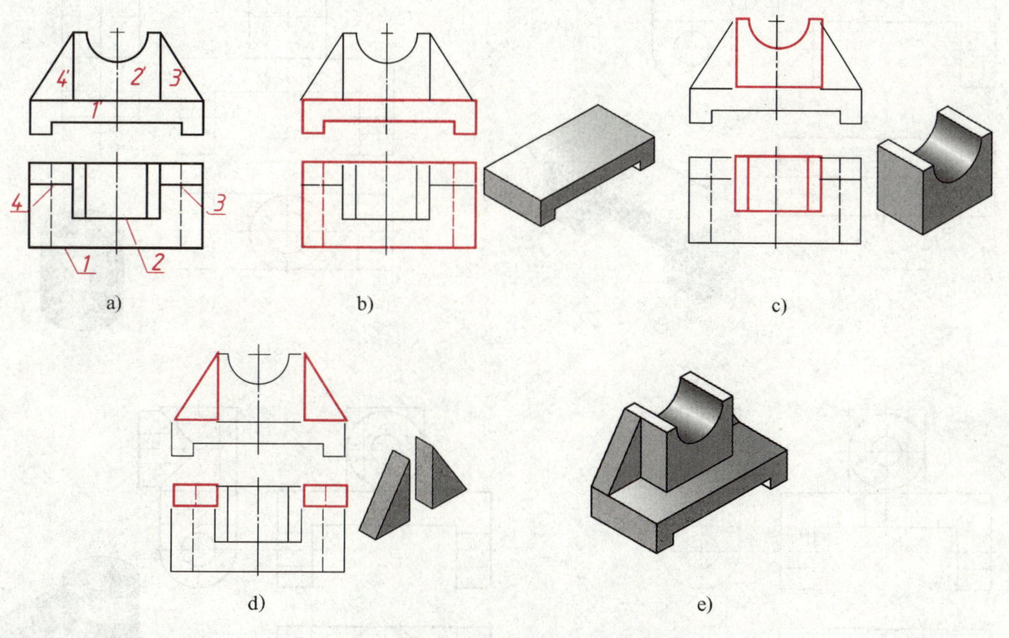

图 4—22　用形体分析法读图

（3）合起来，想整体　在读懂每部分形状的基础上，根据物体的三视图，进一步研究它们的相对位置和连接关系，综合想象而形成一个整体（图 4—22e）。

例 4—4　已知支撑的主、左视图（图 4—23），补画俯视图。

分析

对照左视图，把主视图中的图形划分为三个封闭线框，作为组成支撑的三个部分：1′是下部倒凹字形线框，2′是上部矩形线框，3′是圆形线框。可以想象出该支撑是由两侧带耳板的底板 *I* 及两个轴线正交的圆柱体 *II* 和 *III* 叠加而成，这三个部分均有圆柱孔。再分析它们的相对位置，就可对支撑的整体形状有初步认识。

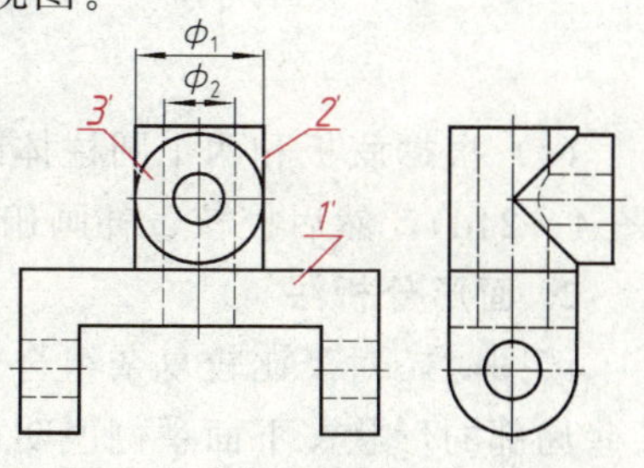

图 4—23　支撑的主、左视图

作图

（1）在主视图上分离出底板的线框　由主、左视图可看出它是一块长方形平板，左右两侧是下部为半圆柱体、上部为长方体的耳板，耳板上各有一个圆柱形通孔。画出底板的俯视图（图 4—24a）。

（2）在主视图上分离出上部的矩形线框　因为在图 4—23 中注有直径 ϕ_1，对照左视图可知，它是垂直于水平面的圆柱体，中间有穿通底板的圆柱孔，圆柱与底板的前、后端面相切。画出圆柱的俯视图（图 4—24b）。

(3) 在主视图上分离出上部的圆形线框（框中还有一个小圆） 对照左视图可知，它也是一个中间有圆柱孔的垂直于正面的圆柱体，直径与圆柱体Ⅱ相等，而孔的直径比圆柱体Ⅱ的孔小。两圆柱体的轴线垂直相交，且均平行于侧面。画出圆柱体Ⅲ的俯视图（图 4—24c）。

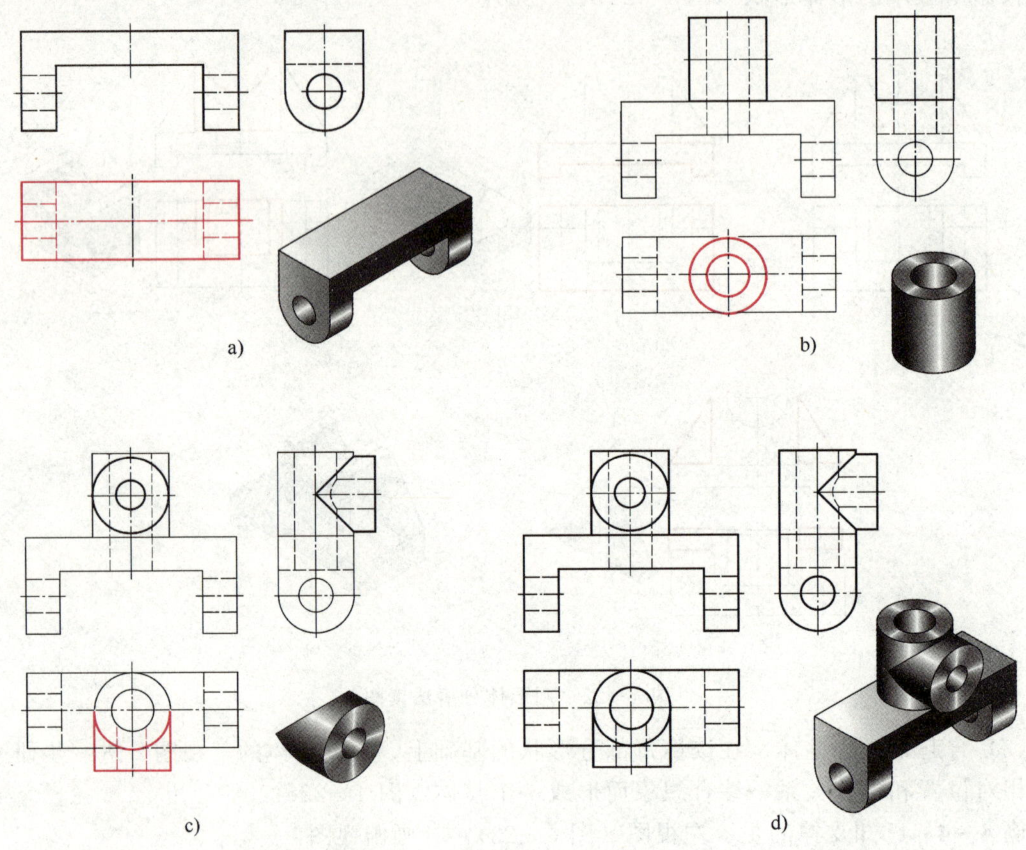

图 4—24　补画支撑的俯视图

(4) 根据底板和两个圆柱体的形状，以及它们的相对位置，可以想象出支撑的整体形状（图 4—24d），然后校核、补画俯视图并描深。

2. 面形分析法

读图时，对于比较复杂组合体中不易读懂的部分，还常用面形分析法来帮助想象和读懂某些局部的形状。下面举例说明面形分析法在读图中的应用。

(1) 分析面的形状　当基本体或不完整的基本体被投影面垂直面切割时，与截平面倾斜的投影面上的投影成类似形。如图 4—25a、b、c 中分别有一个 L 形的铅垂面、工字形的正垂面和凹字形的侧垂面。在它们的三视图中，与截平面垂直的投影面上的投影积聚成一直线，与截平面倾斜的另两个投影面上的投影均为类似形。

例 4—5　已知压板的主、俯视图（图 4—26a），补画左视图。

分析

主视图中三个封闭线框 a'、b'、e'，对应俯视图中压板前半部的三个平面 A、B、E 积聚成直线的投影 a、b、e。其中，A 和 E 是正平面，B 是铅垂面。俯视图中两个封闭线框 c

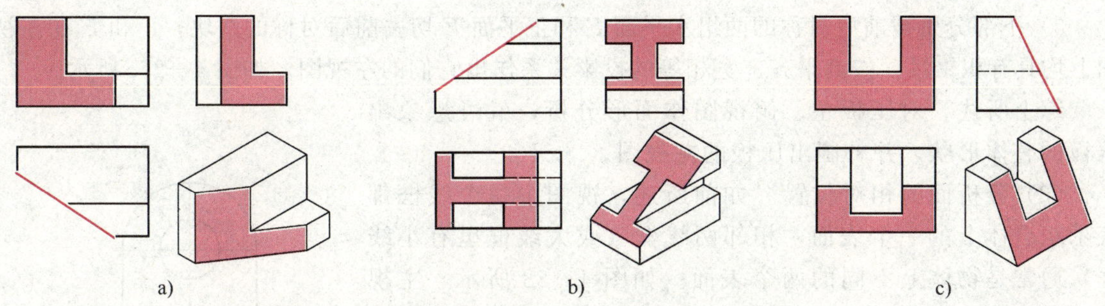

图 4—25　倾斜于投影面的截面的投影为类似形

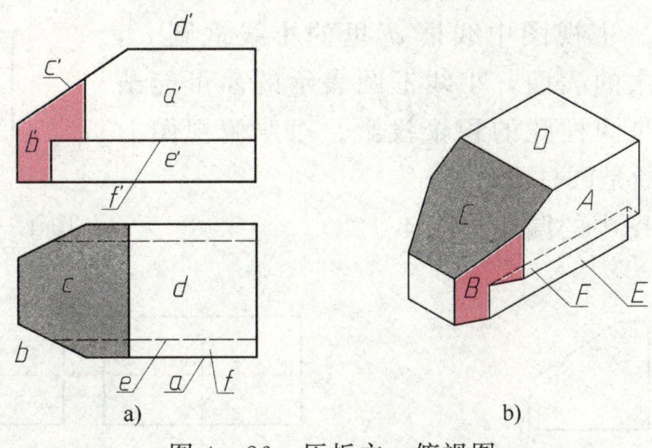

图 4—26　压板主、俯视图

和 d，对应主视图中两个平面 C 和 D 积聚成直线的投影 c'和 d'。其中，C 是正垂面，D 是水平面。俯视图中压板前半部由虚线与实线组成的封闭线框 f，对应主视图中平面 F 积聚成直线的投影 f'。显然，F 是水平面。由此可想象压板是一个长方体左端被三个平面切割，底部被前后对称的两组水平面和正平面切割，如图 4—26b 所示。

作图

1）长方体被正垂面 C 切去左上角（图 4—27a），由主视图补画左视图。

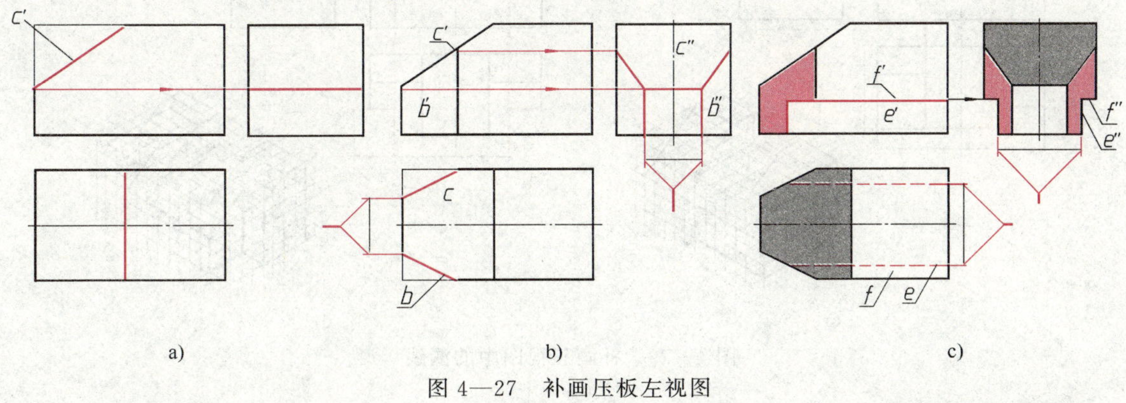

图 4—27　补画压板左视图

2）长方体被两个铅垂面切去前后对称的两个角，按长对正、高平齐、宽相等，且前后对应的投影关系补画左视图，如图 4—27b 所示。必须注意，正垂面 C 的水平投影 c 应与其侧面投影 c''类似；铅垂面 B 的正面投影 b'（与后半部铅垂面重合）应与其侧面投影 b''类似。

3）下部分别被前后对称的两组水平面 F 和正平面 E 切去前后对称的两块，F 和 E 在左视图上均具有积聚性，按高平齐、宽相等的投影关系作出它们的左视图，如图 4—27c 所示。

综上所述，对压板主、俯视图作面形分析，就可想象出压板的整体形状，并补画出压板的左视图。

（2）分析面的相对位置　如前所述，视图中每个线框都表示组合体上的一个表面，相邻两线框（或大线框里有小线框）通常是物体上不同的两个表面。如图 4—28 所示，主视图中线框 a'、b'、c'、d' 所表示的四个面在俯视图中积聚成水平线 a、b、c、d。因此，它们都是正平面，B 面和 C 面在前，D 面在后，A 面在中间。主视图中线框 d' 里的小线框圆 e'，表示物体上两个不同层次的表面，小线框圆表示的面可能凸出，也可能凹入，或者是圆柱孔的积聚投影。对照俯视图上相应的两条虚线，可判断是圆柱孔。

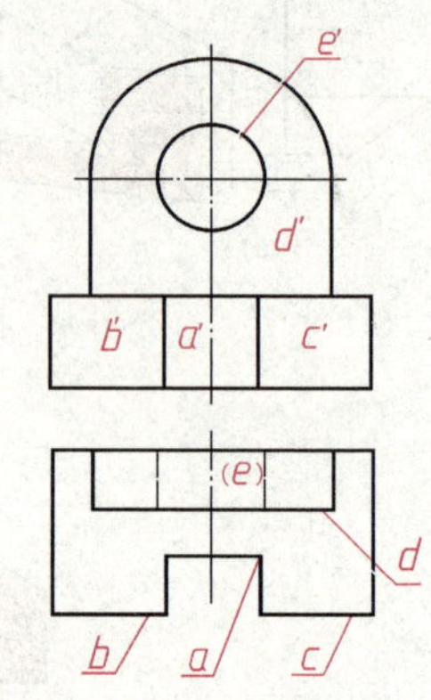

图 4—28　分析面的相对位置

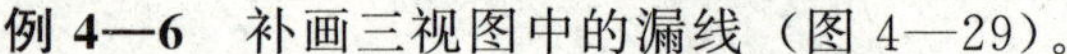
例 4—6　补画三视图中的漏线（图 4—29）。

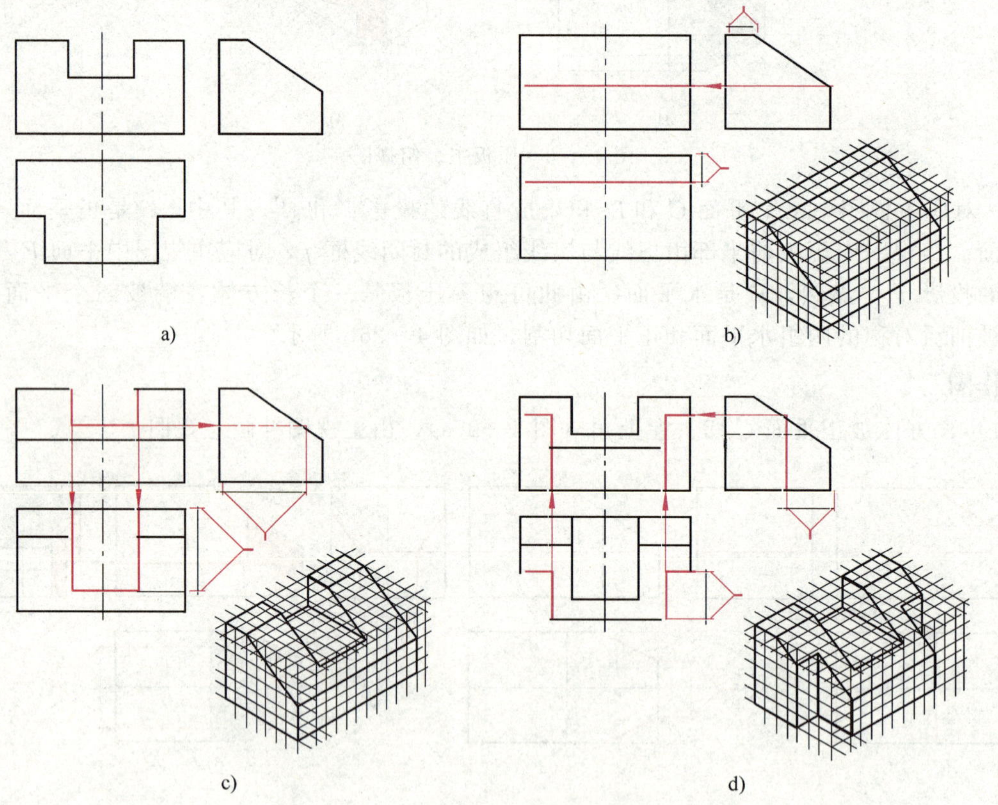

图 4—29　补画三视图中的漏线

分析

如图 4—29a 所示，从已知三个视图的分析可知，该组合体是长方体被几个不同位置的平面切割而成。可采用边切割边补线的方法逐一补画三个视图中的漏线。在补线过程中，要应用“长对正、高平齐、宽相等”的投影规律，特别是要注意俯、左视图宽相等及前后对应的投影关系。

三个视图中均没有圆或圆弧，可采用正等测画法徒手绘制轴测草图。

作图

1）由左视图上的斜线可知，长方体被侧垂面切去一角。补画主、俯视图中相应的漏线（图 4—29b）。

2）由主视图上的凹槽可知，长方体上部被一个水平面和两个侧平面开了一个槽。补画俯、左视图中相应的漏线（图 4—29c）。

3）由俯视图可知，长方体前面被两组正平面和侧平面左右对称地各切去一角。补画主、左视图中相应的漏线（图 4—29d）。按徒手画出的轴测草图检查三视图。

思考

若图 4—29a 中主视图的矩形槽槽口向下，其他两视图不变，应如何补画三视图中的漏线？

第五章

机械图样的基本表示法

工程实际中机件形状是多种多样的，有些机件的内、外形状都比较复杂，如果只用三视图可见部分画粗实线、不可见部分画细虚线的方法往往不能完整、清楚地表达。为此，国家标准规定了视图、剖视图和断面图等基本表示法。学习本章要掌握各种表示法的特点和画法，以便灵活地运用。

§5—1 视　　图

根据有关标准规定，绘制出物体的多面正投影图形称为视图。视图主要用于表达机件的外部结构形状，对机件中不可见的结构形状在必要时才用细虚线画出。

视图分为基本视图、向视图、局部视图和斜视图四种。

一、基本视图

将机件向基本投影面投射所得的视图称为基本视图。

表示一个机件可以有六个基本投射方向，如图 5—1a 所示，相应地有六个与基本投射方向垂直的基本投影面。基本视图是物体向六个基本投影面投射所得的视图。空间的六个基本投影面可设想围成一个正六面体，为使其上的六个基本视图位于同一平面内，可将六个基本投影面按图 5—1b 所示方法展开。

六个基本投射方向及视图名称见表 5—1。

在机械图样中，六个基本视图的名称和配置关系如图 5—2 所示。符合图 5—2 的配置规定时，图样中一律不注视图名称。

六个基本视图仍保持“长对正、高平齐、宽相等”的三等关系，即仰视图与俯视图同样反映物体长、宽方向的尺寸；右视图与左视图同样反映物体高、宽方向的尺寸；后视图与主视图同样反映物体长、高方向的尺寸。

六个基本视图的方位对应关系如图 5—2 所示，除后视图外，在围绕主视图的俯、仰、左、右四个视图中，远离主视图的一侧表示机件的前方，靠近主视图的一侧表示机件的后方。

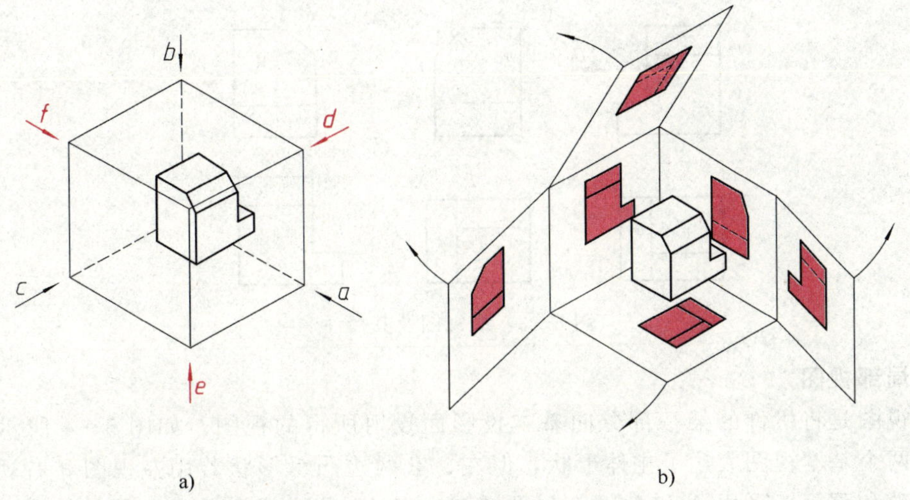

图 5—1　六个基本视图的形成

表 5—1　　　　六个基本投射方向及视图名称

方向代号	a	b	c	d	e	f
投射方向	由前向后	由上向下	由左向右	由右向左	由下向上	由后向前
视图名称	主视图	俯视图	左视图	右视图	仰视图	后视图

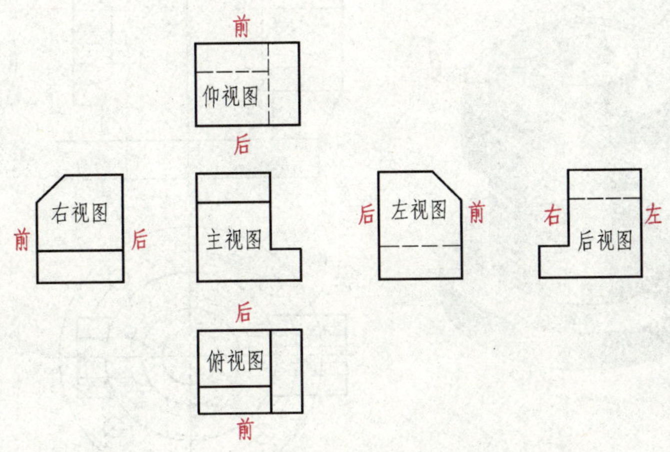

图 5—2　六个基本视图的配置和方位对应关系

实际画图时，无须将六个基本视图全部画出，应根据机件的复杂程度和表达需要，选用其中必要的几个基本视图。一般情况下，优先选用主、俯、左视图。

二、向视图

向视图是可以移位配置的基本视图。当某基本视图不能按投影关系配置时，可按向视图绘制，如图 5—3 中的向视图 D、向视图 E 和向视图 F。

向视图必须在图形上方中间位置处注出视图名称“×”（“×”表示大写拉丁字母，下同），并在相应的视图附近用箭头指明投射方向，注写相同的字母。

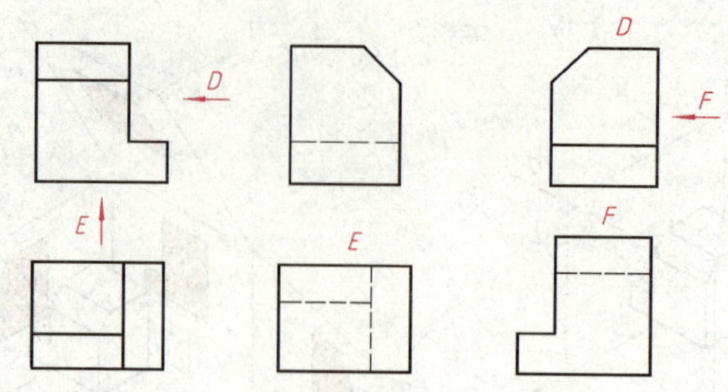

图 5—3 向视图及其标注

三、局部视图

局部视图是将机件的某一部分向基本投影面投射所得的视图。如图 5—4 所示的机件，用主、俯两个基本视图表达了主体形状，但左、右两边凸缘形状若用左视图和右视图表达，则显得烦琐和重复。采用 A 和 B 两个局部视图来表达这两个凸缘形状，既简练又突出重点。

局部视图的配置、标注及画法如下：

(1) 局部视图按基本视图位置配置，中间若没有其他图形隔开时，则不必标注，如图 5—4b 中的局部视图 A，图中的字母 A 和相应的箭头均不必注出。

(2) 局部视图也可按向视图的配置形式配置在适当位置，如图 5—4b 中的局部视图 B。

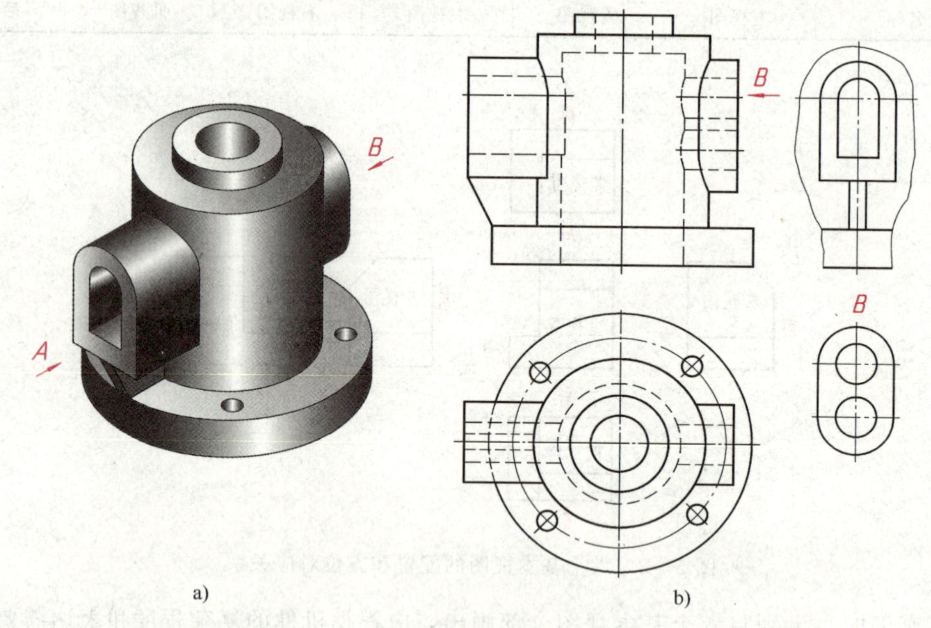

图 5—4 局部视图

(3) 局部视图的断裂边界通常用波浪线或双折线表示，如图 5—4 中的 A 向局部视图。但当所表示的局部结构是完整的，其图形的外轮廓线呈封闭状时，波浪线或双折线可省略不画，如图 5—4b 中的局部视图 B。

(4) 按第三角画法（详见本章第五节）配置在视图上需要表示的局部结构附近，并用细点画线连接两图形时，无需另行标注，如图 5—5 所示。

四、斜视图

将机件向不平行于基本投影面的平面投射所得的视图称为斜视图。

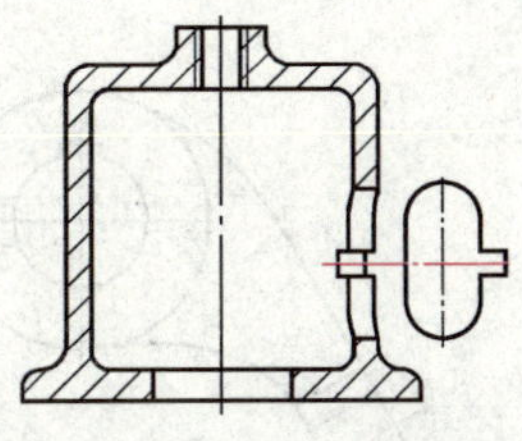

图 5—5　局部视图按第三角画法配置

如图 5—6a 所示，当机件上某局部结构不平行于任何基本投影面，在基本投影面上不能反映该部分的实形时，可增加一个新的辅助投影面，使其与机件上倾斜结构的主要平面平行，并垂直于一个基本投影面，然后将倾斜结构向辅助投影面投射，就可得到反映倾斜结构实形的视图，即斜视图。

画斜视图时应注意：

(1) 斜视图常用于表达机件上的倾斜结构。画出倾斜结构的实形后，机件的其余部分不必画出，此时可在适当位置用波浪线或双折线断开即可，如图 5—6b 所示。

(2) 斜视图的配置和标注一般遵照向视图相应的规定，必要时允许将斜视图旋转配置。此时仍按向视图标注，且加注旋转符号，如图 5—6c 所示。旋转符号为半径等于字体高度的半圆弧，表示斜视图名称的大写拉丁字母应靠近旋转符号的箭头端，也允许将旋转角度标注在字母之后。

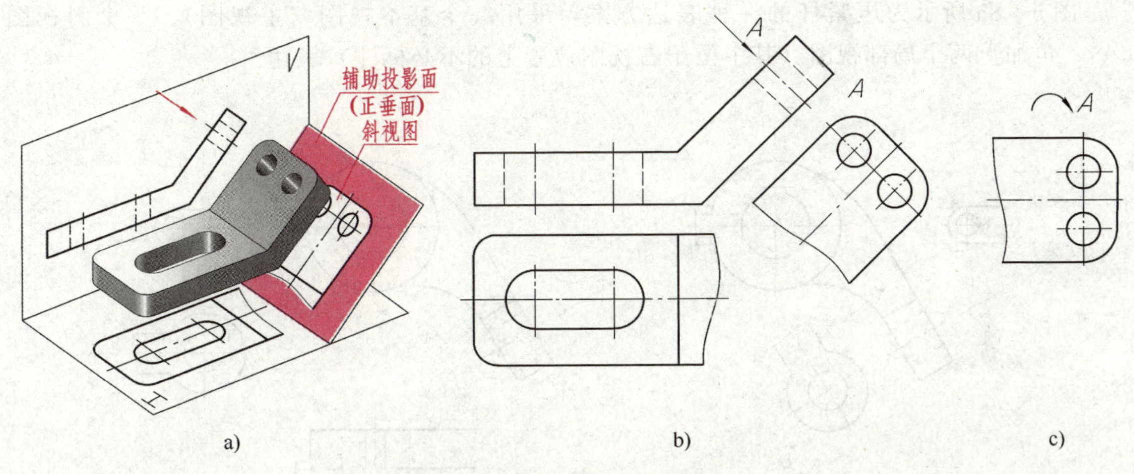

图 5—6　倾斜结构斜视图的形成

五、综合实例

以上介绍了基本视图、向视图、局部视图和斜视图，在实际画图时，并不是每个机件的表达方案中都有这四种视图，而是根据需要灵活选用。

例 5—1　图 5—7b 所示为压紧杆，选择其合适的表达方案。

分析

图 5—7a 所示为压紧杆的三视图，由于压紧杆左端耳板是倾斜的，所以俯视图和左视图均不反映实形，画图比较困难，表达不清楚，这种表达方案不可取。为了表达倾斜结构，可按图 5—7b 所示在平行于耳板的正垂面上作出耳板的斜视图，以反映耳板的实形。因为斜视图只表达压紧杆倾斜结构的局部形状，所以画出耳板的实形后，用波浪线断开，其余部分的轮廓线不必画出。

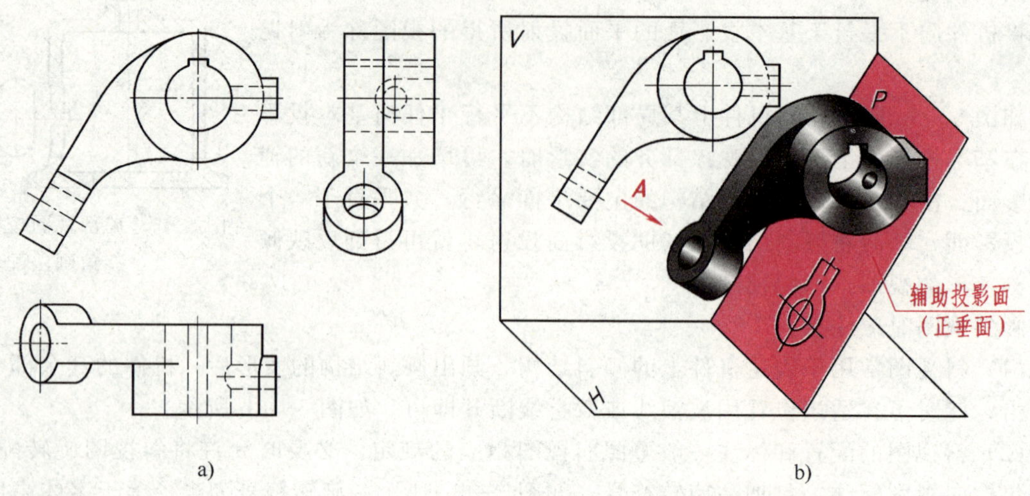

图 5—7　压紧杆

方案

图 5—8a 所示为压紧杆的一种表达方案，采用一个基本视图（主视图）、一个斜视图（*A*），再加上两个局部视图（其中位于右视图位置上的不必标注）表达。

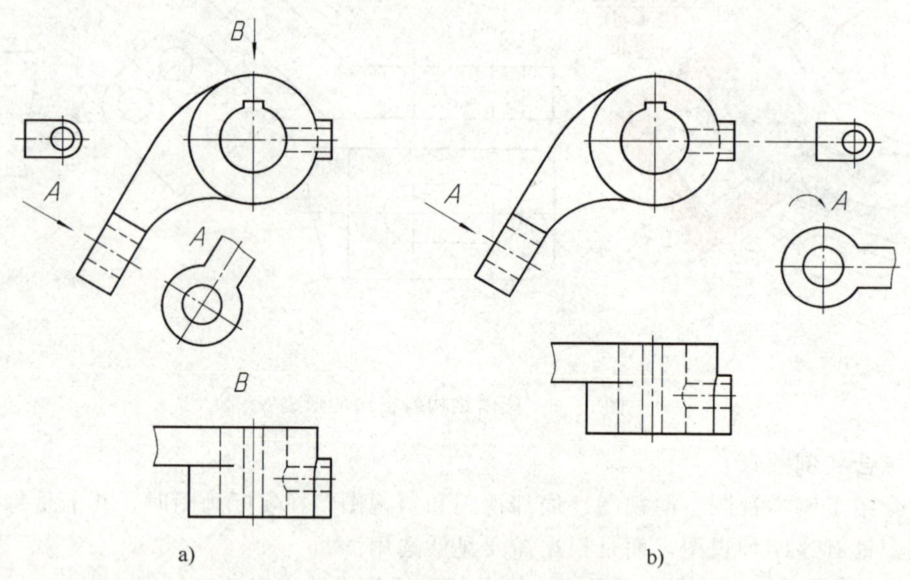

图 5—8　压紧杆的表达方案

a）方案（一）　b）方案（二）

图 5—8b 所示为压紧杆的另一种表达方案，采用一个基本视图（主视图）、一个配置在俯视图位置上的局部视图（不必标注）、一个旋转配置的斜视图 *A*，以及画在右端凸台附近的、按第三角画法配置的局部视图（用细点画线连接，不必标注）表达。

比较压紧杆的两种表达方案，显然第二种方案不仅形状结构表达清楚，作图简单，而且视图布置更加紧凑。因此，第二种方案是最佳表达方案。

§5—2　剖　视　图

视图主要用来表达机件的外部形状。图 5—9a 所示支座内部结构比较复杂，视图上会出现较多虚线而使图形不清晰，不便于看图和标注尺寸。为了清晰地表达其内部结构，常采用剖视图画法。剖视图画法要遵循《技术制图　图样画法　剖视图和断面图》（GB/T 17452—1998）、《机械制图　图样画法　剖视图和断面图》（GB/T 4458.6—2002）的规定。

一、剖视图的形成、画法及标注

1. 剖视图的形成

假想用剖切面剖开机件，将处在观察者与剖切面之间的部分移去，将其余部分向投影面投射所得的图形称为剖视图，简称剖视。剖视图的形成过程如图 5—9b、c 所示，图 5—9d 中的主视图即为机件的剖视图。

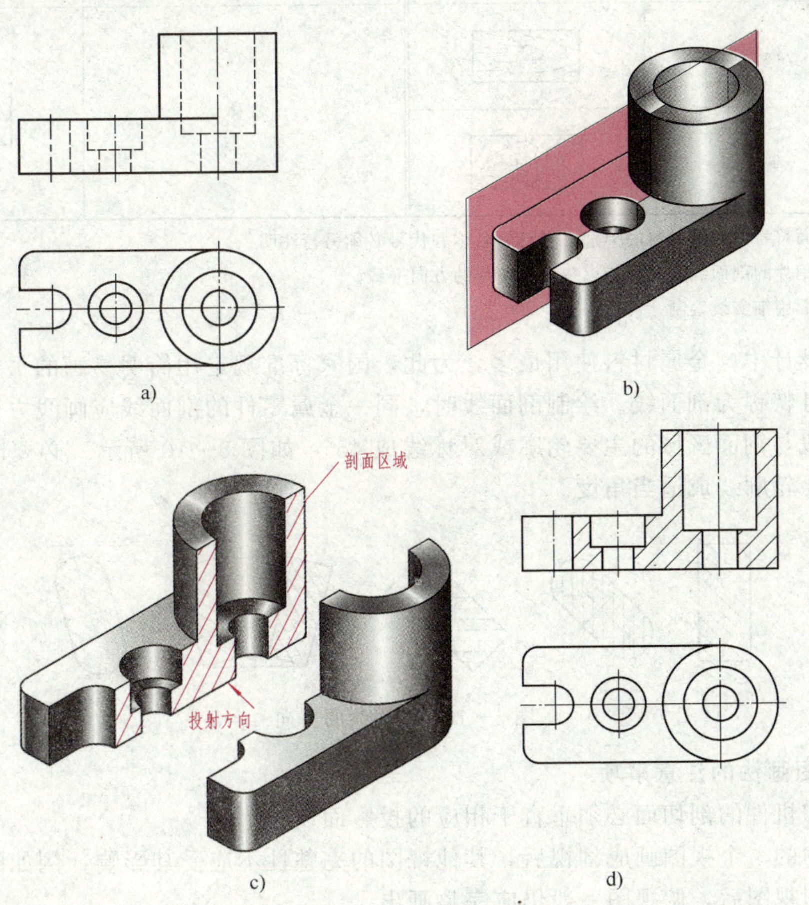

图 5—9　剖视图的形成

2. 剖面符号

机件被假想剖切后，在剖视图中，剖切面与机件接触部分称为剖面区域，一般采用剖面符号填充表示，如图 5—9d 中的主视图所示。国家标准规定了各种材料的剖面符号（表 5—2）。

表 5—2　　　　　　　　　　　　**剖面符号（摘自 GB/T 4457. 5—2013）**

材料名称	剖面符号	材料名称	剖面符号
金属材料 （已有规定剖面符号者除外）		线圈绕组元件	
非金属材料 （已有规定剖面符号者除外）		转子、变压器等的叠钢片	
型砂、粉末冶金、 陶瓷刀片、硬质合金刀片等		玻璃及其他透明材料	
木质胶合板 （不分层数）		格网 （筛网、过滤网等）	
木材　纵剖面		液体	
木材　横剖面			

注：（1）剖面符号仅表示材料的类别，材料的名称和代号必须另行注明。

（2）迭钢片的剖面线方向应与束装中迭钢片的方向一致。

（3）液面用细实线绘制。

在机械设计中，金属材料使用最多，为此，国家标准规定用简明易画的平行细实线作为剖面符号，且特称为剖面线。绘制剖面线时，同一金属零件的剖面线应画线方向相同、间隔相等，且一般与剖面区域的主要轮廓或对称线成 45°，如图 5—10 所示。必要时，剖面线也可画成与主要轮廓线成适当角度。

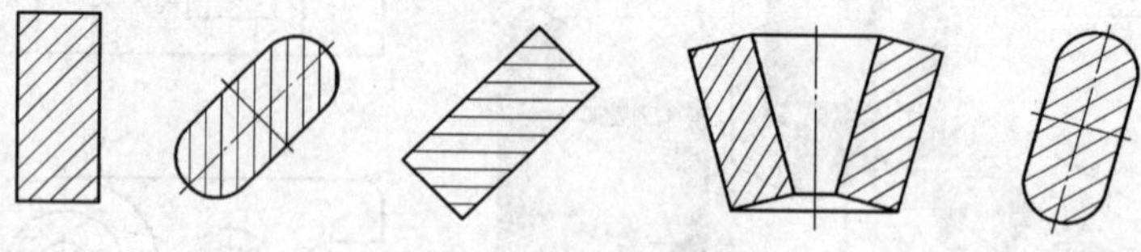

图 5—10　剖面线的方向

3. 剖视图画法的注意事项

（1）剖切机件的剖切面必须垂直于相应的投影面。

（2）机件的一个视图画成剖视后，其他视图的完整性不应受其影响，例如图 5—9d 中的主视图画成剖视图后，俯视图一般仍应完整画出。

（3）剖切面后面的可见结构一般应全部画出（图 5—11）。

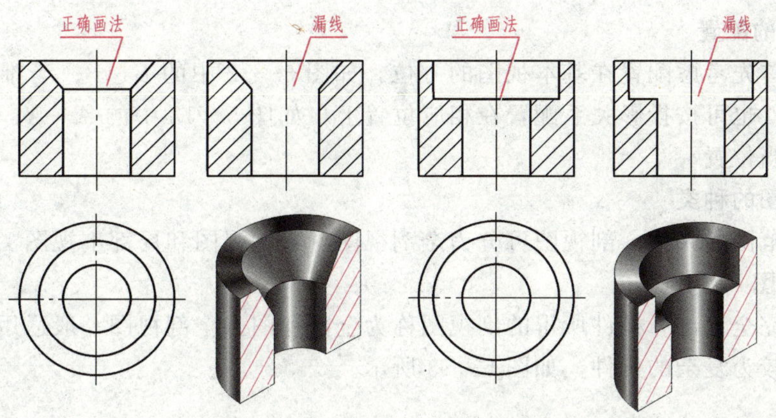

图 5—11　剖视图画法的常见错误

(4) 一般情况下，尽量避免用细虚线表示机件上的不可见结构。

4. 剖视图的标注

为便于读图，剖视图应进行标注，以标明剖切位置和指示视图间的投影关系。剖视图的标注有三个要素：

(1) 剖切位置　用粗实线的短线段表示剖切面起讫和转折位置。

(2) 投射方向　将箭头画在剖切位置线外侧指明投射方向。

(3) 对应关系　将大写拉丁字母注写在剖切面起讫和转折位置旁边，并在所对应的剖视图上方注写相同字母名称。

剖视图的标注方法可分为三种情况，即全标、不标和省标。

(1) 全标　指上述三要素全部标出，这是基本规定，如图 5—12 中的 *A—A*。

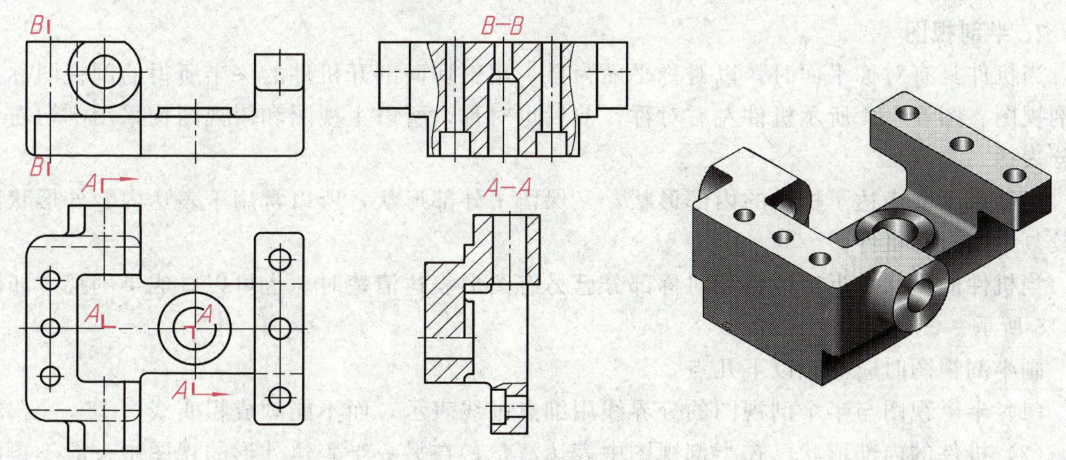

图 5—12　剖视图的配置和标注

(2) 不标　指上述三要素均不必标注。但是，必须同时满足三个条件方可不标，即单一剖切平面通过机件的对称平面或基本对称平面剖切；剖视图按投影关系配置；剖视图与相应视图间没有其他图形隔开。图 5—9d 同时满足了三个不标条件，故未加任何标注。

(3) 省标　指仅满足不标条件中的后两个条件，则可省略表示投射方向的箭头，如图 5—12 中的 *B—B*。

5. 剖视图的配置

剖视图应首先考虑配置在基本视图的方位，如图 5—12 中的 $B—B$；当难以按基本视图的方位配置时，也可按投影关系配置在相应位置上，如图 5—12 中的 $A—A$；必要时才考虑配置在其他适当位置。

二、剖视图的种类

根据剖切范围的大小，剖视图可分为全剖视图、半剖视图和局部剖视图。

1. 全剖视图

用剖切面完全地剖开机件所得的剖视图称为全剖视图。全剖视图一般适用于外形比较简单、内部结构较为复杂的机件，如图 5—13 所示。

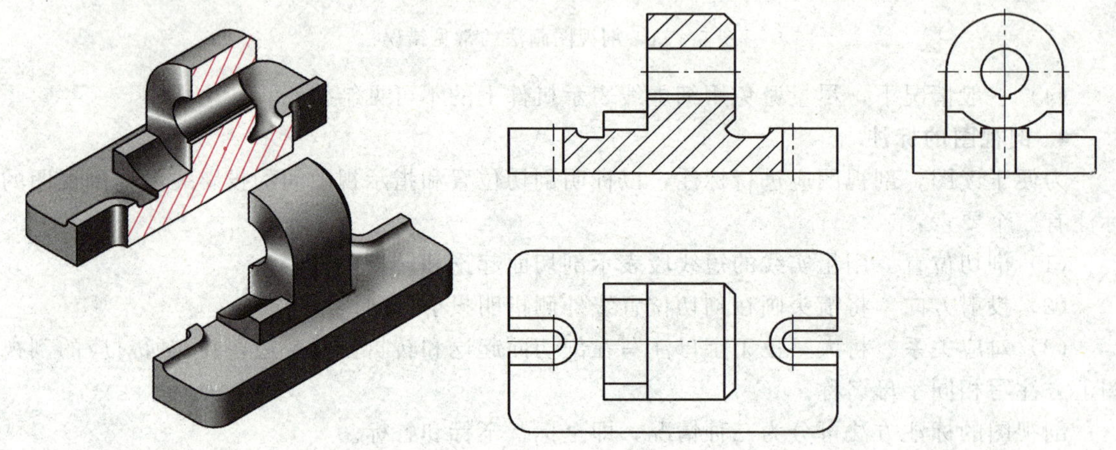

图 5—13　全剖视图

2. 半剖视图

当机件具有对称平面时，以对称平面为界，用剖切面剖开机件的一半所得的剖视图称为半剖视图。图 5—14 所示机件左右对称，前后也对称，所以主视图和俯视图均采用剖切右半部分表达。

半剖视图既表达了机件的内部形状，又保留了外部形状，所以常用于表达内、外形状都比较复杂的对称机件。

当机件的形状接近对称且不对称部分已另有图形表达清楚时，也可以画成半剖视，如图 5—15 所示。

画半剖视图时应注意以下几点：

（1）半个视图与半个剖视图的分界线用细点画线表示，而不能画成粗实线。

（2）机件的内部形状已在半剖视图中表达清楚，在另一半表达外形的视图中一般不再画出细虚线。

3. 局部剖视图

用剖切面局部地剖开机件所得的剖视图称为局部剖视图。如图 5—16 所示机件，虽然上下、前后都对称，但由于主视图中的方孔轮廓线与对称中心线重合，所以不宜采用半剖视，这时应采用局部剖视。这样，既可表达中间方孔内部的轮廓线，又保留了机件的部分外形。

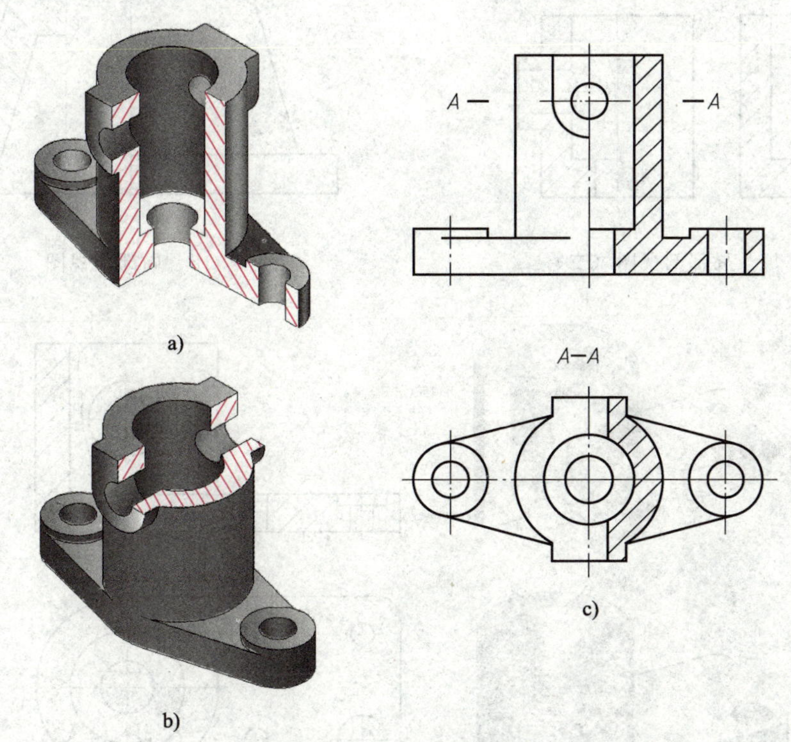

图 5—14　半剖视图（一）

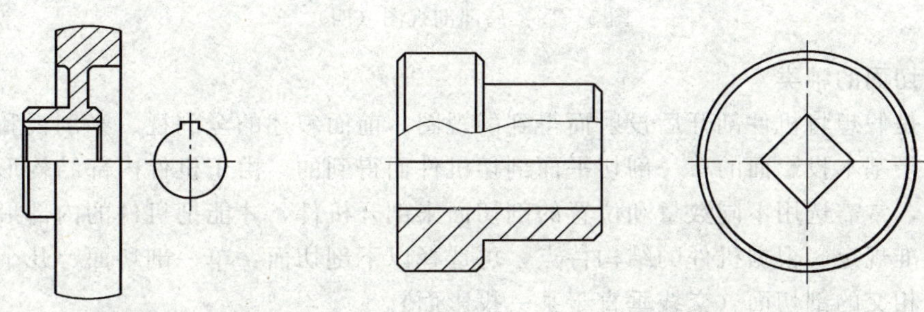

图 5—15　半剖视图（二）

图 5—16　局部剖视图（一）

画局部剖视图时应注意以下几点：

(1) 局部剖视图可用波浪线分界，波浪线应画在机件的实体上，不能超出实体轮廓线，也不能画在机件的中空处，如图 5—17 所示。

局部剖视图也可用双折线分界，如图 5—18 所示。

(2) 一个视图中，局部剖视的数量不宜过多，在不影响外形表达的情况下，可在较大范围内画成局部剖视，以减少局部剖视的数量。如图 5—19 所示机件，主、俯视图分别用两个和一个局部剖视表达其内部结构。

(3) 波浪线不应画在轮廓线的延长线上，也不能用轮廓线代替，或与图样上的其他图线重合。

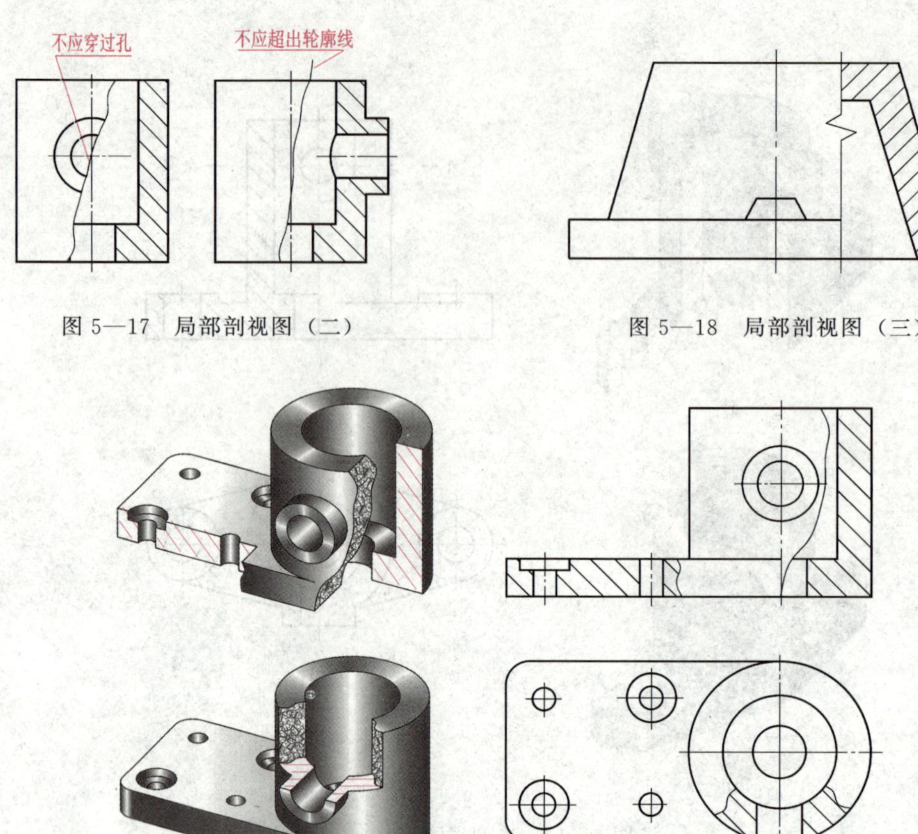

图 5—17　局部剖视图（二）

图 5—18　局部剖视图（三）

图 5—19　局部剖视图（四）

三、剖切面的种类

剖视图是假想将机件剖开后投射而得到的视图。前面叙述的全剖视、半剖视和局部剖视都是用平行于基本投影面的单一剖切平面剖切机件而得到的。由于机件内部结构形状的多样性和复杂性，常需选用不同数量和位置的剖切面来剖开机件，才能把机件的内部形状表达清楚。国家标准规定，根据机件的结构特点，可选择以下剖切面：单一剖切面、几个平行的剖切面、几个相交的剖切面（交线垂直于某一投影面）。

1. 单一剖切面

单一剖切面可以是平行于基本投影面的剖切平面，如前所述的全剖视、半剖视和局部剖视所举图例大多是用这种剖切面剖开机件而得到的剖视图。单一剖切面也可以是不平行于基本投影面的斜剖切平面，如图 5—20 中的 *B*—*B*。这种剖视图一般应与倾斜部分保持投影关系，但也可配置在其他位置。为了画图和读图方便，可把视图转正，但必须按规定标注，如图 5—20 所示。

2. 几个平行的剖切面

这种剖切面可以用来剖切表达位于几个平行平面上的机件内部结构。如图 5—21a 所示轴承挂架，左右对称，如果用单一剖切面在机件的对称平面处剖开，则上部两个小圆孔不能剖到；若采用两个平行的剖切面将机件剖开，可同时将机件上下部分的内部结构表达清楚，如图 5—21b 中的 *A*—*A* 剖视。

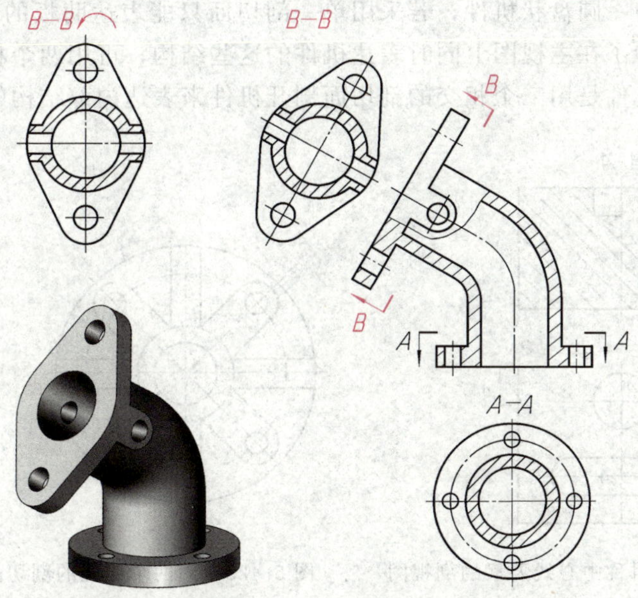

图 5—20　单一剖切面

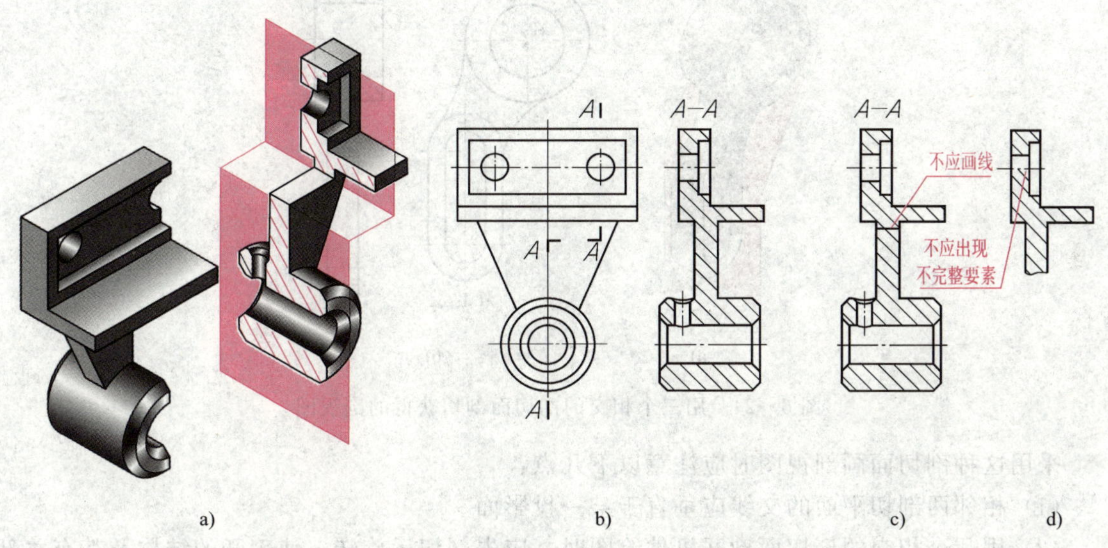

图 5—21　用两个平行的剖切面剖切时剖视图的画法

用这类剖切面画剖视图时应注意以下几点：

(1) 因为剖切面是假想的，所以不应画出剖切面转折处的投影，如图 5—21c 所示。

(2) 剖视图中不应出现不完整结构要素，如图 5—21d 所示。但当两个要素在图形上具有公共对称中心线或轴线时，可各画一半，此时应以对称中心线或轴线为界，如图 5—22 所示。

(3) 必须在相应视图上用剖切符号表示剖切位置，在剖切面的起讫和转折处注写相同字母。

3. 几个相交的剖切面

图 5—23 所示为一圆盘状机件，若采用单一剖切面只能表达肋板的形状，不能反映 45°方向小孔的形状。为了在主视图上同时表达机件的这些结构，可用两个相交的剖切面剖开机件。图 5—24 所示机件是用三个相交的剖切面剖开机件来表达内部结构的实例。

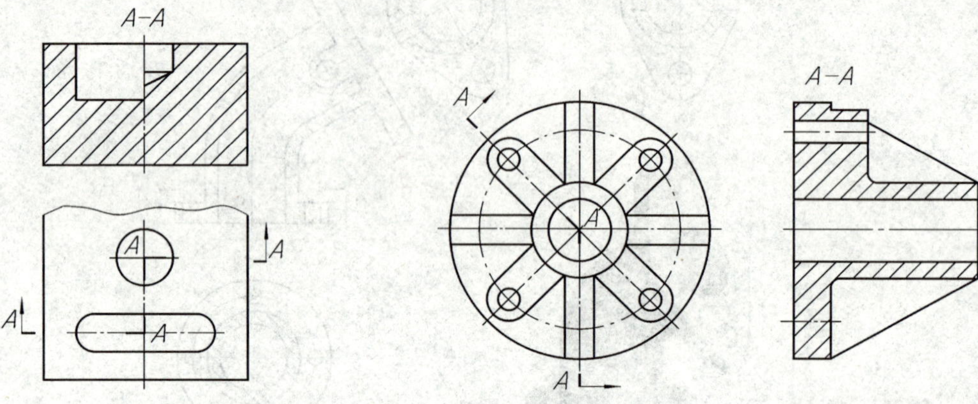

图 5—22　具有公共对称中心线要素的剖视图　　　图 5—23　用两个相交的剖切面剖切获得的剖视图

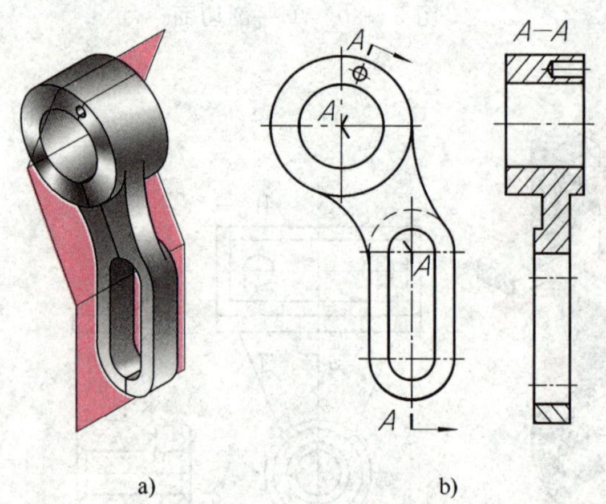

图 5—24　用三个相交的剖切面剖切获得的剖视图

采用这种剖切面画剖视图时应注意以下几点：

(1) 相邻两剖切平面的交线应垂直于某一投影面。

(2) 用几个相交的剖切面剖开机件绘图时，应先剖切后旋转，使剖开的结构及其有关部分旋转至与某一选定的投影面平行后再投射。此时旋转部分的某些结构与原图形不再保持投影关系，如图 5—25 所示机件中倾斜部分的剖视图。在剖切面后面的其他结构一般仍应按原来位置投影，如图 5—25 中剖切面后面的小圆孔。

(3) 采用相交剖切面剖切后，应对剖视图加以标注。剖切符号的起讫及转折处用相同字母标出，但当转折处空间狭小又不致引起误解时，转折处允许省略字母。

应该指出，上述三种剖切面可以根据机件内部形状特征的表达需要供三种剖视图任意选用。

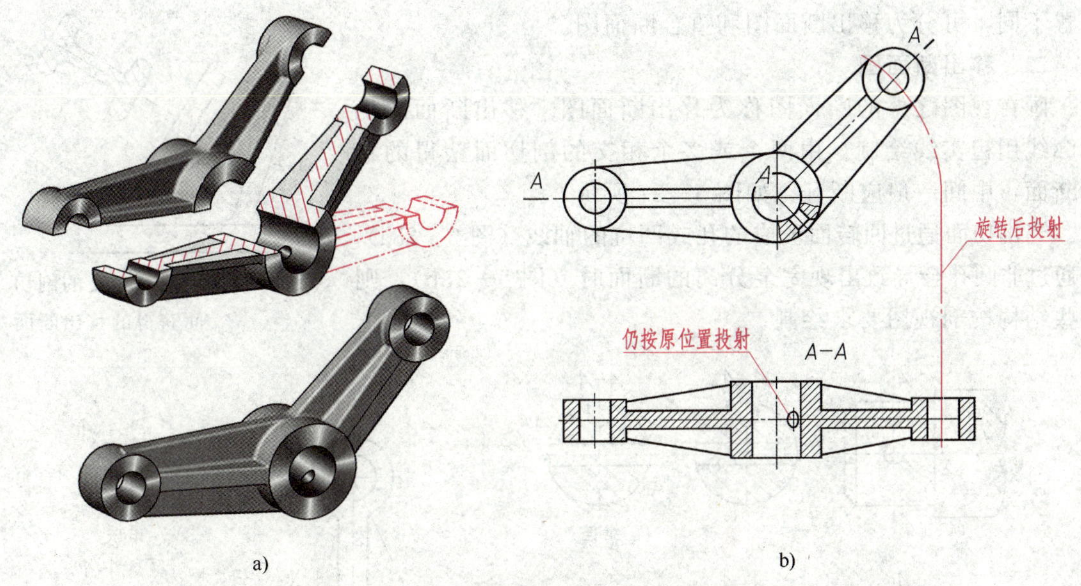

图 5—25　用相交剖切面剖切应注意的问题

§5—3　断　面　图

一、断面图的概念

假想用剖切面将机件的某处切断，仅画出其断面的图形，称为断面图，简称断面。

如图 5—26a 所示的轴，为了表示键槽的深度和宽度，假想在键槽处用垂直于轴线的剖切平面将轴切断，只画出断面的形状，并在断面上画出剖面线，如图 5—26b 所示。

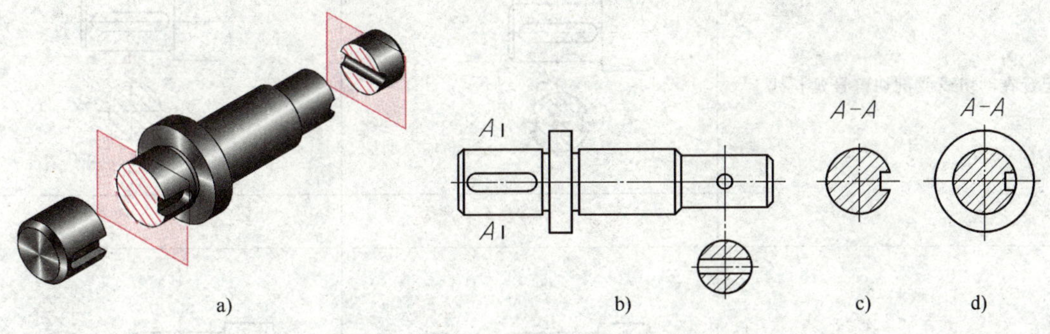

图 5—26　断面图与剖视图的比较

断面图与剖视图是两种不同的表示法，二者虽然都是先假想剖开机件后再投射，但是，剖视图不仅要画出被剖切面切到的部分，一般还应画出剖切面后面的可见部分，如图 5—26d 所示，而断面图则仅画出被剖切面切断的断面形状，如图 5—26c 所示。按断面图的位置不同，可分为移出断面图和重合断面图。

二、移出断面图

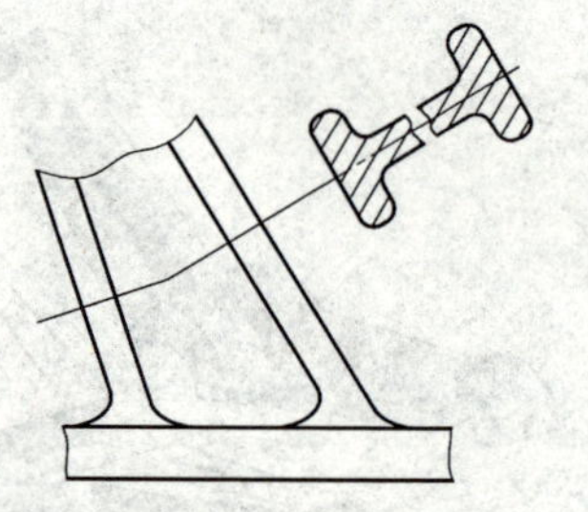

图 5—27　由两个相交的剖切面获得的移出断面

画在视图之外的断面图称为移出断面图。移出断面图的轮廓线用粗实线绘制。由两个或多个相交的剖切面获得的移出断面，中间一般应断开，如图 5—27 所示。

当剖切面通过回转面形成的孔或凹坑的轴线（图 5—28a），或通过非圆孔会导致出现完全分离的断面时（图 5—28b），则这些结构按剖视图要求绘制。

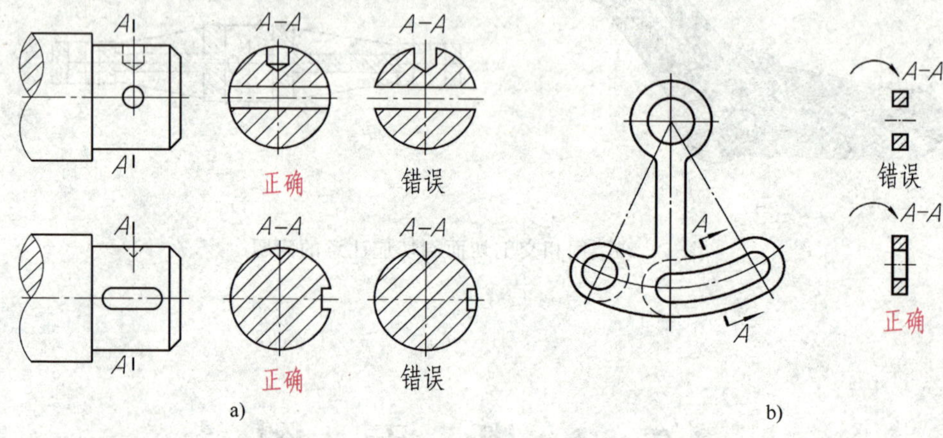

图 5—28　断面图的特殊画法

画出移出断面图后应按国家标准规定进行标注。剖视图标注的三要素同样适用于移出断面图。移出断面图的配置及标注方法见表 5—3。

表 5—3　　　　**移出断面图的配置及标注方法**

配置	对称的移出断面	不对称的移出断面
配置在剖切线或剖切符号延长线上	剖切线（细点画线） 不必标注字母和剖切符号	不必标注字母
按投影关系配置	A　A–A 不必标注箭头	A　A–A 不必标注箭头

续表

配置	对称的移出断面	不对称的移出断面
配置在其他位置	A A A-A	A A A-A
	不必标注箭头	应标注剖切符号（含箭头）和字母

三、重合断面图

将断面图形画在视图之内的断面图称为重合断面图，如图 5—29a 所示。重合断面图的轮廓线用细实线绘制。当视图中的轮廓线与重合断面图形重叠时，视图中的轮廓线仍应连续画出，不可间断，如图 5—29b 所示。

重合断面的标注规定不同于移出断面。对称的重合断面不必标注，如图 5—29a 所示；不对称的重合断面，在不致引起误解时可省略标注，如图 5—29b 所示。

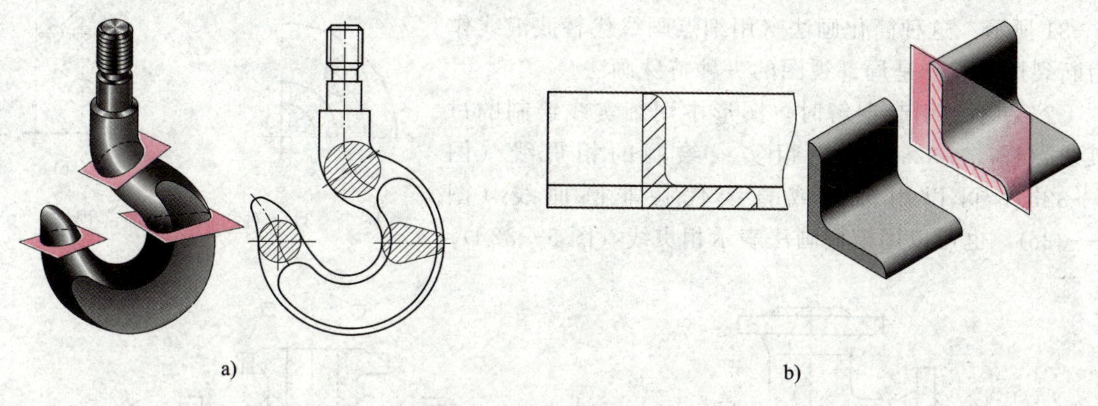

图 5—29　重合断面图

§ 5—4　局部放大图和简化表示法

一、局部放大图（GB/T 4458.1—2002）

当按一定比例画出机件的视图时，其上的细小结构常常会表达不清，且难以标注尺寸，此时可局部地另行画出这些结构的放大图，如图 5—30 所示，这种将机件的部分结构用大于原图形的比例画出的图形称为局部放大图。局部放大图可画成视图，也可画成剖视图或断面图，与被放大部分的表示法无关。

局部放大图应尽量配置在被放大部位的附近。绘制局部放大图时，除螺纹牙型、齿轮和链轮的齿形外，应用细实线圈出被放大部位，如图 5—30 所示。当同一机件上有几处被放大时，应用罗马数字编号，并在局部放大图上方标注出相应的罗马数字和所采用的比例。

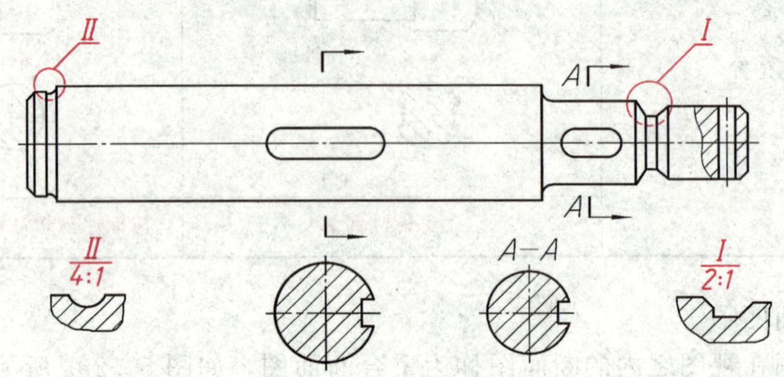

图 5—30　局部放大图

二、简化画法（GB/T 16675.1—2012）

1. 对称机件的视图可只画一半或 1/4，并在对称中心线的两端画两条与其垂直的平行细实线，如图 5—31 所示。这种简化画法（用细点画线代替波浪线作为断裂边界线）是局部视图的一种特殊画法。

2. 在不致引起误解时，图形中用细实线绘制的过渡线（图 5—32a）和用粗实线绘制的相贯线（图 5—32b），可以用圆弧或直线代替非圆曲线（图 5—32c），也可以用模糊画法表示相贯线（图 5—32d）。

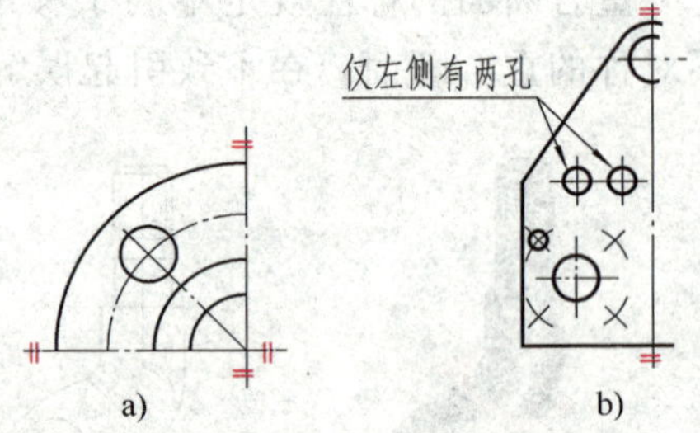

图 5—31　对称机件的局部视图

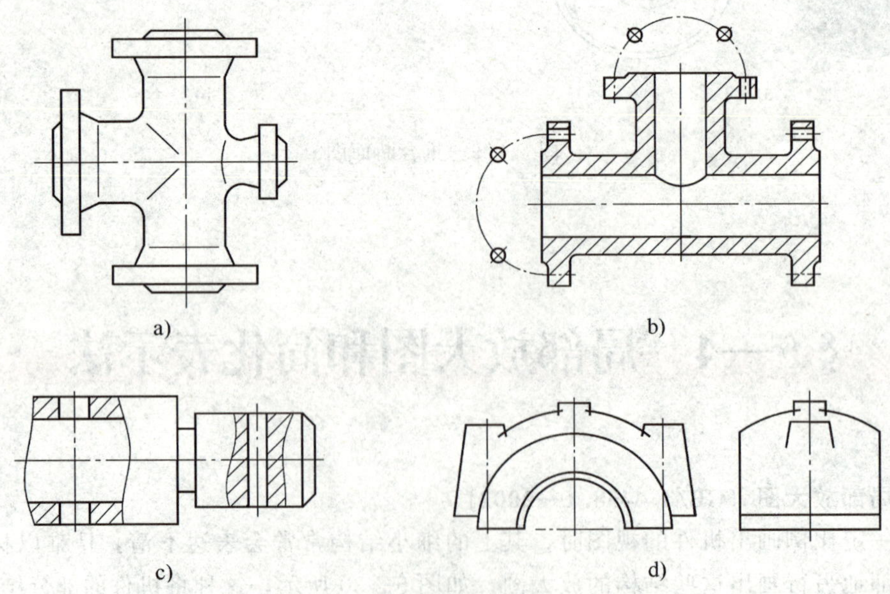

图 5—32　过渡线和相贯线的简化画法

圆柱形法兰和类似零件上均匀分布的孔，可按图 5—32b 所示方法表示（由机件外向该法兰端面方向投射）。

3. 当机件上有较小结构及斜度等已在一个图形中表达清楚时，在其他图形中可简化表示或省略，如图 5—33 所示。图 5—33a 中的主视图省略了平面斜切圆柱面后截交线的投影，图 5—33b 中的俯视图简化了锥孔的投影。

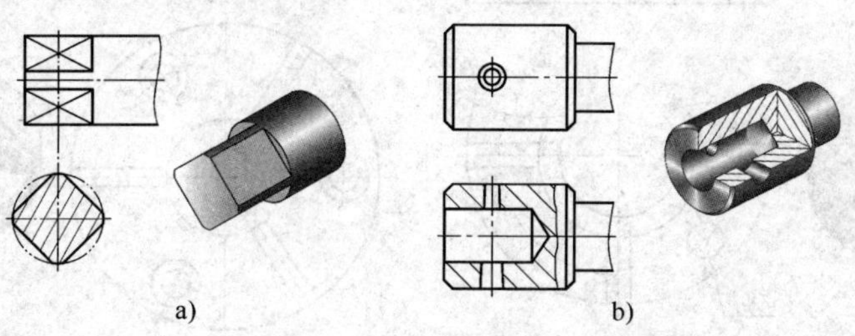

图 5—33　机件上较小结构的简化表示

4. 机件中与投影面倾斜角度不大于 30°的圆或圆弧的投影可用圆或圆弧画出，如图 5—34 所示。

5. 当不能充分表达回转体零件表面上的平面时，可用平面符号（相交的两条细实线）表示，如图 5—35 所示。

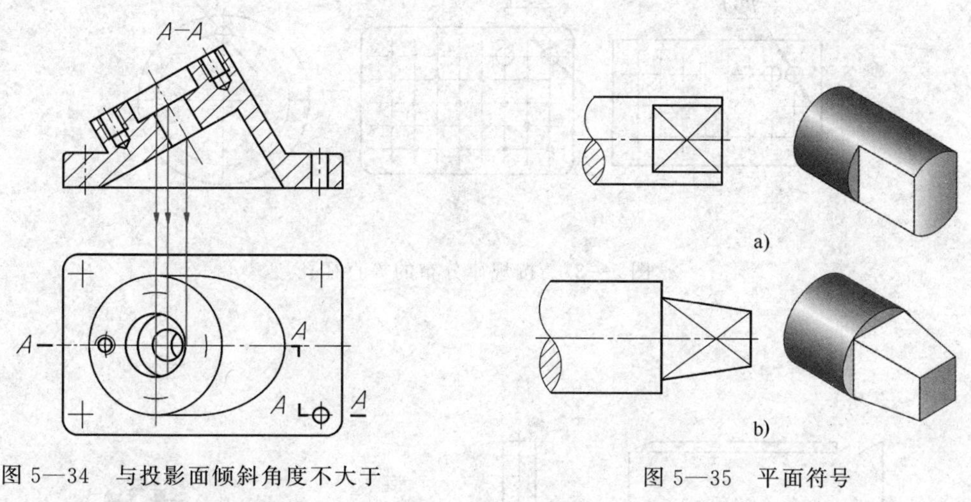

图 5—34　与投影面倾斜角度不大于 30°的圆、圆弧画法

图 5—35　平面符号

6. 对于机件的肋、轮辐及薄壁等，如按纵向剖切，这些结构都不画剖面符号，而用粗实线将它们与其邻接部分分开（图 5—36a）。当零件回转体上均匀分布的肋、轮辐、孔等结构不处于剖切平面上时，可将这些结构旋转到剖切平面上画出（图 5—36b）。

7. 当机件具有若干直径相同且按规律分布的孔（圆孔、螺孔、沉孔等）时，可以仅画出一个或几个，其余只需表示出其中心位置即可（图 5—37）。

8. 当机件具有相同结构（齿、槽等）并按一定规律分布时，应尽可能减少相同结构的重复绘制，只需画出几个完整的结构，其余可用细实线连接（图 5—38）。

9. 较长机件（轴、型材、连杆等）沿长度方向的形状一致或按一定规律变化时，可断开后缩短绘制，但尺寸仍按机件的设计要求标注（图 5—39）。

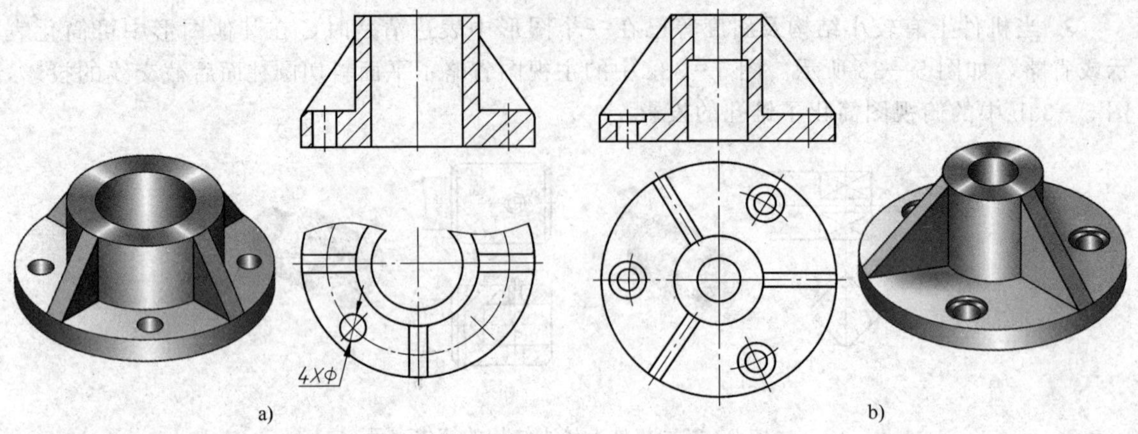

图 5—36　机件的肋、轮辐、孔等结构画法

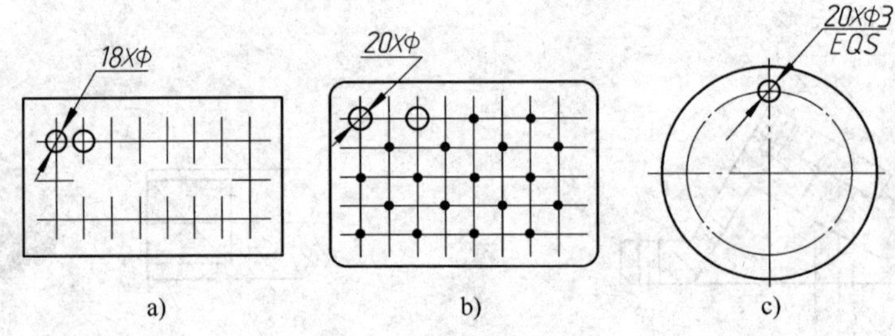

图 5—37　按规律分布的等直径孔

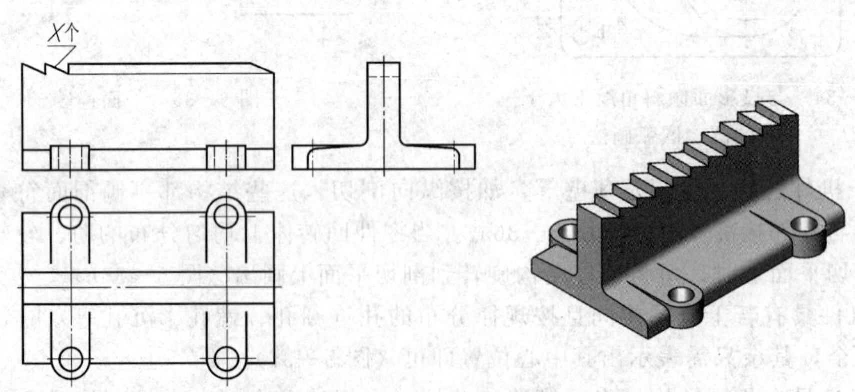

图 5—38　相同结构的简化画法

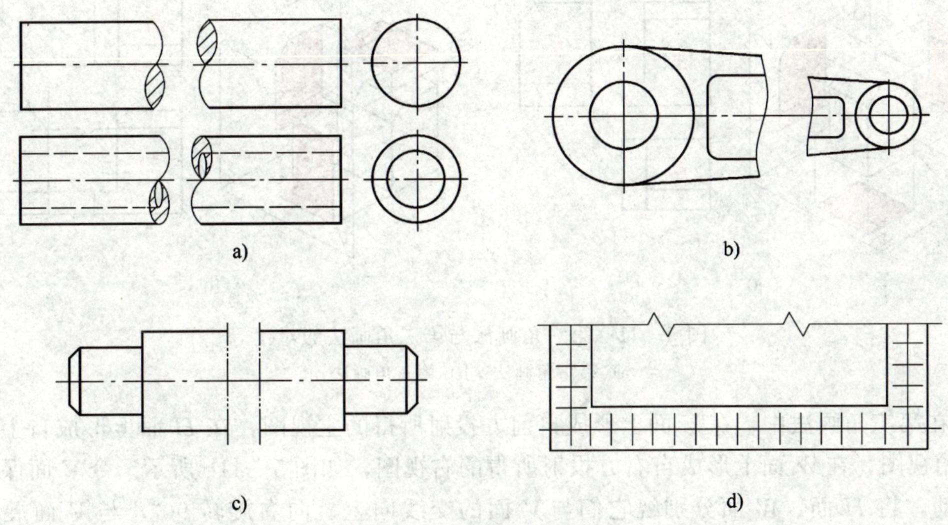

图 5—39　较长机件的简化画法

§5—5　第三角画法

《技术制图　图样画法　视图》(GB/T 17451—1998) 规定："技术图样应采用正投影法绘制，并优先采用第一角画法。"世界上大多数国家，如中国、法国、英国、德国等都是采用第一角画法。但是，美国、加拿大、日本、澳大利亚等则采用第三角画法。为了便于国际间的技术交流与合作，我国在《技术制图　投影法》(GB/T 14692—2008) 中规定："必要时 (如按合同规定等)，允许使用第三角画法。"

一、第三角画法与第一角画法的区别

图 5—40 所示为三个互相垂直相交的投影面将空间分为八个部分，每一部分为一个分角，依次为 I ～Ⅷ分角。

1. 将机件放在第一分角内 (H 面之上，V 面之前，W 面之左) 得到的多面正投影称为第一角画法；将机件放在第三分角内 (H 面之下，V 面之后，W 面之左) 得到的多面正投影称为第三角画法。如图 5—41 所示，第一角画法是将机件置于观察者与投影面之间进行投射，第三角画法是将投影面置于观察者与机件之间进行投射 (把投影面看做是透明的)。

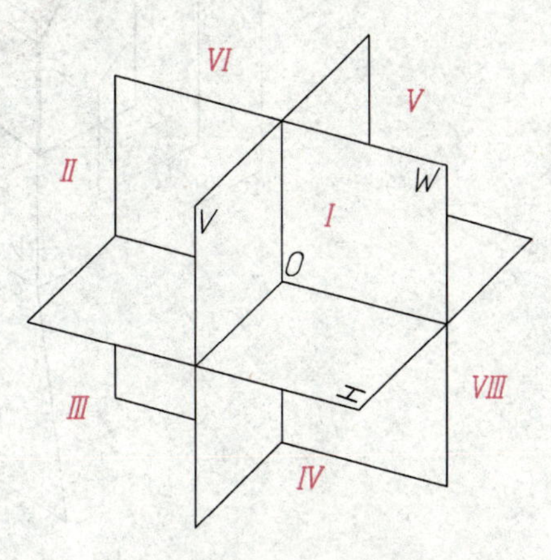

图 5—40　八个分角

图 5—41　第一角画法与第三角画法的对比

a) 第一角画法　b) 第三角画法

2. 在第三角画法中，在 V 面上形成自前方投射所得的主视图，在 H 面上形成自上方投射所得的俯视图，在 W 面上形成自右方投射所得的右视图，如图 5—41b 所示。令 V 面保持正立位置不动，将 H 面、W 面分别绕它们与 V 面的交线向上、向右旋转 90°，与 V 面展成同一个平面，得到机件的三视图。与第一角画法类似，采用第三角画法的三视图也有下述特性（即多面正投影的投影规律）：主、俯视图长对正，主、右视图高平齐，俯、右视图宽相等。

3. 与第一角画法一样，第三角画法也有六个基本视图。将机件向正六面体的六个平面（基本投影面）进行投射，然后按图 5—42 所示方法展开，即得六个基本视图，它们相应的配置如图 5—43a 所示。

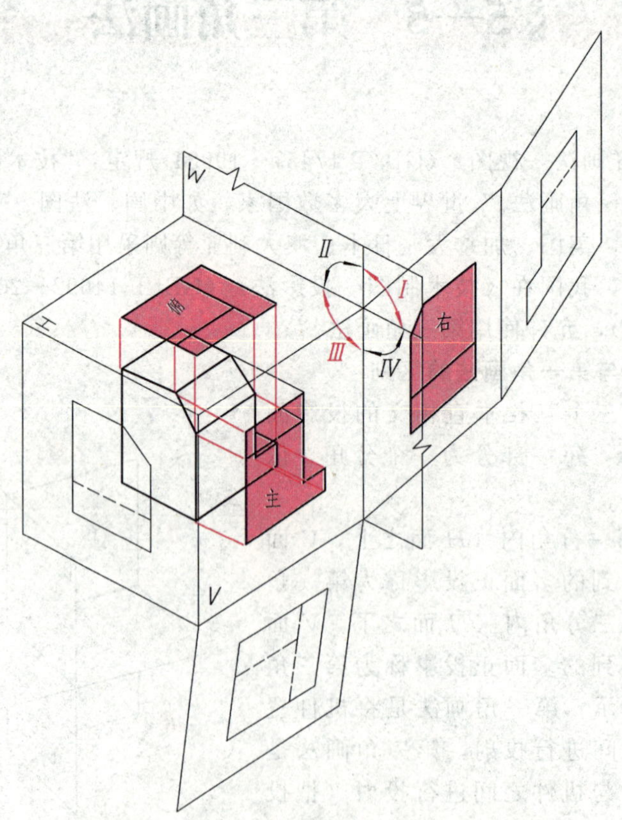

图 5—42　第三角画法的六个基本视图及其展开

4. 第三角画法与第一角画法在各自的投影面体系中，观察者、机件、投影面三者之间的相对位置不同，决定了它们六个基本视图配置关系的不同。从图 5—43 所示两种画法的对比中，可以清楚地看到：

第三角画法的俯视图和仰视图与第一角画法的俯视图和仰视图的位置对换；第三角画法的左视图和右视图与第一角画法的左视图和右视图的位置对换；第三角画法的主视图和后视图与第一角画法的主视图和后视图一致。

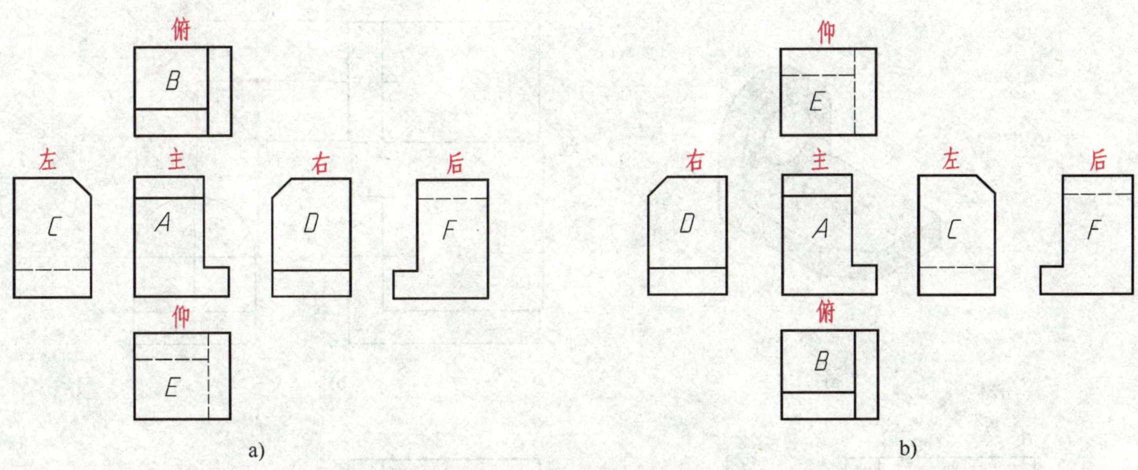

图 5—43 第三角画法与第一角画法的六个基本视图对比

a）第三角画法 b）第一角画法

二、第三角画法与第一角画法的识别符号

为了便于识别不同视角的画法，《技术制图 图纸幅面和格式》（GB/T 14689—2008）规定采用投影符号（图 5—44）。第三角画法的投影识别符号如图 5—44a 所示；第一角画法的投影识别符号如图 5—44b 所示。该符号一般放在标题栏中名称及代号区的下方。

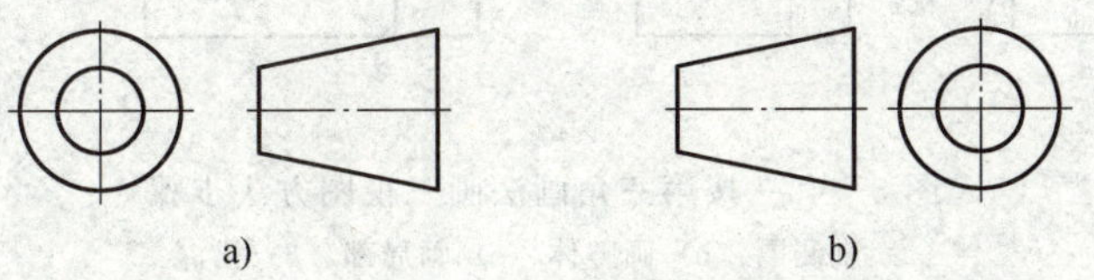

图 5—44 第三角画法与第一角画法的投影识别符号

a）第三角画法识别符号 b）第一角画法识别符号

采用第三角画法时，必须在图样中画出投影符号；采用第一角画法时，在图样中一般不必画出投影符号。投影符号采用粗实线和细点画线绘制，其中粗实线的线宽不小于 0.5 mm。

例 5—2 根据弯板轴测图（图 5—45a），按第三角画法画出物体的三视图。

分析

弯板由长方体底板和圆柱拱形竖板组合而成，其中底板缺左前角，竖板中间有通孔。为便于把握视图的方位关系，通常利用 45°线法作图。

作图

（1）画三个视图的基准线，画各组成部分的基本体轮廓，如图 5—45b 所示，先画有形状特征的视图，再按投影关系画出其他视图。

（2）画局部结构，如切角、通孔，如图 5—45c 所示。

（3）描深并擦掉多余的作图线，完成三视图，如图 5—45d 所示。

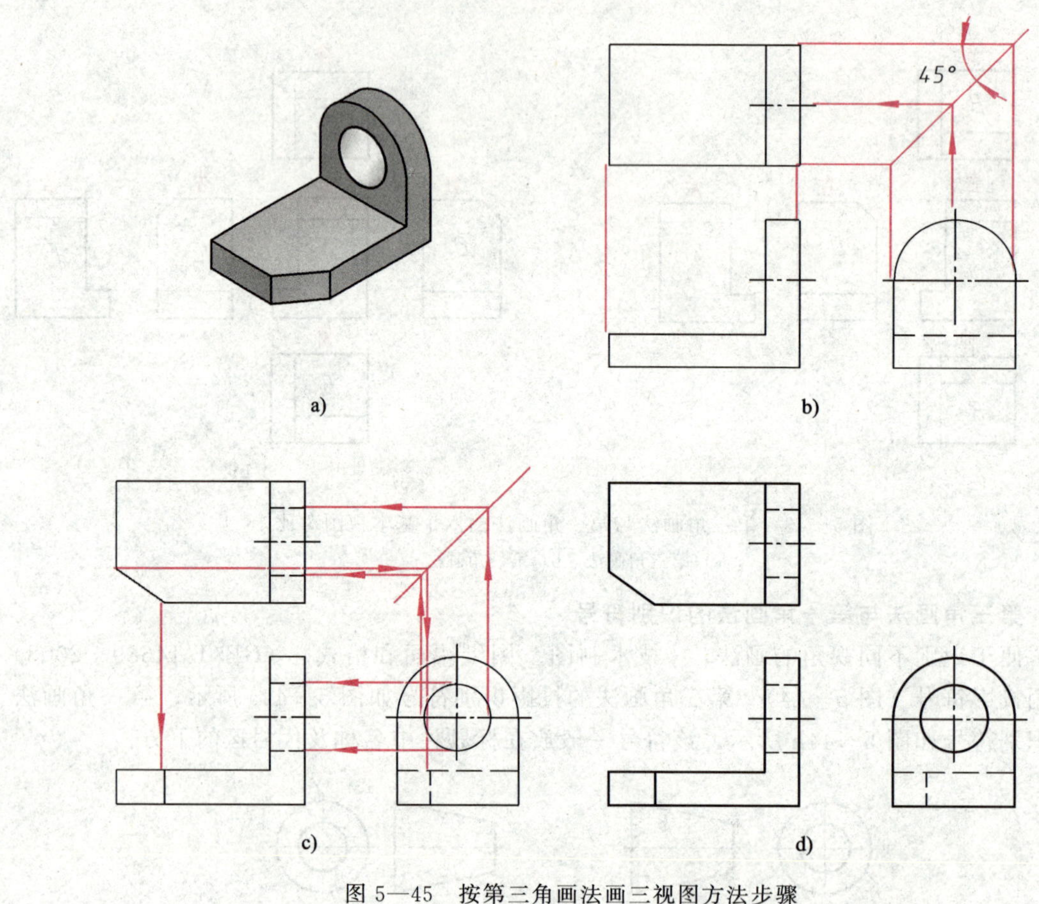

图 5—45　按第三角画法画三视图方法步骤

a）轴测图　b）画整体　c）画局部　d）描深

思考

将图 5—45d 所示第三角画法的三视图转化成第一角画法的三视图，并将两者进行对比。

第六章

标准件和常用件

在机械设备和仪器仪表的装配及安装过程中，广泛使用螺栓、螺钉、螺母、键、销、滚动轴承等零件，由于这些零件应用广、用量大，国家标准对这些零件的结构、规格尺寸和技术要求做了统一规定，实行了标准化，所以统称为标准件。此外，齿轮等常用机件也对其部分结构要素实行了标准化。为了减少设计和绘图工作量，国家标准对上述常用机件以及某些多次重复出现的结构要素（如紧固件上的螺纹或齿轮上的轮齿）规定了简化的特殊表示法。

§6—1 螺纹及螺纹紧固件表示法

一、螺纹的基本知识

1. 螺纹的形成

螺纹是在圆柱或圆锥表面上，沿螺旋线所形成的具有规定牙型的连续凸起。在圆柱或圆锥外表面上形成的螺纹称为外螺纹（图 6—1a），在圆柱或圆锥内表面上形成的螺纹称为内螺纹（图 6—1b）。

形成螺纹的加工方法有很多，图 6—1a 所示为在车床上车削外螺纹。内螺纹也可以在车床上加工，如图 6—1b 所示。若加工直径较小的螺孔，可如图 6—1c 所示，先用钻头钻孔（由于钻头顶角约为 120°，所以钻孔的底部应画成 120°），再用丝锥攻制加工内螺纹。

2. 螺纹的结构要素

内、外螺纹总是成对使用的，只有当内、外螺纹的牙型、公称直径、线数、螺距和导程及旋向五个要素完全一致时，才能正常地旋合。

（1）牙型　通过螺纹轴线断面上的螺纹轮廓形状称为螺纹牙型。常见的螺纹牙型有三角形、梯形、锯齿形和矩形。其中，矩形螺纹尚未标准化，其余牙型的螺纹均为标准螺纹。

（2）直径　螺纹的直径有大径、小径和中径（图 6—2）。

大径是指与外螺纹牙顶或内螺纹牙底相切的假想圆柱或圆锥的直径（即螺纹的最大直径），内、外螺纹的大径分别用 D 和 d 表示，是螺纹的公称直径。

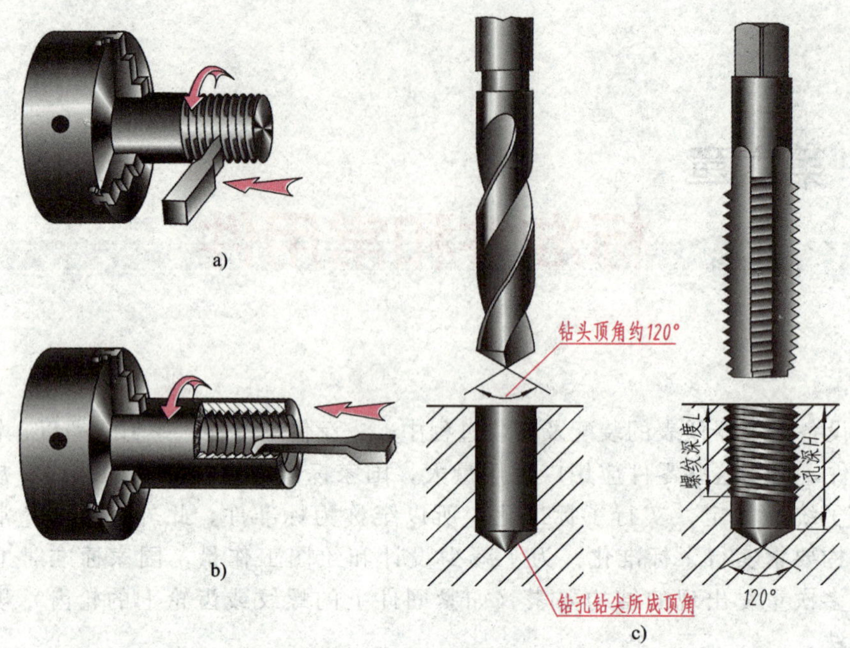

图 6—1　螺纹的加工方法

a）加工外螺纹　b）加工内螺纹　c）加工直径较小的螺孔

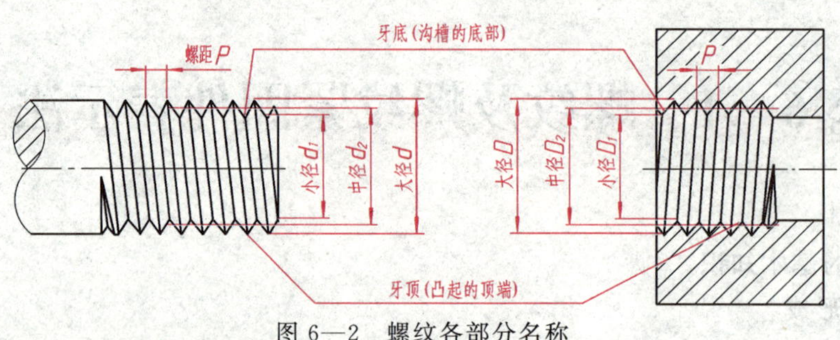

图 6—2　螺纹各部分名称

小径是指与外螺纹牙底或内螺纹牙顶相切的假想圆柱或圆锥的直径。内、外螺纹的小径分别用 D_1 和 d_1 表示。

中径是假想圆柱或圆锥的直径，该圆柱或圆锥的母线通过螺纹牙型上沟槽和牙厚宽度相等的地方。内、外螺纹的中径分别用 D_2 和 d_2 表示。

（3）线数　螺纹有单线和多线之分。沿一条螺旋线形成的螺纹为单线螺纹；沿两条或两条以上螺旋线形成的螺纹为双线或多线螺纹，如图 6—3 所示。

（4）螺距和导程　螺纹上相邻两牙在中径线上对应两点间的轴向距离称为螺距（P）；沿同一条螺旋线形成的螺纹，相邻两牙在中径线上对应两点间的轴向距离称为导程（P_h），如图 6—3 所示。对于单线螺纹，导程等于螺距；对于线数为 n 的多线螺纹，导程等于螺距的 n 倍。

（5）旋向　螺纹有左旋和右旋两种，判别方法如图 6—4 所示。工程上常用右旋螺纹。

3. 螺纹分类

螺纹按用途可分为四类：

（1）紧固螺纹　用来连接零件的螺纹，如应用最广的普通螺纹。

（2）传动螺纹　用来传递动力和运动的螺纹，如梯形螺纹、锯齿形螺纹和矩形螺纹等。

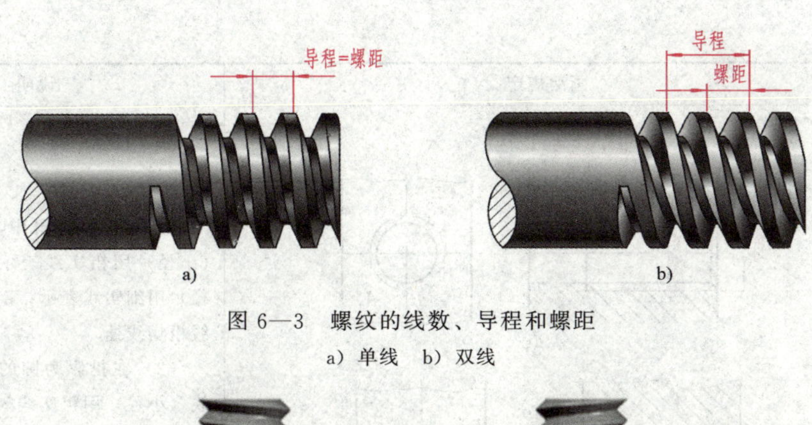

图 6—3　螺纹的线数、导程和螺距

a）单线　b）双线

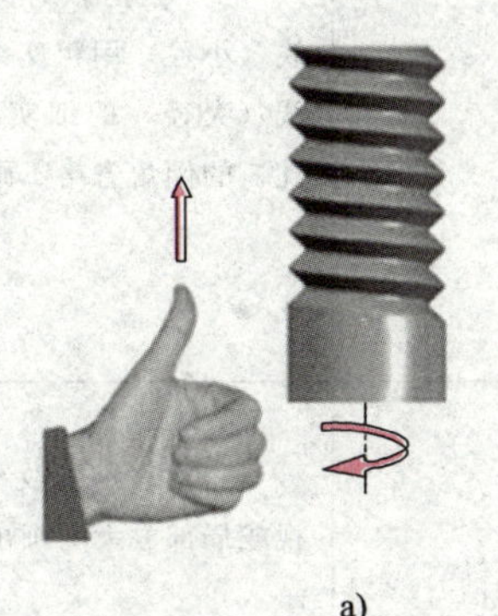

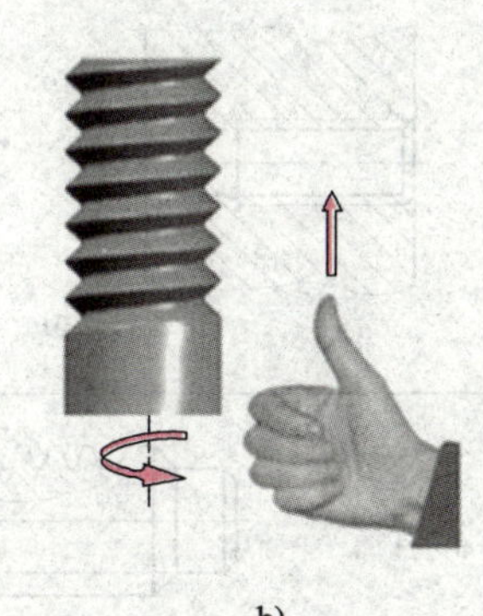

a)　　b)

图 6—4　螺纹的旋向

a）左旋—左边高　b）右旋—右边高

（3）管螺纹　如 55°非密封管螺纹、55°密封管螺纹、60°密封管螺纹等。

（4）专用螺纹　如自攻螺钉用螺纹、木螺钉螺纹、气瓶专用螺纹等。

二、螺纹的画法规定

螺纹属于标准结构要素，如按其真实投影绘制将会非常烦琐，为此，国家标准《机械制图　螺纹及螺纹紧固件表示法》（GB/T 4459.1—1995）中规定了螺纹的画法（表 6—1）。

表 6—1　　**螺纹的画法规定**

表示对象	画法规定	说明
外螺纹	牙顶线 牙底线 螺纹终止线 大径 小径 倒角 a) 螺纹终止线画到牙底处 b)	（1）牙顶线（大径）用粗实线表示 （2）牙底线（小径）用细实线表示，螺杆的倒角或倒圆部分也应画出 （3）在投影为圆的视图中，表示牙底的细实线只画约 3/4 圈，此时轴上的倒角省略不画 （4）螺纹终止线用粗实线表示 （5）通常，小径按 0.85 倍大径绘制

续表

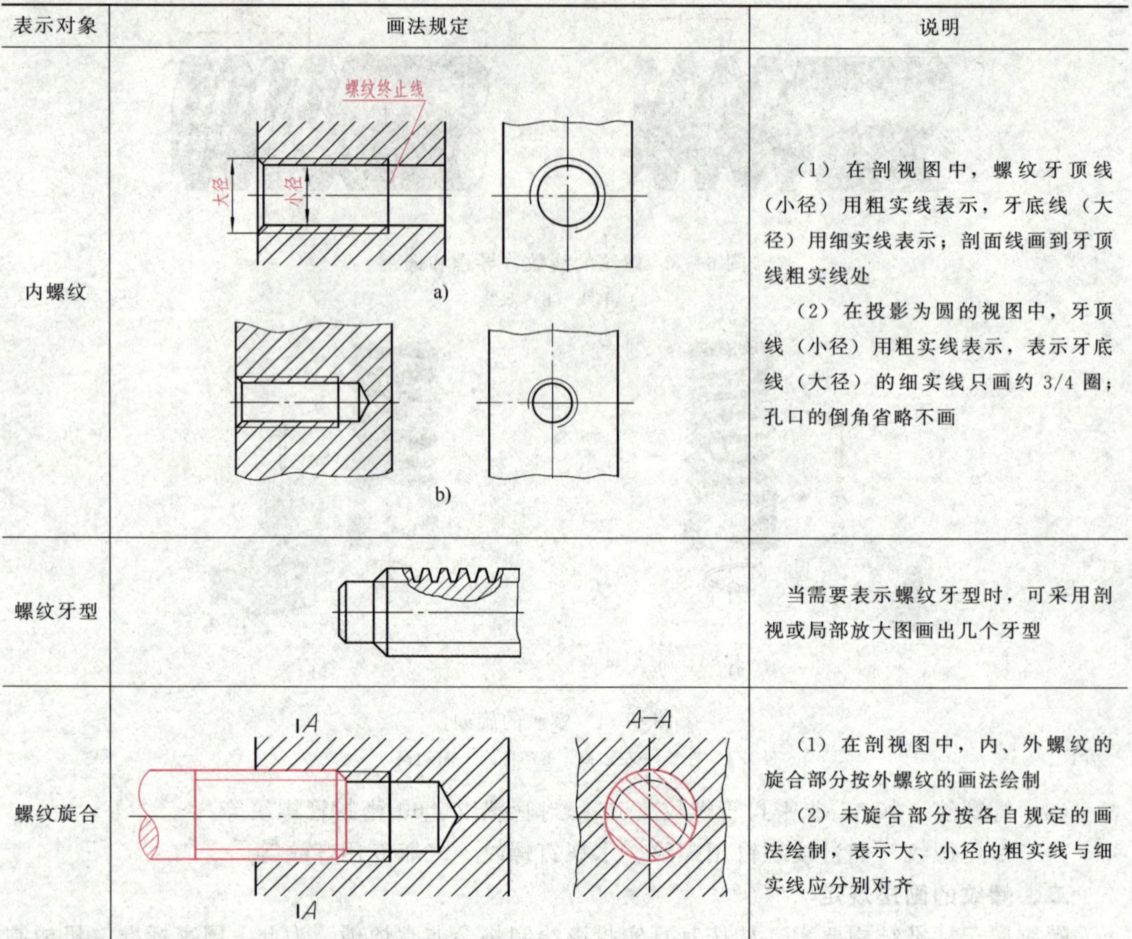

表示对象	画法规定	说明
内螺纹	a) b)	(1) 在剖视图中，螺纹牙顶线（小径）用粗实线表示，牙底线（大径）用细实线表示；剖面线画到牙顶线粗实线处 (2) 在投影为圆的视图中，牙顶线（小径）用粗实线表示，表示牙底线（大径）的细实线只画约 3/4 圈；孔口的倒角省略不画
螺纹牙型		当需要表示螺纹牙型时，可采用剖视或局部放大图画出几个牙型
螺纹旋合		(1) 在剖视图中，内、外螺纹的旋合部分按外螺纹的画法绘制 (2) 未旋合部分按各自规定的画法绘制，表示大、小径的粗实线与细实线应分别对齐

三、螺纹的图样标注

无论是三角形螺纹或梯形螺纹，它们的规定画法都相同，按上述画法规定画出后，在图样上并不能反映它的牙型、螺距、线数和旋向等结构要素。因此，必须按规定的标记在图样中进行标注。

螺纹的种类、标准编号、标注、代号等见表 6—2。

表 6—2　　　　标准螺纹的种类、代号、画法、标注法

螺纹种类		标记示例	代号识读	说明
紧固螺纹	普通螺纹（M）	M20—5g6g—S	粗牙普通螺纹，公称直径为 20，右旋，中径、顶径公差带分别为 5g、6g，短旋合长度	(1) 粗牙螺纹不注螺距，细牙螺纹标注螺距 (2) 右旋省略不注，左旋以“LH”表示 (3) 中径、顶径公差带相同时，只注一个公差带代号

续表

螺纹种类		标记示例	代号识读	说明
紧固螺纹	普通螺纹（M）	M20×2LH—6H	细牙普通螺纹，公称直径为20，螺距2，左旋，中径、小径公差带皆为6H，中等旋合长度	（4）旋合长度分短（S）、中（N）、长（L）三种，中等旋合长度不注 （5）螺纹标记应直接注在大径的尺寸线或延长线上
管螺纹	55°非密封管螺纹（G）	G1 1/2 A	管螺纹的外螺纹，尺寸代号为$1\frac{1}{2}$，公差为A级，右旋	（1）非密封的管螺纹，其内、外螺纹都是圆柱管螺纹 （2）外螺纹需注出公差等级A或B，内螺纹公差等级只有一种，不必标记
		G2 1/2—LH	管螺纹的内螺纹，尺寸代号为$2\frac{1}{2}$，左旋	
	55°密封管螺纹（R_c）（R_p）（R_1）（R_2）	R_1 1/2	圆锥外螺纹，尺寸代号为$\frac{1}{2}$，右旋	（1）公差等级只有一种，省略不注 （2）R_p是圆柱内螺纹的特征代号，R_1是与圆柱内螺纹配合的圆锥外螺纹的特征代号
		R_c 3/4 LH	圆锥内螺纹，尺寸代号为3/4，左旋	
传动螺纹	梯形螺纹（Tr）	Tr36×12(P6)—7H	梯形螺纹，公称直径为36，双线，导程12，螺距6，右旋，中径公差带为7H，中等旋合长度	（1）两种螺纹只标注中径公差带代号 （2）旋合长度只有中等旋合长度（N）和长旋合长度（L）两组，中等旋合长度规定不标
	锯齿形螺纹（B）	B40×7LH—8c	锯齿形螺纹，公称直径为40，单线，螺距7，左旋，中径公差带为8c，中等旋合长度	

四、常用螺纹紧固件的种类和标记

常用螺纹紧固件有螺栓、螺柱、螺母和垫圈等，如图 6—5 所示。由于螺纹紧固件的结构和尺寸均已标准化，使用时按规定标记直接外购即可。表 6—3 为常用螺纹紧固件及其标记示例。

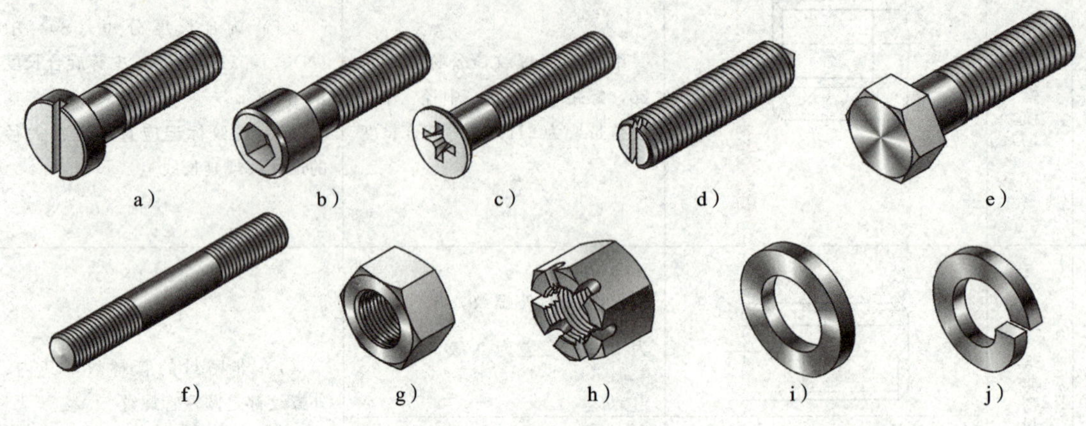

图 6—5　常用螺纹紧固件

a）开槽圆柱头螺钉　b）圆柱头内六角螺钉　c）沉头十字槽螺钉　d）开槽紧定螺钉　e）六角头螺栓　f）双头螺栓　g）六角头螺母　h）六角开槽螺母　i）平垫圈　j）弹簧垫圈

表 6—3　　**常用螺纹紧固件及其标记示例**

名称及标准号	图例及规格尺寸	标记示例及说明
六角头螺栓——A 级和 B 级 GB/T 5782—2016	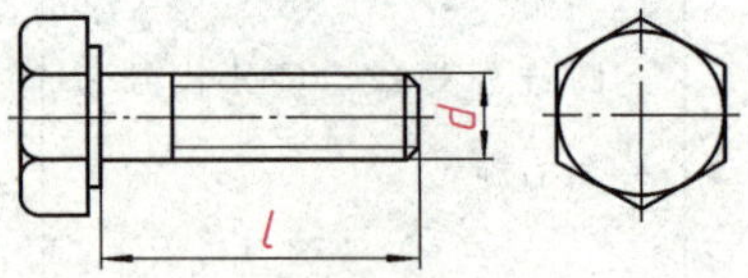 d　l	螺栓　GB/T 5782　M8×40 螺纹规格 d=M8、公称长度 l=40 mm、性能等级为 8.8 级、表面氧化、A 级的六角头螺栓
双头螺柱——A 型和 B 型 GB/T 897—1988 GB/T 898—1988 GB/T 899—1988 GB/T 900—1988	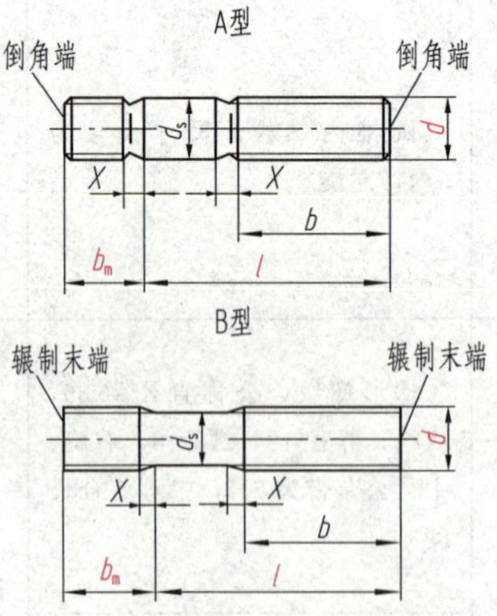 A型 倒角端　倒角端 d_s　d　X　X　b　b_m　l B型 辗制末端　辗制末端 d_s　d　X　X　b　b_m　l d_s≈螺纹中径(仅适用于B型)	螺柱　GB/T 897　M8×35 两端均为粗牙普通螺纹、螺纹规格 d=M8、公称长度 l=35 mm、性能等级为 4.8 级、不经表面处理、B 型、b_m=1d 的双头螺柱
1 型六角螺母——A 级和 B 级 GB/T 6170—2015	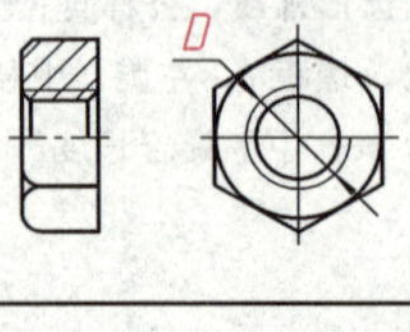 D	螺母　GB/T 6170　M8 螺纹规格 D=M8、性能等级为 10 级、不经表面处理、A 级的 1 型六角螺母

续表

名称及标准号	图例及规格尺寸	标记示例及说明
平垫圈——A 级 GB/T 97.1—2002	d_1	垫圈　GB/T 97.1　8　140HV 标准系列、公称规格 d=8 mm、硬度等级为 140HV 级、不经表面处理的平垫圈
标准型弹簧垫圈 GB/T 93—1987		垫圈　GB/T 93　8 规格 8 mm、材料 65Mn、表面氧化的标准型弹簧垫圈
开槽沉头螺钉 GB/T 68—2016	d l	螺钉　GB/T 68　M8×30 螺纹规格 d＝M8、公称长度 l＝30 mm、性能等级为 4.8 级、不经表面处理的开槽沉头螺钉

五、螺纹紧固件的连接画法

针对螺纹紧固件的连接画法先作以下规定（关于装配图的规定画法将在第八章中叙述）：

当剖切平面通过螺杆的轴线时，螺栓、螺柱、螺钉以及螺母、垫圈等均按未剖切绘制；在剖视图上，两零件接触表面画一条线，不接触表面画两条线；相接触两零件的剖面线方向相反。

在装配体中，零件与零件或部件与部件间常用螺纹紧固件进行连接，最常用的连接形式有螺栓连接（图 6—6a）、螺柱连接（图 6—6b）和螺钉连接（图 6—6c）。由于装配图主要是表达零部件之间的装配关系，因此，装配图中的螺纹紧固件不仅可按上述画法的基本规定简化地表示，而且图形中的各部分尺寸也可简便地按比例画法绘制。

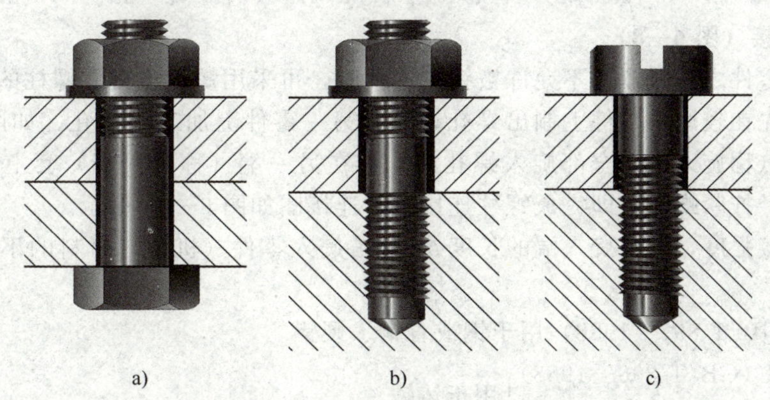

a)　　　b)　　　c)

图 6—6　螺栓、螺柱、螺钉连接

a）螺栓连接　b）螺柱连接　c）螺钉连接

1. 螺栓连接（图 6—7）

螺栓适用于连接两个不太厚的并能钻成通孔的零件。连接时将螺栓穿过被连接两零件的光孔（孔径比螺栓大径略大，一般可按 1.1d 画出），套上垫圈，然后用螺母紧固。

螺栓的公称长度 $l \geqslant \delta_1 + \delta_2 + h + m + a$（查表计算后取最短的标准长度）。

根据螺纹公称直径 d 按下列比例作图：

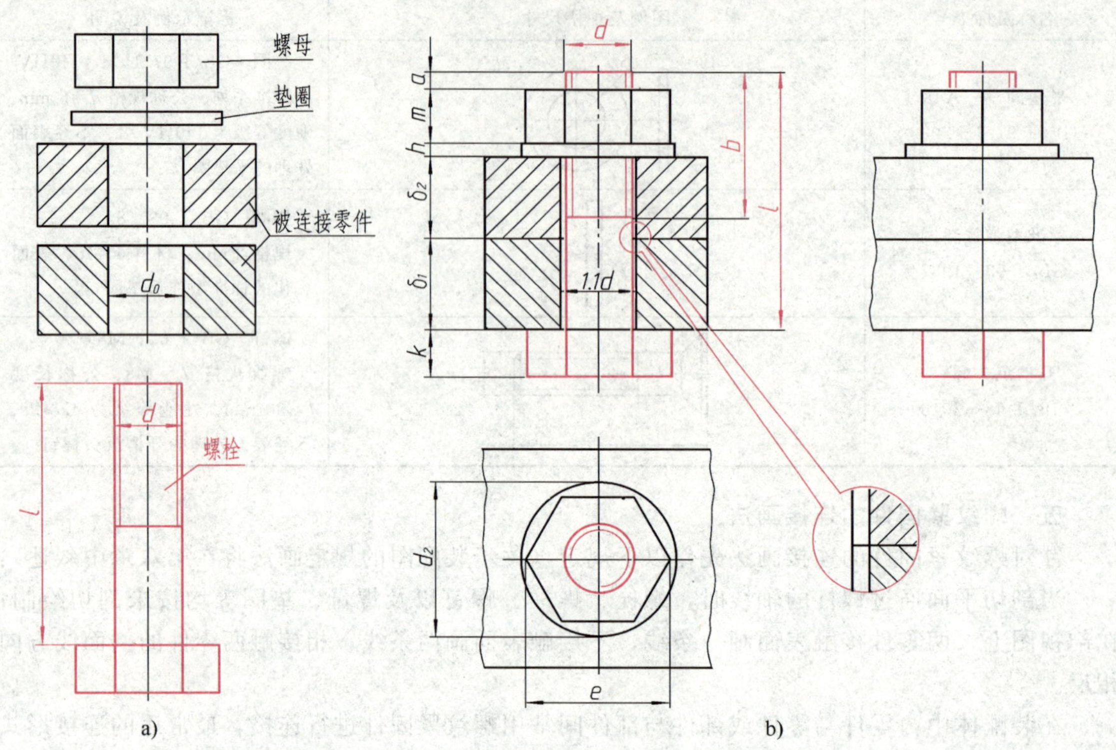

图 6—7　螺栓连接的简化画法

a）连接前　b）连接后

$$b=2d \quad h=0.15d \quad m=0.8d \quad a=0.3d \quad k=0.7d \quad e=2d \quad d_2=2.2d$$

2. 螺柱连接（图 6—8）

当被连接零件之一较厚，不允许被钻成通孔时，可采用螺柱连接。螺柱的两端均制有螺纹。连接前，先在较厚的零件上制出螺孔，再在另一零件上加工出通孔，如图 6—8a 所示；将螺柱的一端（称旋入端）全部旋入螺孔内，再在另一端（称紧固端）套上制出通孔的零件，加上垫圈，拧紧螺母，即完成螺柱连接，其连接图如图 6—8b 所示。

为保证连接强度，螺柱旋入端的长度 b_m 随被旋入零件（机体）材料的不同而有四种规格：

$b_m=1d$（GB/T 897—1988）用于钢或青铜、硬铝

$b_m=1.25d$（GB/T 898—1988）⎫
$b_m=1.5d$（GB/T 899—1988）⎭用于铸铁

$b_m=2d$（GB/T 900—1988）用于铝或其他较软材料

螺柱的公称长度 l 可按下式计算：

$$l \geqslant \delta+s+m+a \text{（查表计算后取最短的标准长度）}$$

图 6—8 中的垫圈为弹簧垫圈，可用来防止螺母松动。弹簧垫圈开槽的方向为阻止螺母松动的方向，画成与水平线成 60°角且向左上倾斜的两条平行粗线或一条加粗线（线宽为粗实线线宽的 2 倍）。按比例作图时，取 $s=0.2d$，$D=1.5d$。

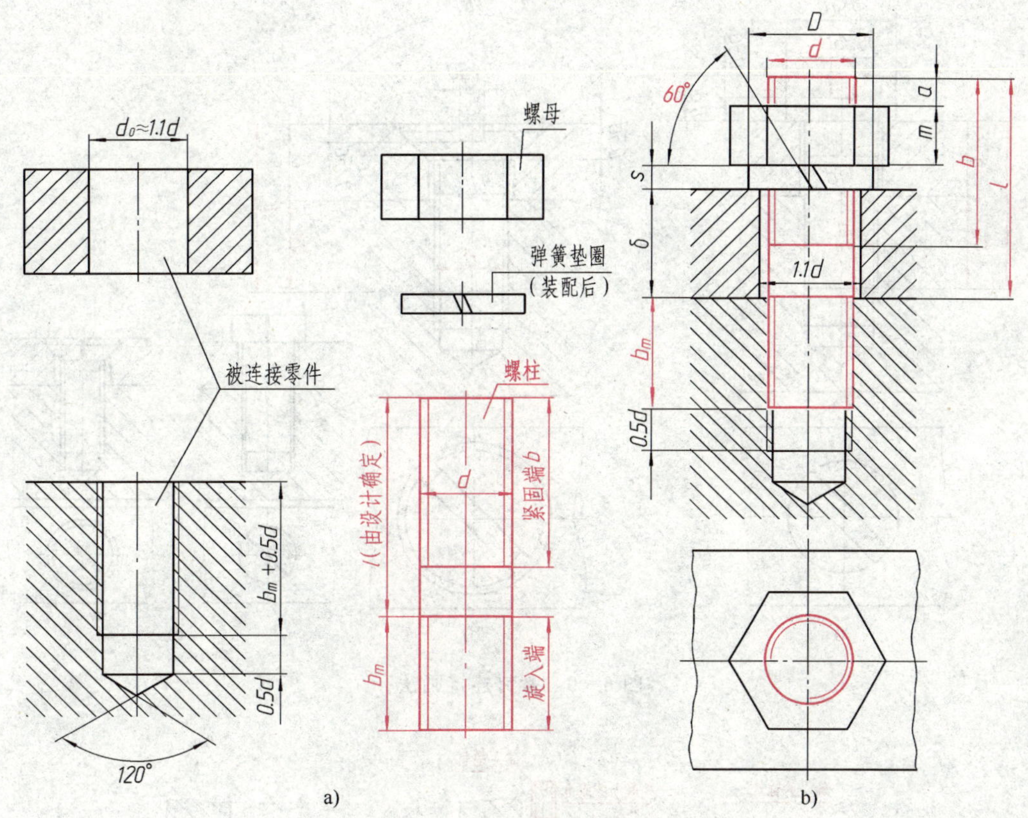

图 6—8　螺柱连接的简化画法

a）连接前　b）连接后

3. 螺钉连接

螺钉按用途通常可分为连接螺钉和紧定螺钉两种，前者用于连接零件，后者用于固定零件。

（1）连接螺钉　用于受力不大和经常拆卸的场合。如图 6—9 所示，装配时将螺钉直接穿过被连接零件上的通孔，再拧入另一被连接零件上的螺孔中，靠螺钉头部压紧被连接零件。

螺钉连接装配图画法可采用图 6—9 所示的比例画法。

螺钉的公称长度为：

$$l=b_m+\delta$$

式中，b_m 的取值方式与螺柱连接相同。按公称长度的计算值 l 查表确定标准长度。

画螺钉连接装配图时应注意：在螺钉连接中螺纹终止线应高于两个被连接零件的结合面（图 6—9a），表示螺钉有拧紧的余地，保证连接紧固；或者在螺杆的全长上都有螺纹（图 6—9b）。螺钉头部的一字槽（或十字槽）的投影可以涂黑表示，在投影为圆的视图上，这些槽应画成 45°倾斜线，线宽为粗实线线宽的 2 倍，如图 6—9c 所示。

（2）紧定螺钉　紧定螺钉用来固定两个零件的相对位置，使它们不产生相对运动。如图 6—10 中的轴和齿轮（图中齿轮仅画出轮毂部分），用一个开槽锥端紧定螺钉旋入轮毂的螺孔，使螺钉端部的 90°锥顶压紧轴上的 90°锥坑，从而固定轴和齿轮的相对位置。

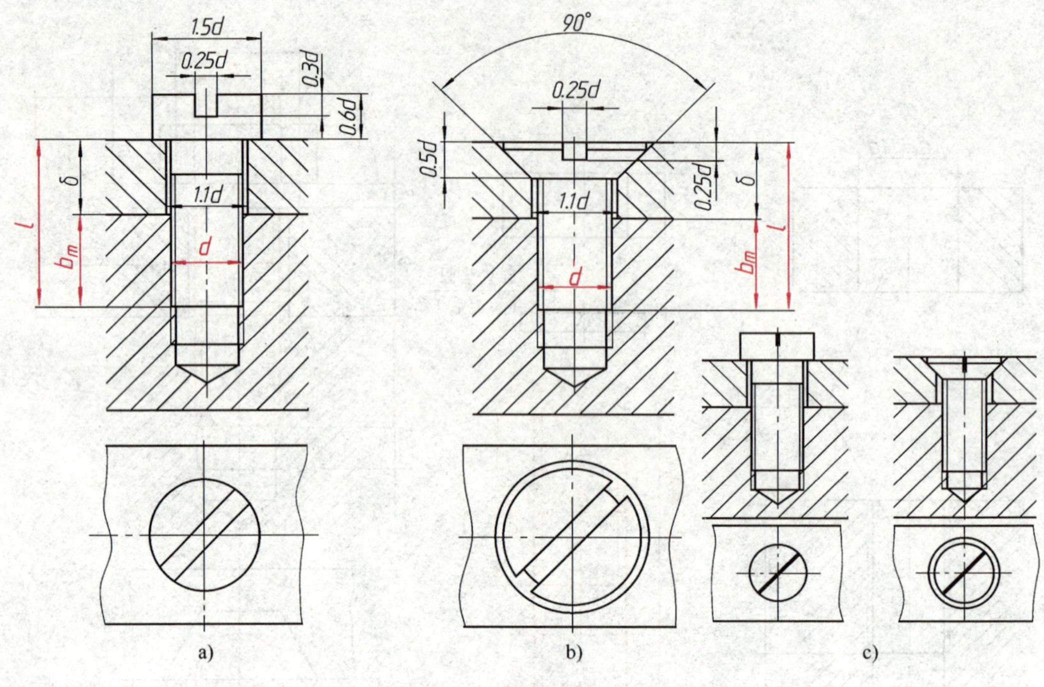

图 6—9　螺钉连接画法

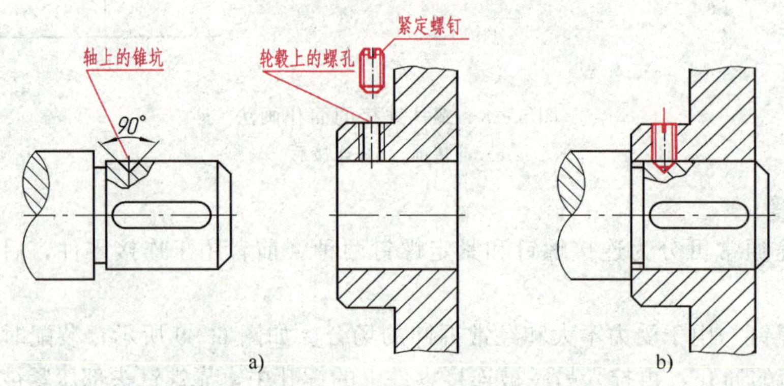

图 6—10　紧定螺钉连接画法

a）连接前　b）连接后

§6—2　键连接和销连接

一、键连接

键连接是一种可拆连接。键用于连接轴和轴上的传动杆（如齿轮、带轮等），使轴和传动件不产生相对转动，保证两者同步旋转，传递扭矩和旋转运动。

键是标准件，常用的键有普通平键、半圆键和楔键等。本节仅介绍应用最多的 A 型普通平键及其连接画法。

图 6—11 所示为普通平键连接的情况，在轴和轮毂上分别加工出键槽，装配时先将键嵌入轴的键槽内，再将轮毂上的键槽对准轴上的键，把轮子装在轴上。传动时，轴和轮子便一起转动。

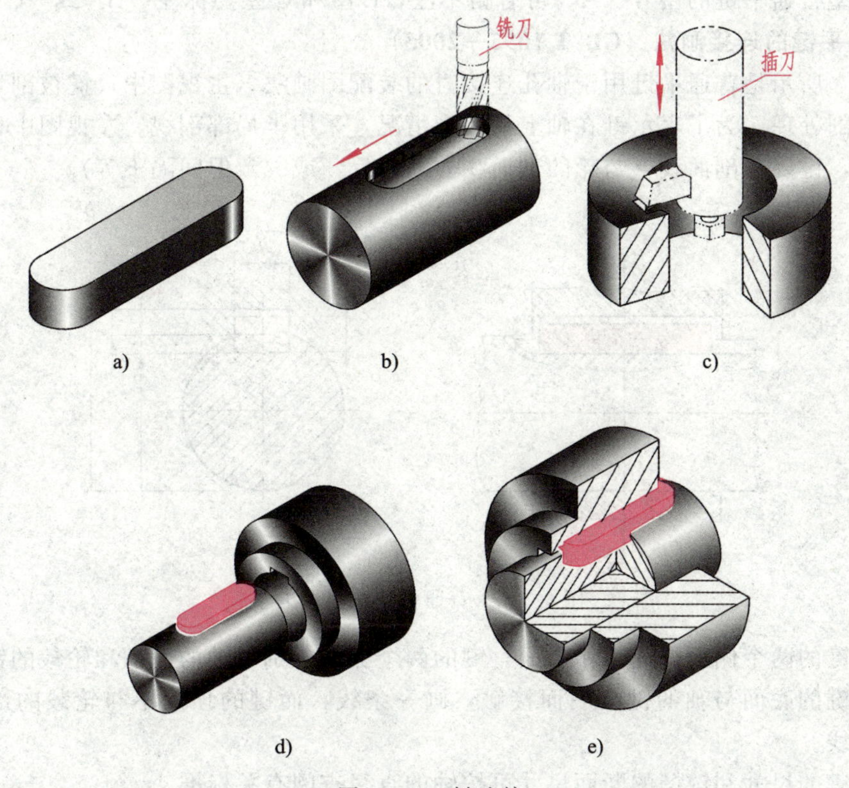

图 6—11　键连接

a）键　b）在轴上加工键槽　c）在轮毂上加工键槽　d）将键嵌入键槽内　e）键与轴同时装入轮毂

1. 普通平键的类型和标记（GB/T 1096—2003）

普通平键有 A 型（圆头）、B 型（平头）和 C 型（单圆头）三种，如图 6—12 所示。

键的标记由名称、类型与尺寸、标准编号三部分组成。

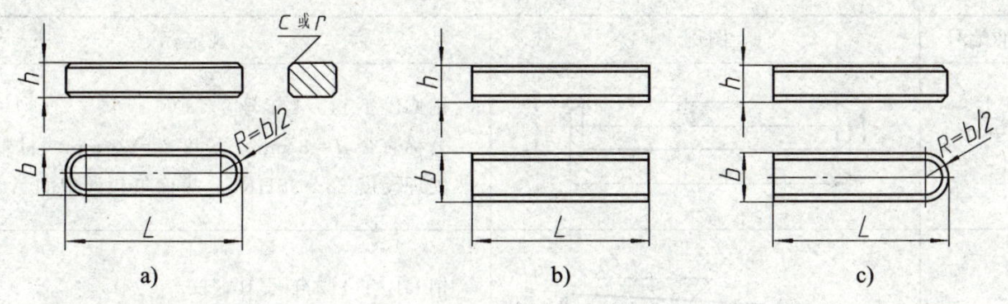

图 6—12　普通平键的类型和尺寸

a）A 型　b）B 型　c）C 型

标记示例：

键　GB/T 1096　16×10×100（圆头普通平键 A 型，b=16 mm，h=10 mm，L=100 mm）

键　GB/T 1096　B16×10×100（平头普通平键 B 型，b=16 mm，h=10 mm，L=100 mm）

键　GB/T 1096　C16×10×100（单圆头普通平键 C 型，b=16 mm，h=10 mm，L=100 mm）

注：A 型普通平键的型号“A”可省略不注，B 型和 C 型要标注“B”或“C”。

2. 普通平键的连接画法（GB/T 1095—2003）

图 6—13 所示是普通平键用于轴孔连接时的装配图画法，主视图中，键被剖切面纵向剖切，键按不剖处理。为了表示键在轴上的装配情况，采用了局部剖视。左视图中，键被剖切面横向剖切，键要画剖面线（与轮的剖面线方向相反，或一致但间隔不等）。

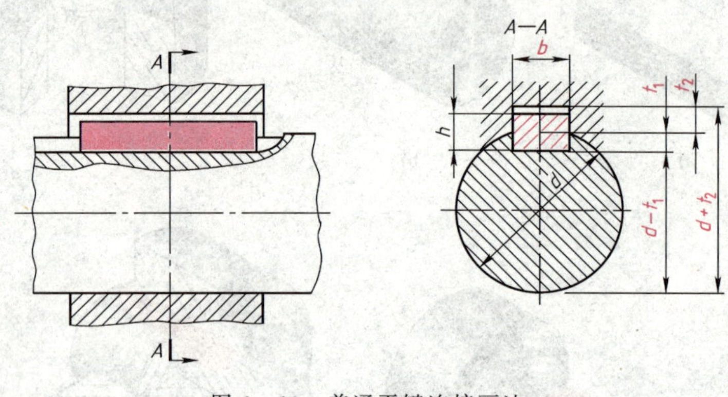

图 6—13　普通平键连接画法

由于平键的两个侧面是其工作表面，键的两个侧面分别与轴的键槽和轮毂的键槽的两个侧面配合，键的底面与轴的键槽底面接触，画一条线，而键的顶面不与轮毂的键槽底面接触，画两条线。

普通平键的尺寸和键槽的断面尺寸可按轴的直径查阅有关标准。

二、销连接

销也是标准件，通常用于零件间的连接或定位。常用的销有圆柱销和圆锥销。

1. 销的规定标记

圆柱销和圆锥销的规定标记见表 6—4。

表 6—4　　圆柱销和圆锥销的规定标记

名称及标准编号	图例	规定标记
圆柱销 GB/T 119.1—2000	d　d　l	销 GB/T 119.1 年号 8×30 公称直径 d=8 mm、长度 l=30 mm、材料为 35 钢、热处理硬度 28～35HRC、表面氧化处理的 A 型圆柱销
圆锥销 GB/T 117—2000	1:50　d　l	销 GB/T 117 年号 10×60 公称直径 d=10 mm、长度 l=60 mm、材料为 35 钢、热处理硬度 28～35HRC、表面氧化处理的 A 型圆锥销

2. 销连接画法

为了保证两零件在装拆后不致降低精度，常用圆柱销或圆锥销将两零件定位，为了加工和装拆方便，应将销孔制成通孔，如图 6—14 所示。

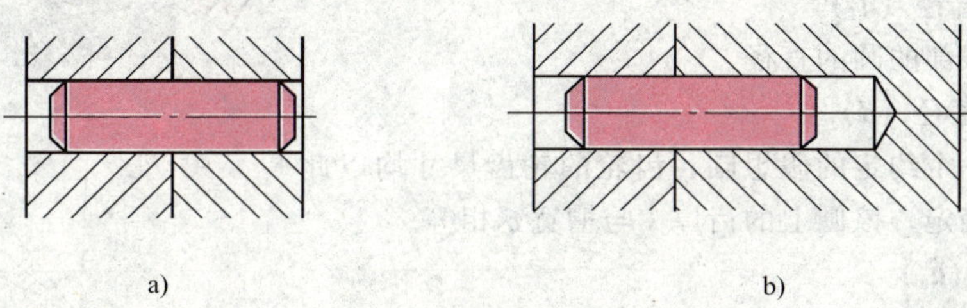

图 6—14　销连接画法

a）正确　b）错误

§6—3　齿　轮

齿轮是广泛用于机器或部件中的传动零件，除用来传递动力外，还可改变机件的回转方向和转动速度。

图 6—15 表示三种常见的齿轮传动形式：圆柱齿轮通常用于平行两轴之间的传动（图 a)，锥齿轮用于相交两轴之间的传动（图 b)，蜗杆与蜗轮则用于交错两轴之间的传动（图 c)。

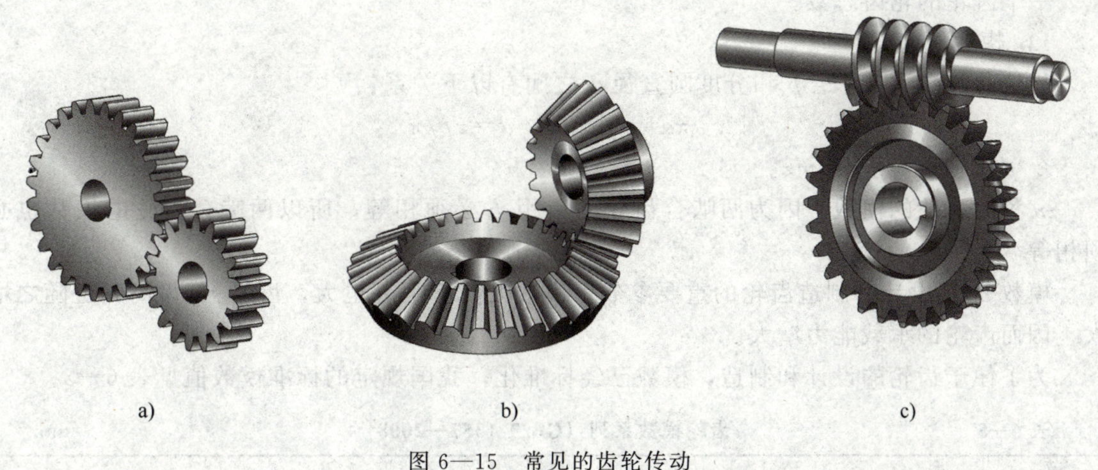

图 6—15　常见的齿轮传动

a）圆柱齿轮　b）锥齿轮　c）蜗轮蜗杆

本节主要介绍直齿圆柱齿轮（圆柱齿轮的轮齿有直齿、斜齿、人字齿等）的基本参数及画法规定。

一、直齿圆柱齿轮各几何要素及尺寸关系（图 6—16）

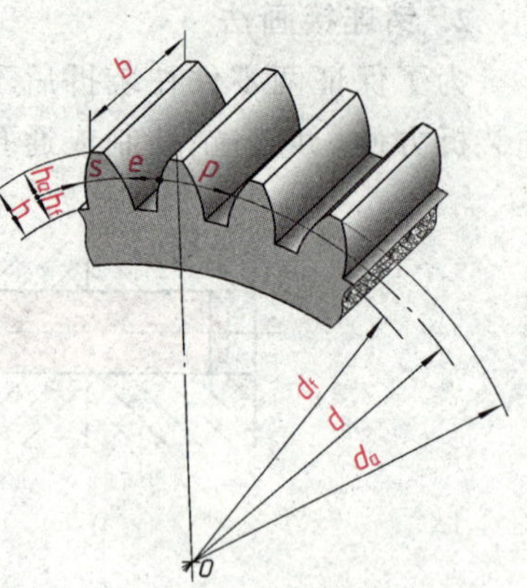

图 6—16　齿轮各几何要素

1. 齿顶圆直径（d_a）

通过轮齿顶部的圆的直径。

2. 齿根圆直径（d_f）

通过轮齿根部的圆的直径。

3. 分度圆直径（d）

分度圆是一个约定的假想圆，齿轮的轮齿尺寸均以此圆直径为基准确定，该圆上的齿厚 s 与槽宽 e 相等。

4. 齿顶高（h_a）

齿顶圆与分度圆之间的径向距离。

5. 齿根高（h_f）

齿根圆与分度圆之间的径向距离。

6. 齿高（h）

齿顶圆与齿根圆之间的径向距离。

7. 齿厚（s）

一个齿的两侧齿廓之间的分度圆弧长。

8. 槽宽（e）

一个齿槽的两侧齿廓之间的分度圆弧长。

9. 齿距（p）

相邻两齿的同侧齿廓之间的分度圆弧长。

10. 齿宽（b）

齿轮轮齿的轴向宽度。

11. 齿数（z）

一个齿轮的轮齿总数。

12. 模数（m）

齿轮的齿数 z、齿距 p 和分度圆直径 d 之间有以下关系：

$$\pi d = zp \quad 即 \quad d = zp/\pi$$

令 $p/\pi = m$，则 $d = mz$。

m 称为齿轮的模数。因为两啮合齿轮的齿距 p 必须相等，所以两啮合齿轮的模数也必须相等。

模数 m 是设计、制造齿轮的重要参数。模数大，齿距 p 也大，齿厚 s、齿高 h 也随之增大，因而齿轮的承载能力增大。

为了便于齿轮的设计和制造，模数已经标准化，我国规定的标准模数值见表 6—5。

表 6—5　　齿轮模数系列（GB/T 1357—2008）　　mm

第一系列	1、1.25、1.5、2、2.5、3、4、5、6、8、10、12、16、20、25、32、40、50
第二系列	1.125、1.375、1.75、2.25、2.75、3.5、4.5、5.5、(6.5)、7、9、(11)、14、18、22、28、35、45

注：选用模数时，应优先选用第一系列，括号内的模数尽可能不用。

13. 齿形角（α）

齿廓曲线和分度圆交点处的径向直线与齿廓在该点处的切线所夹锐角称为齿形角，如图 6—17 所示。

14. 传动比（i）

传动比为主动齿轮的转速 n_1（r/min）与从动齿轮的转速 n_2（r/min）之比，即 n_1/n_2。由 $n_1z_1=n_2z_2$ 可得：$i=n_1/n_2=z_2/z_1$。

15. 中心距（a）

两圆柱齿轮轴线之间的最短距离称为中心距，即：

$$a=(d_1+d_2)/2=m(z_1+z_2)/2$$

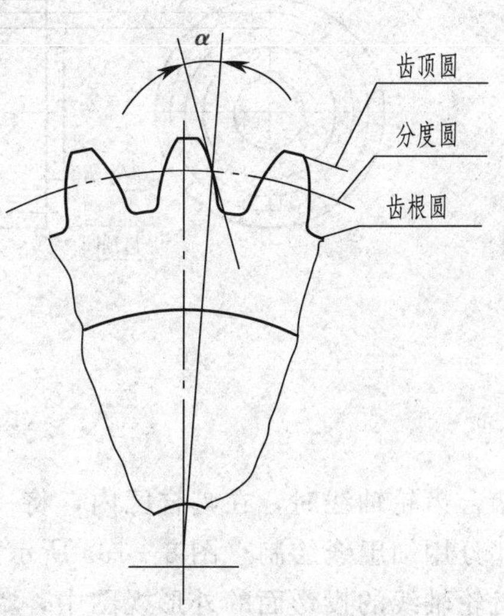

图 6—17　齿形角 α

二、直齿圆柱齿轮各几何要素的尺寸计算

标准直齿圆柱齿轮各几何要素尺寸的计算公式见表 6—6。

从表中可知，已知齿轮的模数 m 和齿数 z，按表所列公式可以计算出各几何要素的尺寸，并画出齿轮的图形。

表 6—6　　标准直齿圆柱齿轮各几何要素的尺寸计算

名称	代号	计算公式
齿顶高	h_a	$h_a=m$
齿根高	h_f	$h_f=1.25m$
齿高	h	$h=2.25m$
分度圆直径	d	$d=mz$
齿顶圆直径	d_a	$d_a=m(z+2)$
齿根圆直径	d_f	$d_f=m(z-2.5)$
中心距	a	$a=\frac{1}{2}(d_1+d_2)=\frac{1}{2}m(z_1+z_2)$

三、圆柱齿轮的画法规定

1. 单个圆柱齿轮

齿轮上的轮齿结构复杂且数量多，为简化作图，GB/T 4459.2—2003 对齿轮画法作出规定：齿顶圆和齿顶线用粗实线绘制，分度圆和分度线用细点画线绘制，齿根圆和齿根线用细实线绘制（也可省略不画），如图 6—18a 所示；在剖视图中，当剖切平面通过齿轮轴线时，轮齿一律按不剖处理，齿根线画成粗实线（图 6—18b）；当需要表示斜齿或人字齿的齿线形状时，可用三条与齿线方向一致的细实线表示（图 6—18c）。

2. 啮合圆柱齿轮

在垂直于圆柱齿轮轴线的投影面的视图中，啮合区内齿顶圆均用粗实线绘制（图 6—19a 所示的左视图），或按省略画法绘制（图 6—19b）。在剖视图中，当剖切平面通过两

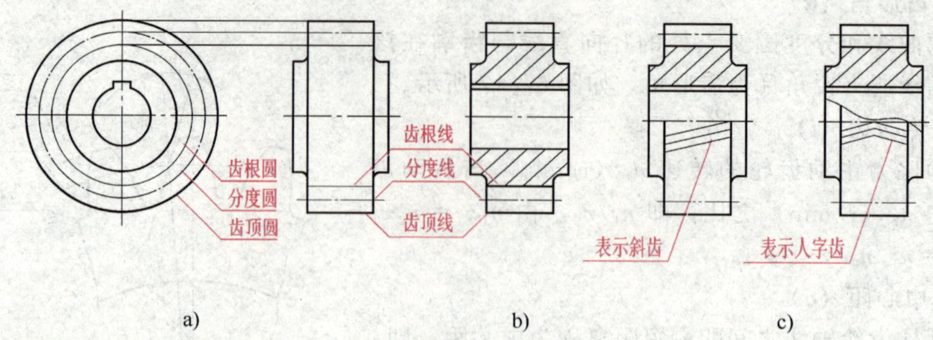

图 6—18　圆柱齿轮的画法

啮合齿轮轴线时，在啮合区内，将一个齿轮的轮齿用粗实线绘制，另一个齿轮的轮齿被遮挡部分用细虚线绘制（图 6—19a 所示的主视图），被遮挡部分也可以省略不画。在平行于圆柱齿轮轴线的投影面的外形视图中，啮合区不画齿顶线，只用粗实线画出节线（当一对圆柱齿轮保持标准中心距啮合时，节线是指两分度圆柱面的切线），如图 6—19c 所示。

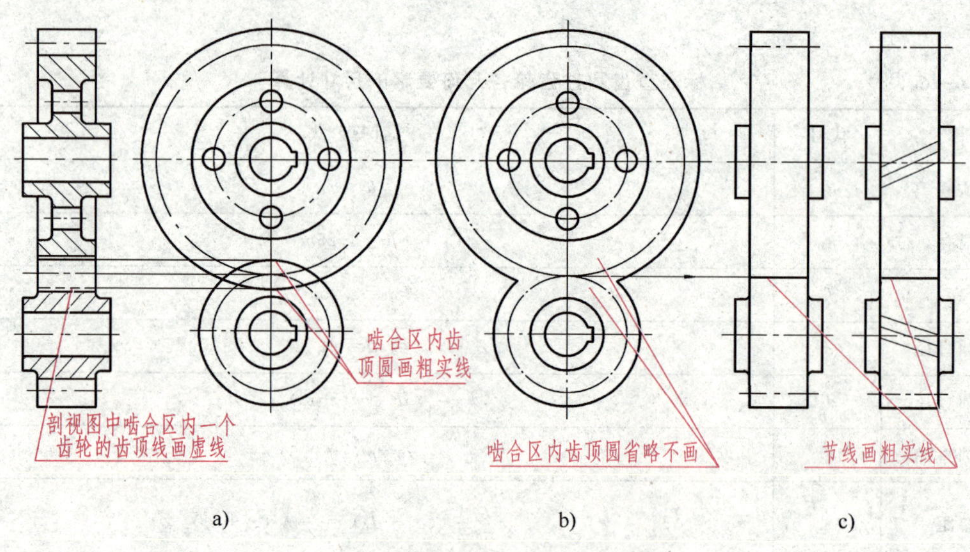

图 6—19　啮合圆柱齿轮的画法

如图 6—20 所示，在齿轮啮合的剖视图中，由于齿根高与齿顶高相差 0.25m，因此，一个齿轮的齿顶线和另一个齿轮的齿根线之间应有 0.25m 的顶隙。

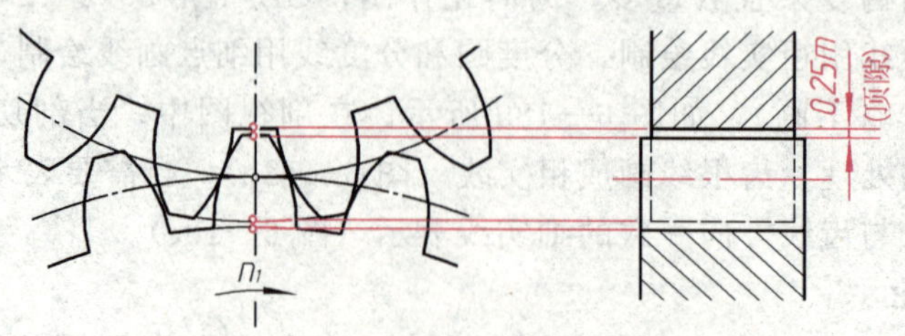

图 6—20　啮合齿轮间的顶隙

§6—4 弹 簧

弹簧是用途广泛的常用零件。它主要用于减震、夹紧、储存能量和测力等方面。弹簧的特点是在弹性变形范围内，去掉外力后能立即恢复原状。常用的弹簧如图 6—21 所示。本节仅介绍普通圆柱螺旋压缩弹簧的尺寸计算和画法。

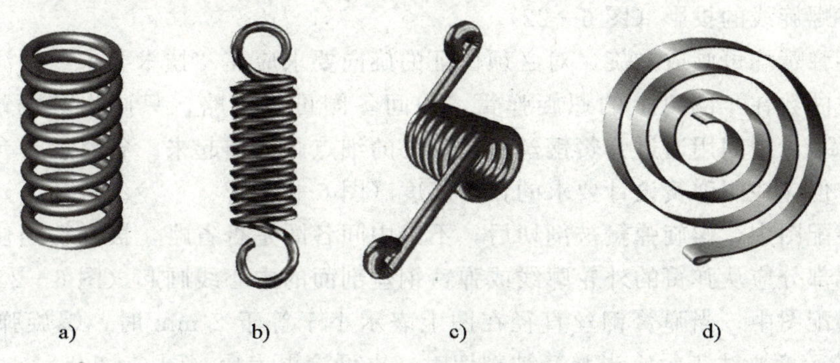

图 6—21 常用的弹簧

a）压缩弹簧 b）拉伸弹簧 c）扭转弹簧 d）平面蜗卷弹簧

一、圆柱螺旋压缩弹簧各部分名称及尺寸计算（图 6—22）

（1）线径 d 弹簧钢丝直径。

（2）弹簧外径 D 弹簧的最大直径。

（3）弹簧内径 D_1 弹簧的最小直径。$D_1=D-2d$。

（4）弹簧中径 D_2 弹簧的平均直径。$D_2=(D+D_1)/2=D_1+d=D-d$。

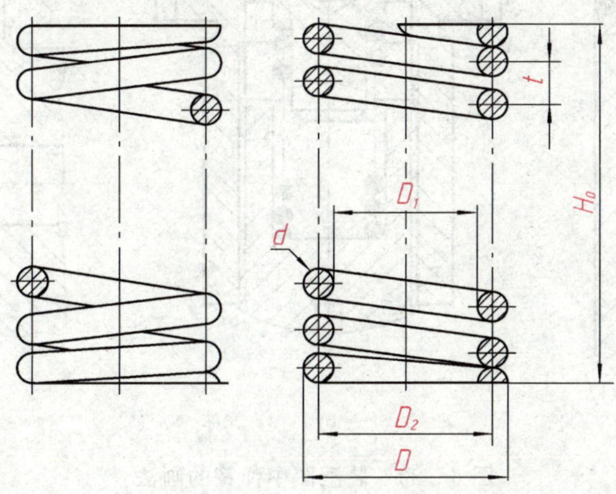

图 6—22 圆柱螺旋压缩弹簧

(5) 节距 t　除支承圈外，相邻两有效圈上对应点之间的轴向距离。

(6) 有效圈数 n、支承圈数 n_z 和总圈数 n_1　为了使螺旋压缩弹簧工作时受力均匀，增加弹簧的平稳性，将弹簧两端并紧、磨平。并紧、磨平的圈数主要起支承作用，称为支承圈。如图 6—22 所示弹簧，两端各有 $1\frac{1}{4}$ 圈为支承圈，即 $n_z=2.5$。保持相等节距的圈数，称为有效圈数。有效圈数与支承圈数之和称为总圈数，即 $n_1=n+n_z$。

(7) 自由高度 H_0　弹簧在不受外力作用时的高度（或长度），$H_0=nt+(n_z-0.5)d$。

(8) 展开长度 L　制造弹簧时坯料的长度。由螺旋线的展开可知 $L\approx n_1\sqrt{(\pi D_2)^2+t^2}$。

二、圆柱螺旋压缩弹簧的画法（GB/T 4459.4—2003）

(1) 弹簧在平行于轴线投影面的视图中，各圈的轮廓不必按螺旋线的真实投影画出，而用直线来代替螺旋线的投影（图 6—22）。

(2) 螺旋弹簧均可画成右旋，对必须保证的旋向要求应在“技术要求”中注明。

(3) 有效圈数在 4 圈以上的螺旋弹簧，中间各圈可以省略，只画出其两端的 1～2 圈（不包括支承圈），中间用通过弹簧钢丝断面中心的细点画线连起来。省略后，允许适当缩短图形的长度，但应注明弹簧设计要求的自由高度（图 6—22）。

(4) 在装配图中，螺旋弹簧被剖切后，不论中间各圈是否省略，被弹簧挡住的结构一般不画，其可见部分应从弹簧的外轮廓线或弹簧钢丝剖面的中心线画起（图 6—23a）。

(5) 在装配图中，当弹簧钢丝直径在图上表示小于等于 2 mm 时，螺旋弹簧允许用图 6—23c 所示的示意画法表示。当弹簧被剖切时，也可涂黑表示（图 6—23b）。

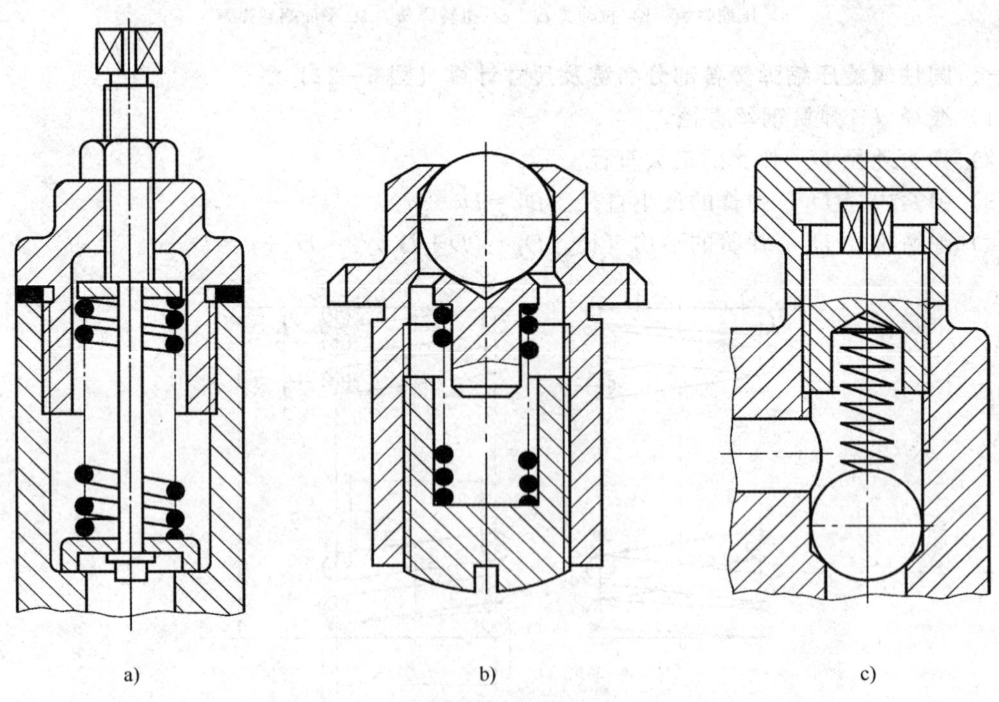

图 6—23　装配图中弹簧的画法

§6—5 滚动轴承

在机器中，滚动轴承是用来支承轴的标准部件。由于它可以大大减小轴与孔相对旋转时的摩擦力，具有机械效率高、结构紧凑等优点，因此应用极为广泛。

一、滚动轴承的结构及表示法（GB/T 4459.7—1998）

滚动轴承种类繁多，但其结构大体相同，一般由外圈、内圈、滚动体和保持架组成，如图6—24所示。因保持架的形状复杂多变，滚动体的数量又较多，设计绘图时若用真实投影表示，则极不方便，为此，国家标准规定了简化表示法。

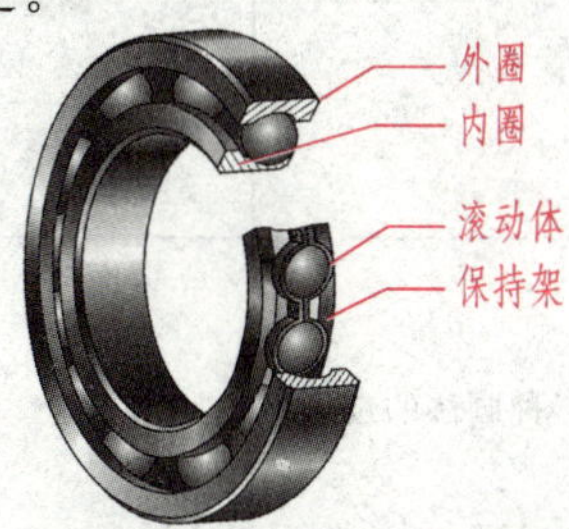

图6—24　滚动轴承的基本结构

滚动轴承的表示法包括三种画法，即通用画法、特征画法和规定画法，前两种画法又称为简化画法，各种画法的示例见表6—7。

表6—7　**常用滚动轴承的表示法**

轴承类型	结构形式	通用画法	特征画法	规定画法	承载特征
		均指滚动轴承在所属装配图的剖视图中的画法			
深沟球轴承 (GB/T 276—2013) 6000型		B, A, 2A/3, 2B/3, d, D	2B/3, A, B/6, d, D, B	B, B/2, A, A/2, A/2, 60°, d, D	主要承受径向载荷
圆锥滚子轴承 (GB/T 297—2015) 30000型			2B/3, 30°, A, d, D, B	T, C, A, A/4, A/2, A, T/2, 15°, D, d, B	可同时承受径向和轴向载荷

续表

轴承类型	结构形式	通用画法	特征画法	规定画法	承载特征
		均指滚动轴承在所属装配图的剖视图中的画法			
推力球轴承 (GB/T 28697—2012) 51000 型		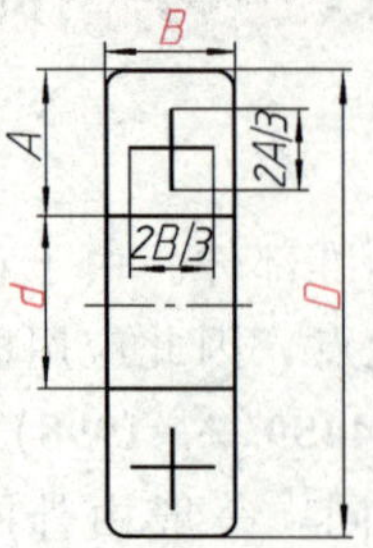	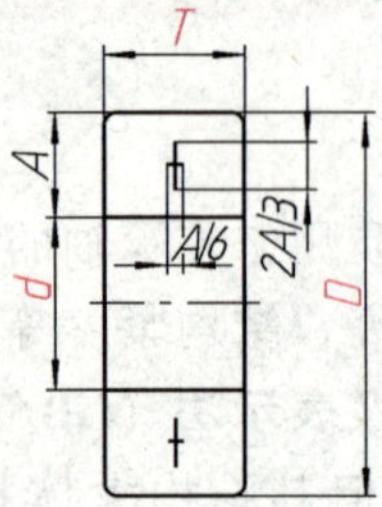	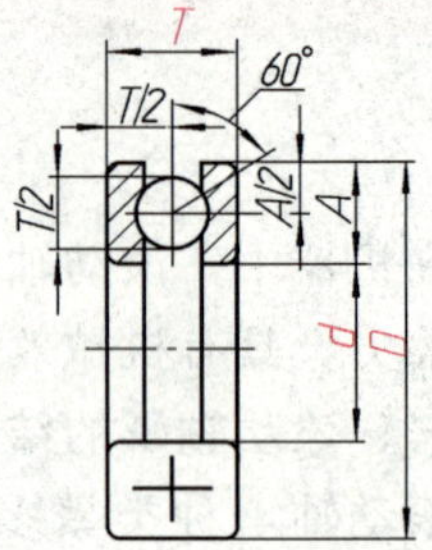	承受单方向的轴向载荷
三种画法的选用		当不需要确切地表示滚动轴承的外形轮廓、承载特征和结构特征时采用	当需要较形象地表示滚动轴承的结构特征时采用	在滚动轴承的产品图样、产品样本、产品标准和产品使用说明书中采用	

按照 GB/T 272—1993 的规定，滚动轴承的代号由前置代号、基本代号和后置代号构成，前置、后置代号是在轴承结构形式、尺寸和技术要求等有所改变时，在其基本代号前后添加的补充代号。补充代号的规定可从 GB/T 272—1993 及 JB/T 2974—2004 中查得。

轴承的基本代号由类型代号、尺寸系列代号和内径代号组成。基本代号最左边的一位数字（或字母）为类型代号（表 6—8）。尺寸系列代号由宽度和直径系列代号组成，具体可从表 6—9 中查取。内径代号的表示有两种情况：当内径不小于 20 mm 时，则内径代号数字为轴承公称内径除以 5 的商数，当商数为一位数时，需在左边加“0”；当内径小于20 mm 时，则内径代号另有规定。

表 6—8　　滚动轴承类型代号（摘自 GB/T 272—1993）

代号	轴承类型	代号	轴承类型
0	双列角接触球轴承	6	深沟球轴承
1	调心球轴承	7	角接触球轴承
2	调心滚子轴承和推力调心滚子轴承	8	推力圆柱滚子轴承
3	圆锥滚子轴承	N	圆柱滚子轴承（双列或多列用字母 NN 表示）
4	双列深沟球轴承	U	外球面球轴承
5	推力球轴承	QJ	四点接触球轴承

注：在表中代号后或前加字母或数字表示该类轴承中的不同结构。

下面以滚动轴承代号 6204 为例，说明轴承的基本代号。

6——类型代号，表示深沟球轴承。

2——尺寸系列代号“02”。其“0”为宽度系列代号，按规定（参见 GB/T 272—1993）省略未写，“2”为直径系列代号，故二者组合时注写成“2”。

04——内径代号，表示该轴承内径为 4×5=20 mm，即内径代号是轴承公称内径 20 mm

除以 5 的商数 4，再在前面加 0 成为“04”。

*二、滚动轴承的标记

根据各类轴承的相应标记规定，轴承的标记由三部分组成，即：

轴承名称　轴承代号　标准编号

标记示例：滚动轴承　6210　GB/T 276—2013

深沟球轴承、圆锥滚子轴承和推力球轴承的各部分尺寸可从表 6—9 中查得。

表 6—9　　**滚动轴承**

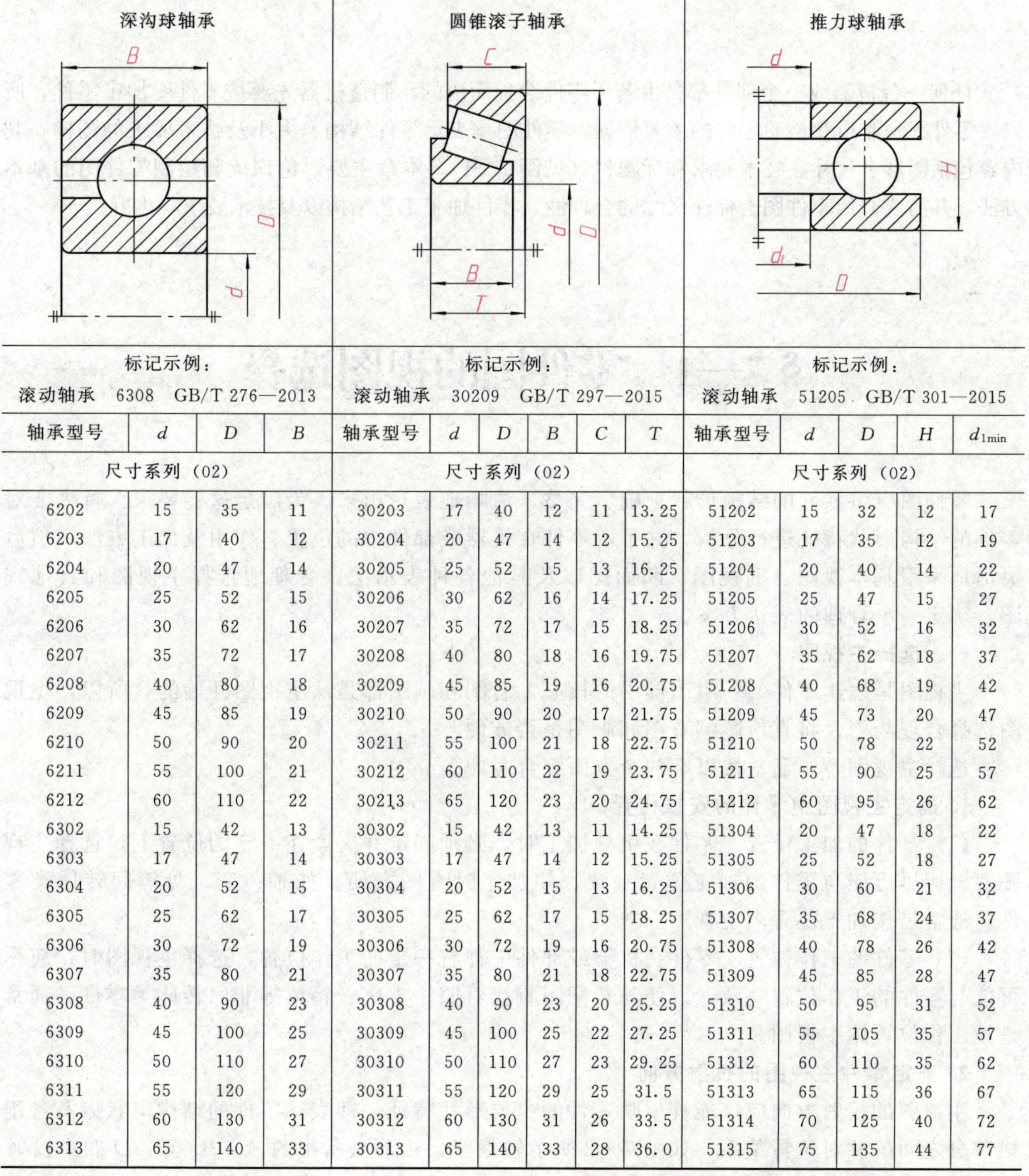

深沟球轴承				圆锥滚子轴承						推力球轴承				
标记示例：滚动轴承　6308　GB/T 276—2013				标记示例：滚动轴承　30209　GB/T 297—2015						标记示例：滚动轴承　51205　GB/T 301—2015				
轴承型号	d	D	B	轴承型号	d	D	B	C	T	轴承型号	d	D	H	d_{1min}
尺寸系列（02）				尺寸系列（02）						尺寸系列（02）				
6202	15	35	11	30203	17	40	12	11	13.25	51202	15	32	12	17
6203	17	40	12	30204	20	47	14	12	15.25	51203	17	35	12	19
6204	20	47	14	30205	25	52	15	13	16.25	51204	20	40	14	22
6205	25	52	15	30206	30	62	16	14	17.25	51205	25	47	15	27
6206	30	62	16	30207	35	72	17	15	18.25	51206	30	52	16	32
6207	35	72	17	30208	40	80	18	16	19.75	51207	35	62	18	37
6208	40	80	18	30209	45	85	19	16	20.75	51208	40	68	19	42
6209	45	85	19	30210	50	90	20	17	21.75	51209	45	73	20	47
6210	50	90	20	30211	55	100	21	18	22.75	51210	50	78	22	52
6211	55	100	21	30212	60	110	22	19	23.75	51211	55	90	25	57
6212	60	110	22	30213	65	120	23	20	24.75	51212	60	95	26	62
6302	15	42	13	30302	15	42	13	11	14.25	51304	20	47	18	22
6303	17	47	14	30303	17	47	14	12	15.25	51305	25	52	18	27
6304	20	52	15	30304	20	52	15	13	16.25	51306	30	60	21	32
6305	25	62	17	30305	25	62	17	15	18.25	51307	35	68	24	37
6306	30	72	19	30306	30	72	19	16	20.75	51308	40	78	26	42
6307	35	80	21	30307	35	80	21	18	22.75	51309	45	85	28	47
6308	40	90	23	30308	40	90	23	20	25.25	51310	50	95	31	52
6309	45	100	25	30309	45	100	25	22	27.25	51311	55	105	35	57
6310	50	110	27	30310	50	110	27	23	29.25	51312	60	110	35	62
6311	55	120	29	30311	55	120	29	25	31.5	51313	65	115	36	67
6312	60	130	31	30312	60	130	31	26	33.5	51314	70	125	40	72
6313	65	140	33	30313	65	140	33	28	36.0	51315	75	135	44	77

第七章

零 件 图

任何一台机器或一个部件都是由若干零件装配而成的，制造机器先要按零件图加工零件，所以，零件图是制造和检验零件的主要依据。零件图是表示零件结构、大小及技术要求的图样，其内容包括图形、尺寸、技术要求和标题栏（见图 7—1）。本章主要讨论识读和绘制零件图的基本方法，并简要介绍零件图上标注尺寸的合理性、零件加工工艺结构以及技术要求等内容。

§7—1 零件图的视图选择

零件图应将零件的结构形状正确、完整、清晰地表达出来。为满足这些要求，首先要对零件的结构形状特征进行分析，并了解零件在机器或部件中的位置、作用及加工方法，然后灵活地采用基本视图、剖视图、断面图以及其他各种表示法，合理地选择主视图和其他视图，确定一个合理的表达方案。

一、选择主视图

主视图是表达零件的一组图形中的核心，看图和画图都是从主视图开始的，所以，主视图选择合理与否，将直接影响看图和画图是否方便。

选择主视图时，通常按以下两个方面综合考虑。

1. 确定主视图中零件的安放位置

（1）零件的加工位置　零件在机械加工时，必须固定并夹紧在一定的位置上，选择主视图时，应尽可能与零件的加工位置一致，使加工时看图方便。如轴、套、盘等回转体类零件，通常是按加工位置画主视图。

（2）零件的工作位置　零件在机器或部件中都有一定的工作位置，选择主视图时，应尽可能与零件的工作位置一致，以便与装配图直接对照。支座、箱体等非回转体类零件，通常是按工作位置画主视图。

2. 确定零件主视图的投射方向

主视图的投射方向应该能够反映零件的主要形状特征，即表达零件的结构形状以及各组成部分之间的相对位置关系。如图 7—2 所示轴承座，由箭头所指的 *A*、*B*、*C*、*D* 四个投射

A–A
Ra 6.3
90+0.054 0
85±0.3
Ra 25
Φ64
R37.5、R39.5
50
10
2XΦ17
5
35
80
Ra 12.5
55
40
240
Φ60+0.046 0
20
25
180
110
C2
Φ17
2XΦ13
17
R15
R23、R25
65-0.030 -0.104
技术要求
1. 未注铸造圆角 R3~R5。
2. 外表清理干净。
制图
校核
审核
年月日
HT150
比例
共 张第 张
(单 位)
轴承座
(图 号)

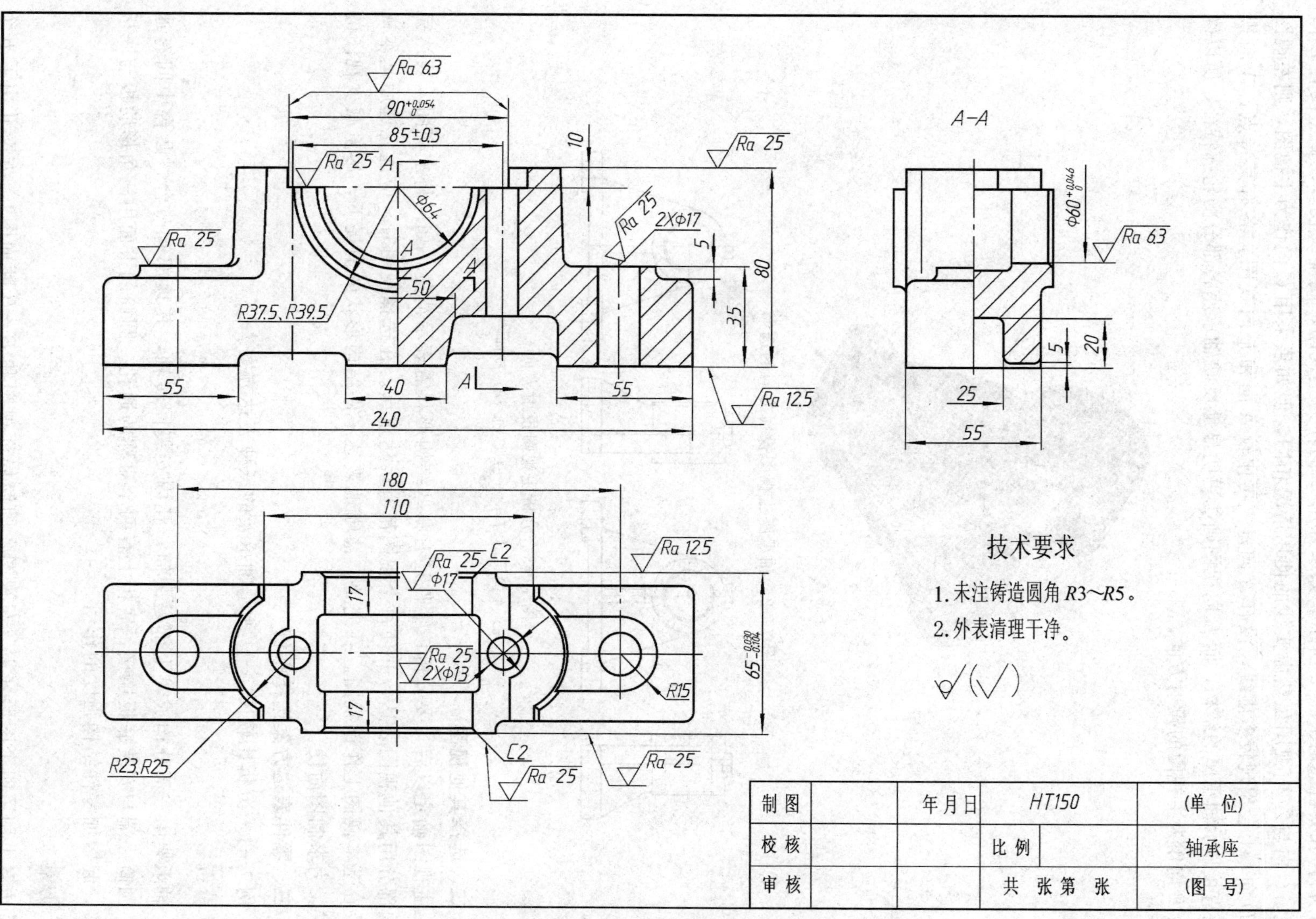

图 7—1 轴承座零件图

方向所得到的视图如图 7—3 所示。如果采用 D 向作为主视图，则虚线较多，显然没有 B 向清楚。C 向与 A 向视图虽然虚实线的使用情况相同，但如果采用 C 向作为主视图，则左视图（即 D 向）上会出现较多虚线，没有 A 向好。再比较 A 向和 B 向视图，各有其特点，A 向视图能直接显示轴承座的结构，而 B 向视图则能更明显地反映轴承座各部分的轮廓特征，所以确定以 B 向作为主视图的投射方向。

图 7—2　轴承座主视图投射方向的选择

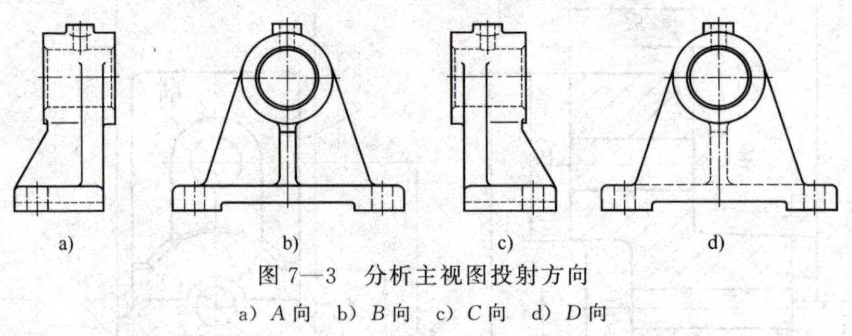

图 7—3　分析主视图投射方向

a）A 向　b）B 向　c）C 向　d）D 向

二、选择其他视图

主视图确定以后，要分析该零件还有哪些结构形状需表示清楚，如何将主视图未表达完整的部分用其他视图表达，并使每个视图都有表达重点。在选择视图时，应优先选用基本视图及在基本视图上作剖视图。在完整、清晰地表达零件结构形状的前提下，尽量减少视图的数量，力求制图简便。

三、零件表达方案选择举例

例 7—1　分析比较图 7—4 所示轴承架的三种表达方案。

分析

轴承架由三部分构成，上部是圆筒，孔内安装回转轴，其顶部有凸台，凸台中间有通孔。圆筒一端与安装底板连接，底板上有两个对称的通孔。圆筒的下面用三角形肋板与底板连接，起增加零件结构强度的作用。

方案

方案Ⅰ用了四个图形（主、左视图，圆筒局部视图和 B—B 断面图），方案Ⅱ用了五个图形，方案Ⅲ仅用了三个图形。

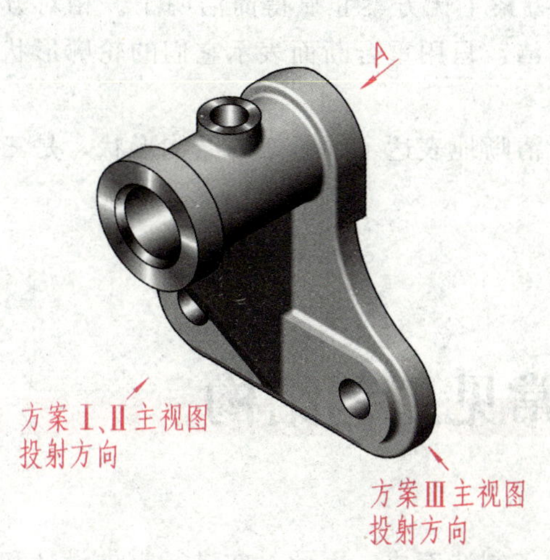

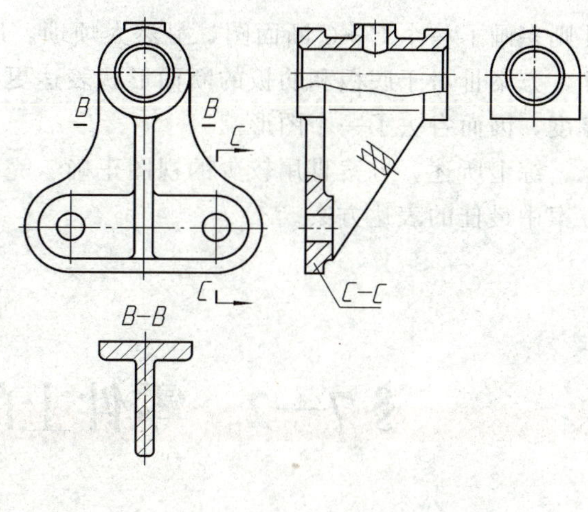

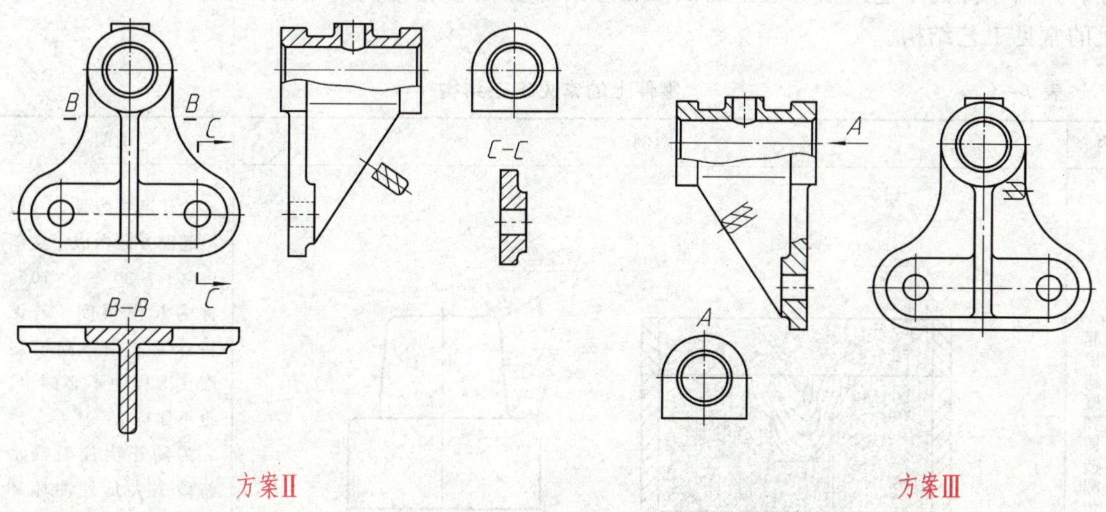

图 7—4　轴承架的表达方案

以上三种表达方案均已将轴承架的结构形状表达完整，但三种方案在选择主视图和视图数量以及每个图形所采用的表示方法上有所不同。下面从两个方面分析比较三种表达方案。

（1）主视图的比较　三种方案都符合零件的主要加工位置或工作位置。方案Ⅰ、Ⅱ的主视图投射方向相同，主要反映底板的形状特征及其与圆筒、肋板的关系；方案Ⅲ的主视图突出表达圆筒和凸台以及孔的结构形状。对于轴承架来说，轴承孔是它的主要结构，在主视图上直接显示轴承孔的结构比反映底板的形状更为重要，所以方案Ⅲ的主视图选择比较合理。

（2）其他视图的比较　三个方案均采用局部视图（*A* 向）表达圆筒一端的凸台外形，也均采用了两个基本视图——主视图和左视图。为了表达底板和肋板的断面形状，方案Ⅰ补充了一个 *B*—*B* 断面图；方案Ⅱ添加了一个 *B*—*B* 全剖视，又增加了一个 *C*—*C* 断面图。比较这两个方案，方案Ⅱ采用 *B*—*B* 剖视表达底板和肋板的断面形状，显然不如方案Ⅰ采用 *B*—*B*断面图简单清楚；对于底板上的圆孔，方案Ⅰ在左视图上采用局部剖视表达，而方案

Ⅱ则多画了一个 C—C 断面图，显然太烦琐，所以方案Ⅰ比方案Ⅱ显得简洁明了。相对方案Ⅱ，方案Ⅲ对于底板和肋板的断面形状表达更为简洁，只用重合断面表示它们的轮廓形状和厚度，因而省去了一个图形。

综上所述，方案Ⅲ用较少的视图正确、完整、清晰地表达了轴承架的结构形状，是三种方案中最佳的表达方案。

§7—2 零件上的常见工艺结构

机器上的绝大部分零件都是通过铸造和机械加工制造而成，因此，在进行零件设计和绘制零件图时，除了应满足工作性能要求外，还应考虑在铸造和机械加工时，具有良好的工艺性。熟悉零件的工艺结构对于正确识读和理解零件图会有很大的帮助。表 7—1 列出了零件上的常见工艺结构。

表 7—1　　零件上的常见工艺结构

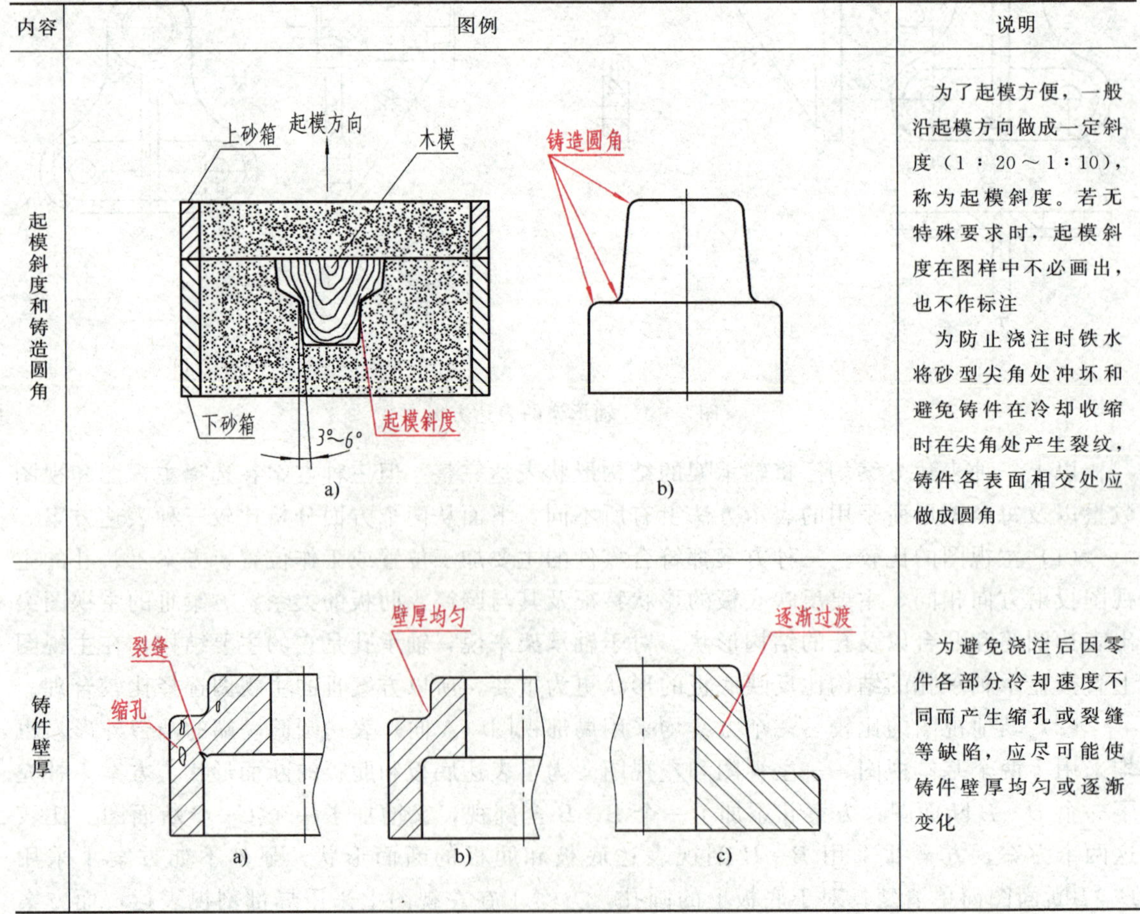

内容	图例	说明
起模斜度和铸造圆角	a) b)	为了起模方便，一般沿起模方向做成一定斜度（1∶20～1∶10），称为起模斜度。若无特殊要求时，起模斜度在图样中不必画出，也不作标注 为防止浇注时铁水将砂型尖角处冲坏和避免铸件在冷却收缩时在尖角处产生裂纹，铸件各表面相交处应做成圆角
铸件壁厚	a) b) c)	为避免浇注后因零件各部分冷却速度不同而产生缩孔或裂缝等缺陷，应尽可能使铸件壁厚均匀或逐渐变化

续表

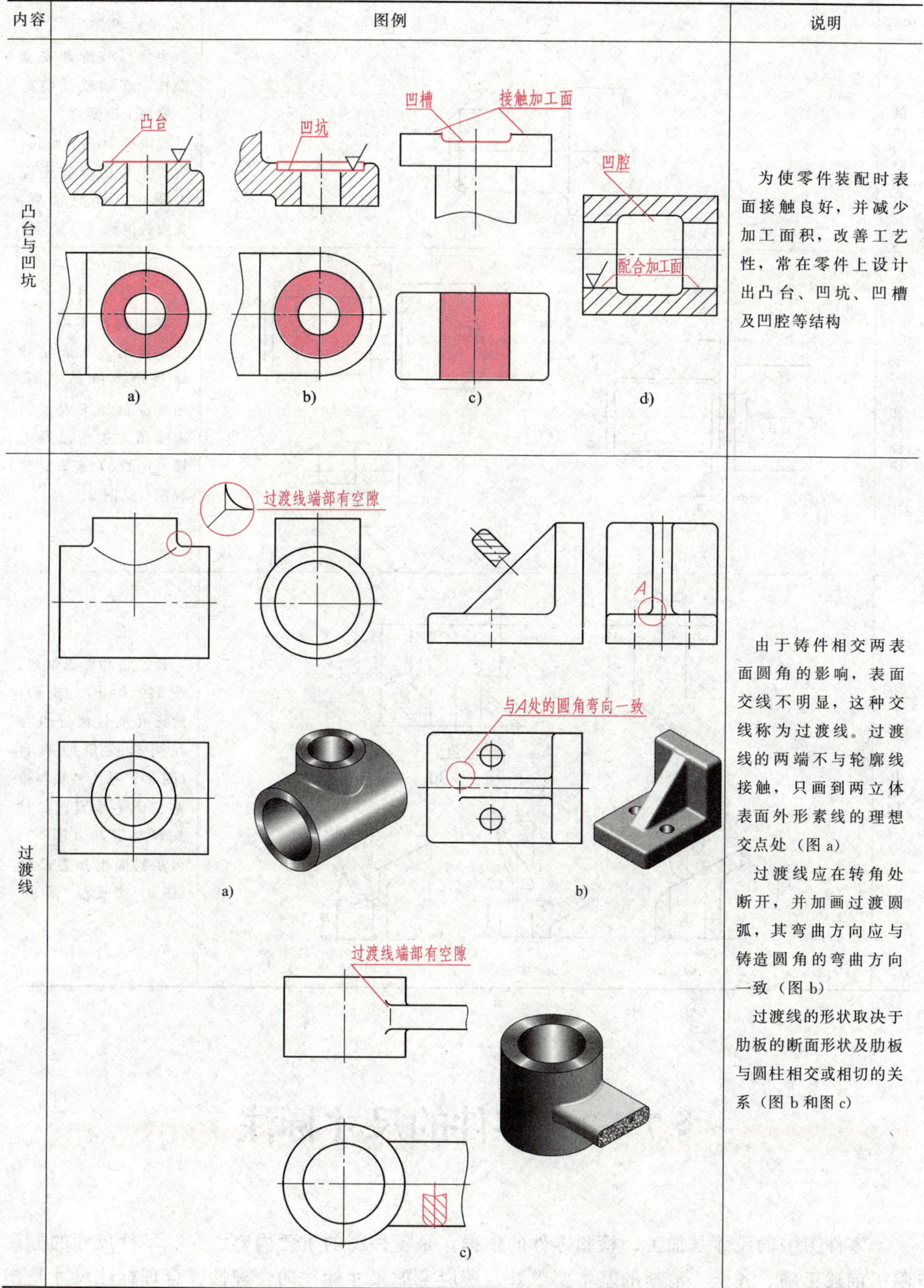

内容	图例	说明
凸台与凹坑	a) b) c) d)	为使零件装配时表面接触良好，并减少加工面积，改善工艺性，常在零件上设计出凸台、凹坑、凹槽及凹腔等结构
过渡线	a) b) c)	由于铸件相交两表面圆角的影响，表面交线不明显，这种交线称为过渡线。过渡线的两端不与轮廓线接触，只画到两立体表面外形素线的理想交点处（图 a） 过渡线应在转角处断开，并加画过渡圆弧，其弯曲方向应与铸造圆角的弯曲方向一致（图 b） 过渡线的形状取决于肋板的断面形状及肋板与圆柱相交或相切的关系（图 b 和图 c）

续表

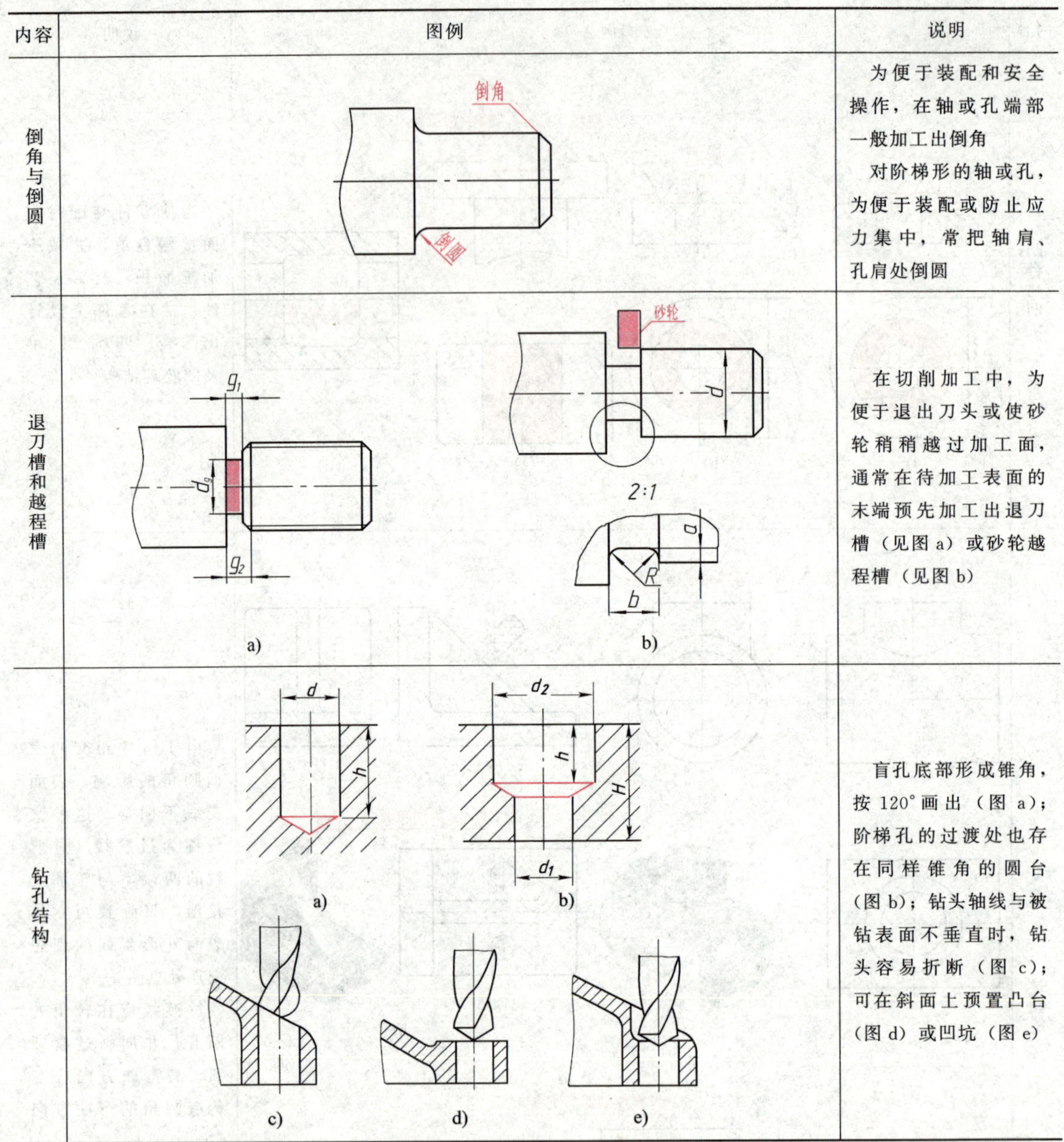

内容	图例	说明
倒角与倒圆		为便于装配和安全操作，在轴或孔端部一般加工出倒角 对阶梯形的轴或孔，为便于装配或防止应力集中，常把轴肩、孔肩处倒圆
退刀槽和越程槽	a) b)	在切削加工中，为便于退出刀头或使砂轮稍稍越过加工面，通常在待加工表面的末端预先加工出退刀槽（见图 a）或砂轮越程槽（见图 b）
钻孔结构	a) b) c) d) e)	盲孔底部形成锥角，按 120° 画出（图 a）；阶梯孔的过渡处也存在同样锥角的圆台（图 b）；钻头轴线与被钻表面不垂直时，钻头容易折断（图 c）；可在斜面上预置凸台（图 d）或凹坑（图 e）

§7—3 零件的尺寸标注

零件图中的尺寸是加工、检验零件的依据，是零件图的重要内容之一。零件尺寸的标注除了前述正确、齐全、清晰的基本要求外，还应考虑尺寸标注的合理性。合理标注尺寸是指所注尺寸既满足零件的设计要求，又符合加工工艺要求，以便于零件加工、测量和检验。合理标注尺寸，必须在一定的专业知识和生产实践的基础上才能全面掌握，本节仅介绍合理标注尺寸的一般原则。

一、选择尺寸基准

任何零件都有长、宽、高三个方向的尺寸，每个方向要选择一个主要基准。通常选择零件上一些重要平面（如安装底面、对称平面、重要端面或结合面等）以及主要轴线作为尺寸主要基准。

如图 7—5 所示，轴承座的高度方向选择底面为基准，以保证轴承孔的中心高。长度方向选择左右方向的对称面为基准，以保证底板上两个安装孔的中心距及安装孔与轴承孔的相对位置。宽度方向选择前后方向的对称面为基准，以保证底板上两个安装孔与轴承座顶部凸台上的螺孔处于同一对称面上。

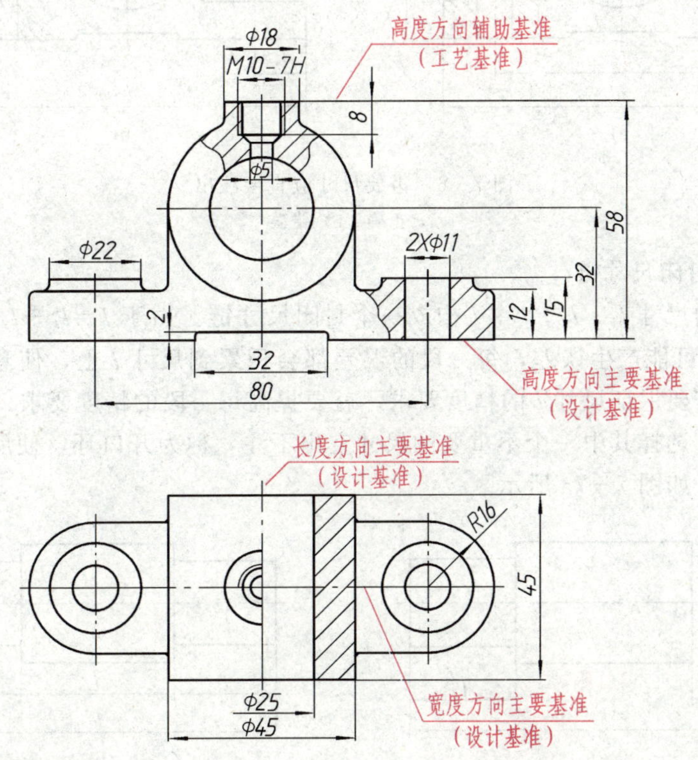

图 7—5　轴承座的尺寸基准

为便于加工和测量，在长、宽、高的某一方向上除主要基准外，还常常设有辅助基准。如图 7—5 所示，轴承座高度方向的主要基准是底面，零件上高度方向的主要尺寸都是以底面为基准直接注出的，但顶部凸台上螺孔的深度尺寸 8 则是以顶面为辅助基准注出的。主要基准与辅助基准之间则由联系尺寸 58 相联系。

二、合理标注尺寸的原则

要使尺寸标注合理，除了正确选择尺寸基准外，还应认真考虑设计和工艺上的要求。

1. 重要尺寸直接注出

重要尺寸是指有配合功能要求的尺寸、重要的相对位置尺寸、影响零件使用性能的尺寸，这些尺寸都要在零件图上直接注出。

重要尺寸从主要基准直接注出可避免加工误差的积累，保证尺寸的精度。如图 7—6a 所示，轴承孔的中心高 h_1 是重要尺寸。由于一根轴通常用两个轴承支承，这就要求两轴承孔的轴线在同一直线上，因此，必须保证两轴承孔的中心高 h_1 达到设计规定的要求。若将中心高注成如图 7—6b 所示的 h_2+h_3，则因误差积累难以达到精度要求，所以，这样标注是不合理的。同样，两安装孔的中心距 l_1 也应从长度方向的基准直接注出，而不应注成如图 7—6b 所示的形式。

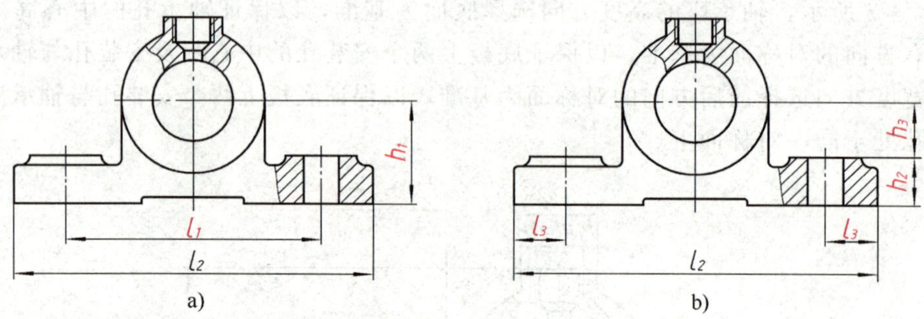

图 7—6　重要尺寸应直接注出

a）正确　b）错误

2. 避免出现封闭尺寸链

图 7—7b 中的尺寸 l_1、l_2、l_3、l 构成一个封闭尺寸链。由于 $l=l_1+l_2+l_3$，在加工时，尺寸 l_1、l_2、l_3 都可能产生误差，每一段的误差都会积累到尺寸 l 上，使总长 l 不能保证设计的精度要求。若要保证尺寸 l 的精度要求，就要提高每一段的精度要求，造成加工困难且提高成本。为此，选择其中一个不重要的尺寸空出不注，称为开口环，使所有的尺寸误差都积累在这一段上，如图 7—7a 所示。

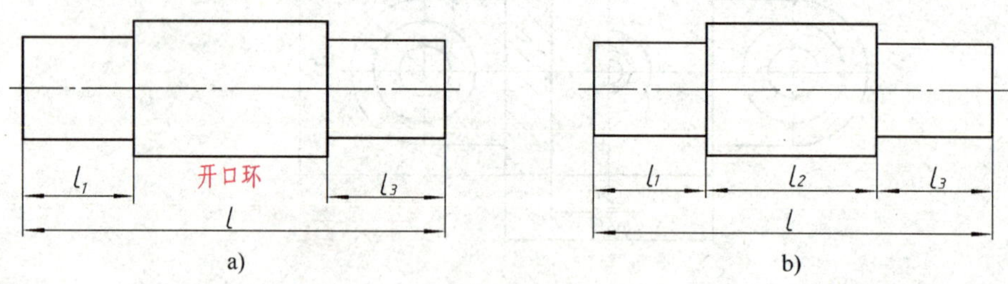

图 7—7　避免出现封闭尺寸链

a）正确　b）错误

3. 标注尺寸要便于加工和测量

如图 7—8 所示，小轴上有一退刀槽。该小轴的加工顺序是：先车 $\phi12$ 的外圆，确定退刀槽的位置 20，再选用宽度等于槽宽的切槽刀，切槽得到 $\phi10$ 的外圆。显然，按图 7—8a 的注法是符合加工顺序的，比较合理。而按图 7—8b 的注法，则不便于加工。退刀槽的宽度尺寸是选择合适宽度的切槽刀的依据，应直接注出。

图 7—9a 所示套筒注的尺寸是合理的，A、C 两个尺寸都便于测量。图 7—9b 所示形式则不便于测量。

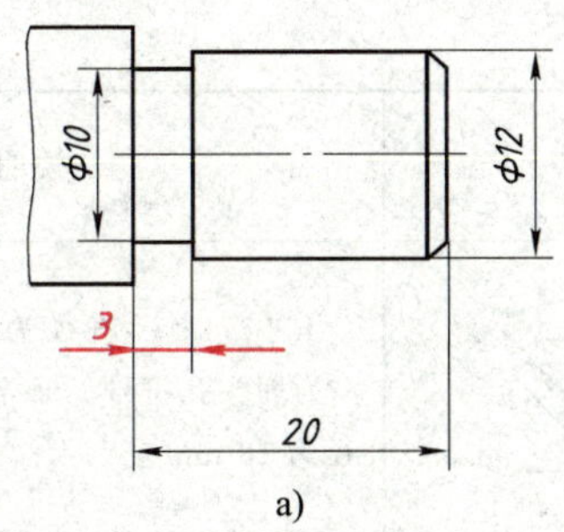

a)

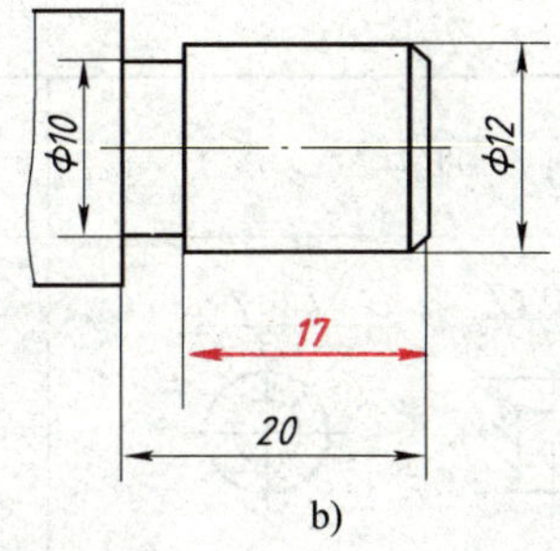

b)

图 7—8　尺寸标注要便于加工

a）便于加工　b）不便于加工

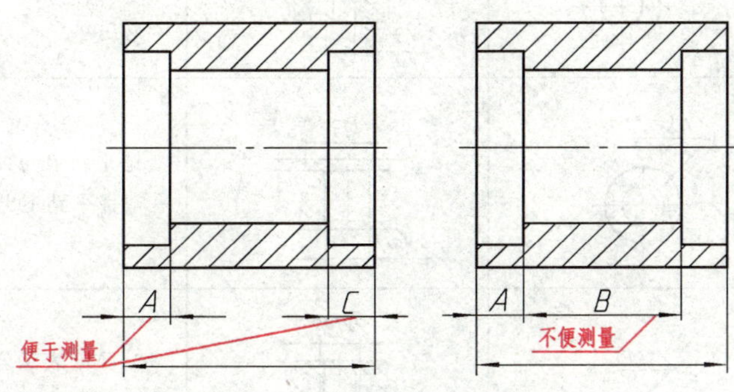

图 7—9　尺寸标注要便于测量

a）便于测量　b）不便于测量

4. 各种孔的简化注法

零件上各种孔（光孔、沉孔、螺孔）的简化注法见表 7—2。标注尺寸时应尽可能使用符号和缩写词。

表 7—2　　各种孔的简化注法

零件结构类型		简化注法	一般注法	说明
光孔	一般孔	4XΦ5↧10　4XΦ5↧10	4XΦ5　10	4×ϕ5 表示直径为 5 mm 的四个光孔，孔深可与孔径连注
	精加工孔	$4X\Phi5^{+0.012}_{0}$↧10 孔↧12　$4X\Phi5^{+0.012}_{0}$↧10 孔↧12	$4X\Phi5^{+0.012}_{0}$　10　12	光孔深为 12 mm，钻孔后需精加工至 $\phi5^{+0.012}_{0}$ mm，深度为 10 mm
	锥孔	锥销孔Φ5 配作　锥销孔Φ5 配作	锥销孔Φ5 配作	ϕ5 mm 为与锥销孔相配的圆锥销小头直径（公称直径）。锥销孔通常是两零件装配在一起后加工的，故应注明“配作”

续表

零件结构类型		简化注法	一般注法	说明
沉孔	锥形沉孔	4×Φ7 ⌵Φ13×90°	90° Φ13 4×Φ7	4×ϕ7 表示直径为 7 mm 的四个孔，⌵为埋头孔符号。90°锥形沉孔的最大直径为 13 mm
	柱形沉孔	4×Φ7 ⌴Φ13↧3	Φ13 3 4×Φ7	4 个柱形沉孔的直径为 7 mm，⌴为沉孔或锪平孔符号，沉孔 ϕ13 mm，深度为 3 mm
	锪平沉孔	4×Φ7 ⌴Φ13	Φ13 锪平 4×Φ7	锪平沉孔 ϕ13 mm 的深度不必标注，一般锪平到不出现毛面为止
螺孔	通孔	2×M8	2×M8	2×M8 表示公称直径为 8 mm 的两螺孔，中径和顶径的公差带代号为 6H
	不通孔	2×M8↧10 孔↧12	2×M8 10 12	表示两个螺孔 M8 的螺纹长度为 10 mm，钻孔深度为 12 mm，中径和顶径的公差带代号为 6H

§7—4　零件图上的技术要求

零件图中除了图形和尺寸外，还有制造该零件时应满足的一些加工要求，通常称为“技术要求”，如表面粗糙度、尺寸公差、几何公差以及材料热处理等。技术要求一般是用符号、代号或标记标注在图形上，或者用文字注写在图样的适当位置。

一、表面结构的图样表示法

表面结构是表面粗糙度、表面波纹度、表面缺陷、表面纹理和表面几何形状的总称。表面结构的各项要求在图样上的表示法在 GB/T 131—2006 中均有具体规定。本节主要介绍常用的表面粗糙度表示法。

1. 表面粗糙度及其评定参数

经过机械加工后的零件表面，如在放大镜或显微镜下观察，会发现许多高低不平的凸峰和凹谷，如图 7—10 所示。零件加工表面上具有较小间距和峰谷所组成的微观几何形状特性称为表面粗糙度。表面粗糙度与加工方法、刀刃形状和切削用量等各种因素有密切关系。

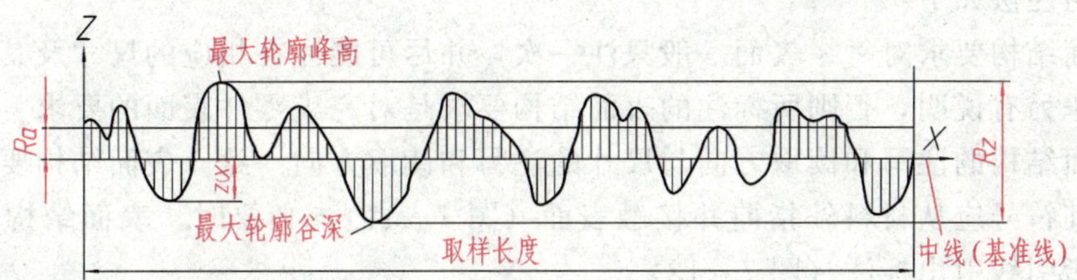

图 7—10　算术平均偏差 Ra 和轮廓的最大高度 Rz

表面粗糙度是评定零件表面质量的一项重要技术指标，对于零件的配合、耐磨性、抗腐蚀性以及密封性等都有显著影响，是零件图中必不可少的一项技术要求。

轮廓参数是我国机械图样中目前最常用的评定参数，评定粗糙度轮廓（R 轮廓）有两个高度参数 Ra 和 Rz。

（1）算术平均偏差 Ra　指在一个取样长度内，纵坐标 z（x）绝对值的算术平均值（图 7—10）。

（2）轮廓的最大高度 Rz　指在同一取样长度内，最大轮廓峰高与最大轮廓谷深之和的高度（图 7—10）。

表面粗糙度的选用应该既满足零件表面的功能要求，又要考虑经济合理。一般情况下，凡是零件上有配合要求或有相对运动的表面，表面粗糙度参数值要小。参数值越小，表面质量越高，但加工成本也越高。因此，在满足使用要求的前提下，应尽量选用较大的表面粗糙度参数值，以降低成本。

2. 表面结构的图形符号

标注表面结构要求时的图形符号见表 7—3。

表 7—3　　标注表面结构要求时的图形符号

符号名称	符号	含义
基本图形符号	$d'=0.35$mm（d'符号线宽）60° 60° $H_1=5$mm $H_2=10.5$mm	未指定工艺方法的表面，当通过一个注释解释时可单独使用
扩展图形符号		用去除材料方法获得的表面，仅当其含义是“被加工表面”时可单独使用
		不去除材料的表面，也可用于保持上道工序形成的表面，不管这种状况是通过去除或不去除材料形成的
完整图形符号		在以上各种符号的长边上加一横线，以便注写对表面结构的各种要求

注：表中 d'、H_1 和 H_2 的大小是当图样中尺寸数字高度选取 $h=3.5$ mm 时，按 GB/T 131—2006 的相应规定给定的。表中 H_2 是最小值，必要时允许加大。

3. 表面结构代号及其注法

表面结构符号中注写了具体参数代号及数值等要求后即称为表面结构代号。表面结构代号在图样中的注法如下：

（1）表面结构要求对每一表面一般只注一次，并尽可能注在相应的尺寸及其公差的同一视图上。除非另有说明，否则所标注的表面结构要求是对完工零件表面的要求。

（2）表面结构的注写和读取方向与尺寸的注写和读取方向一致。表面结构要求可标注在轮廓线上，其符号应从材料外指向并接触表面（图 7—11）。必要时，表面结构也可用带箭头或黑点的指引线引出标注（图 7—12）。

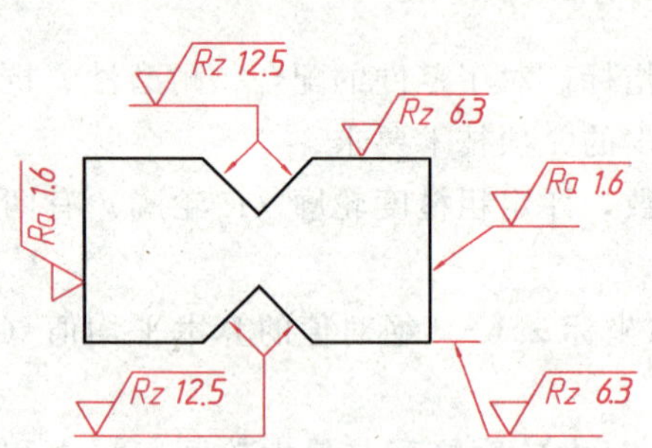

图 7—11 表面结构要求标注在轮廓线上

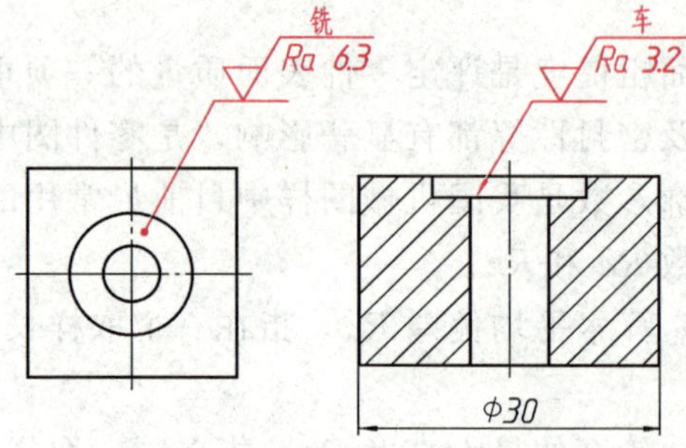

图 7—12 用指引线引出标注表面结构要求

（3）在不致引起误解时，表面结构要求可以标注在给定的尺寸线上（图 7—13）。

（4）表面结构要求可标注在几何公差框格的上方（图 7—14）。

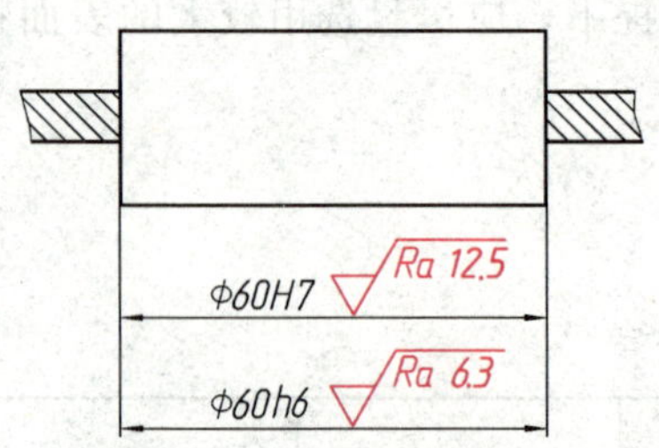

图 7—13 表面结构要求标注在尺寸线上

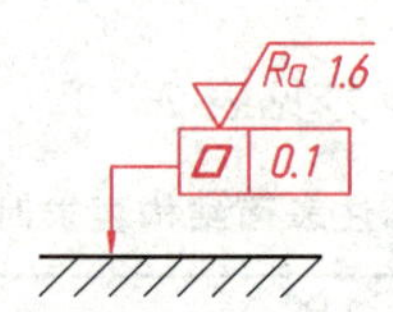

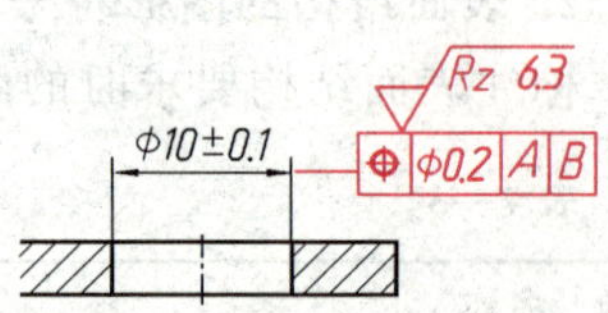

图 7—14 表面结构要求标注在几何公差框格的上方

（5）圆柱和棱柱的表面结构要求只标注一次（图 7—15）。如果每个棱柱表面有不同的表面结构要求，则应分别单独标注（图 7—16）。

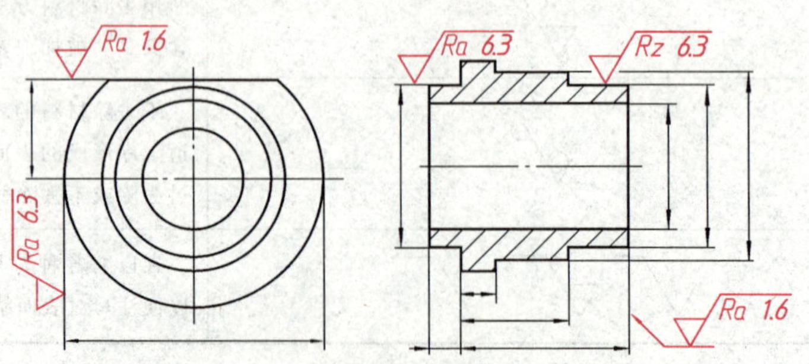

图 7—15 表面结构要求标注在圆柱特征的延长线上

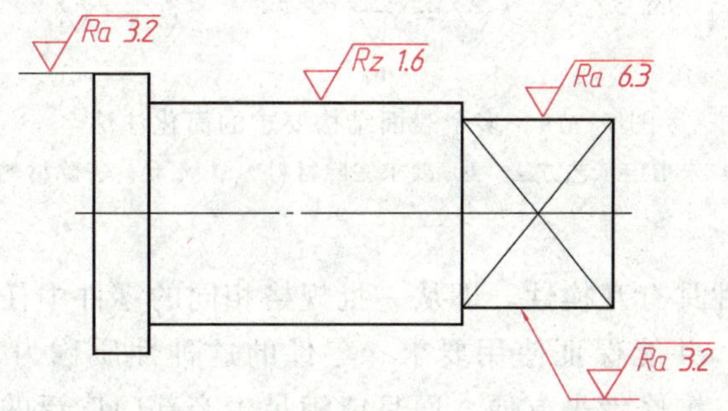

图 7—16 圆柱和棱柱的表面结构要求的注法

4. 表面结构要求在图样中的简化注法

（1）有相同表面结构要求的简化注法 如果工件的多数（包括全部）表面有相同的表面结构要求，则其表面结构要求可统一标注在图样的标题栏附近（不同的表面结构要求应直接标注在图形中）。此时，表面结构要求的符号后面应有：

1）在圆括号内给出无任何其他标注的基本符号（图 7—17a）。

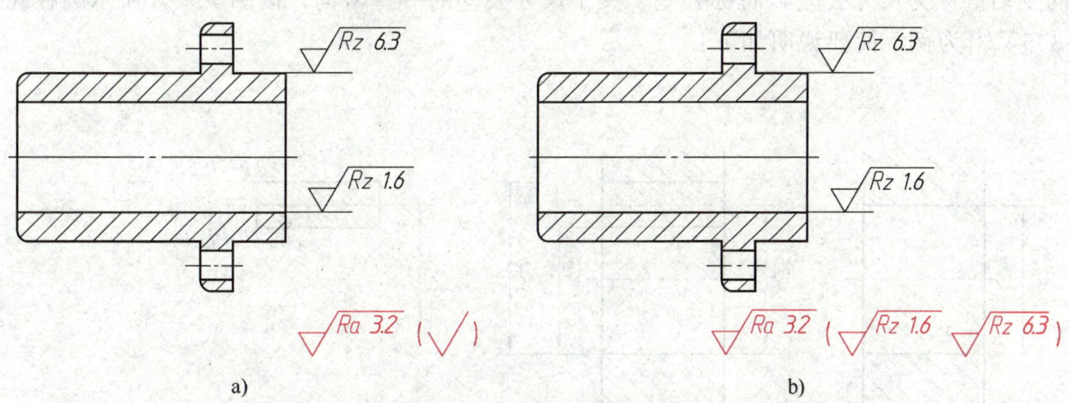

图 7—17 大多数表面有相同表面结构要求的简化注法

2）在圆括号内给出不同的表面结构要求（图 7—17b）。

（2）多个表面有共同表面结构要求的注法

1）用带字母的完整符号的简化注法 如图 7—18 所示，用带字母的完整符号以等式的形式，在图形或标题栏附近对有相同表面结构要求的表面进行简化标注。

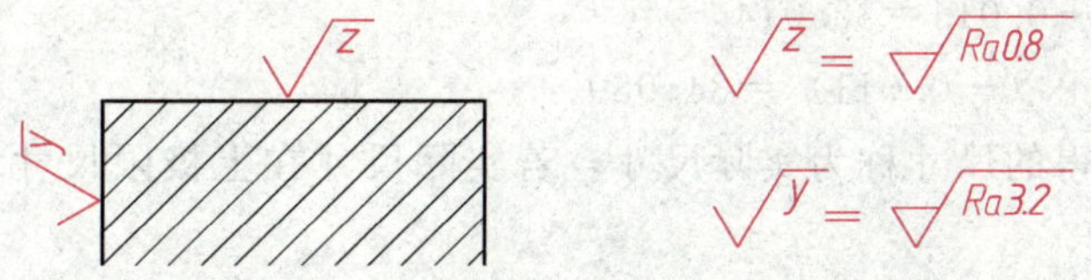

图 7—18 在图纸空间有限时的简化注法

2）只用表面结构符号的简化注法 如图 7—19 所示，用表面结构符号以等式的形式给出多个表面共同的表面结构要求。

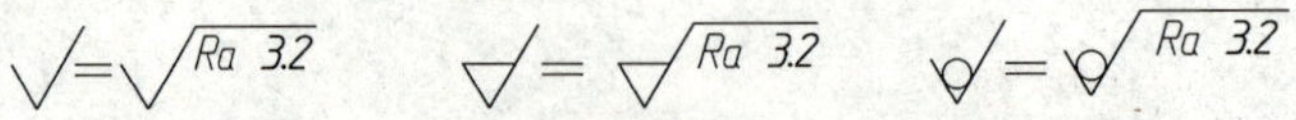

a) b) c)

图 7—19 多个表面结构要求的简化注法

a）未指定工艺方法 b）要求去除材料 c）不允许去除材料

二、极限与配合

大规模生产要求零件具有互换性，即从一批规格相同的零件中任取一件，不经修配就能立即装到机器或部件上，并能保证使用要求。零件的这种性质称为互换性。零件具有互换性，不仅给机器的装配、维修带来方便，而且能满足生产部门广泛的协作要求，为大批量和专门化生产创造条件，缩短生产周期，提高劳动效率和经济效益。为满足零件的互换性，就必须制定和执行统一的标准。下面介绍国家标准《极限与配合》（GB/T 1800.1～2—2009）的基本内容。

1. 尺寸公差

零件在制造过程中，由于加工或测量等因素的影响，完工后的实际尺寸总是存在一定的误差。为保证零件的互换性，必须将零件的实际尺寸控制在允许变动的范围内，这个允许尺寸的变动量称为尺寸公差，简称公差。关于尺寸公差的一些名词，以图 7—20 所示圆柱孔尺寸 $\phi35^{+0.014}_{-0.011}$为例，简要说明如下：

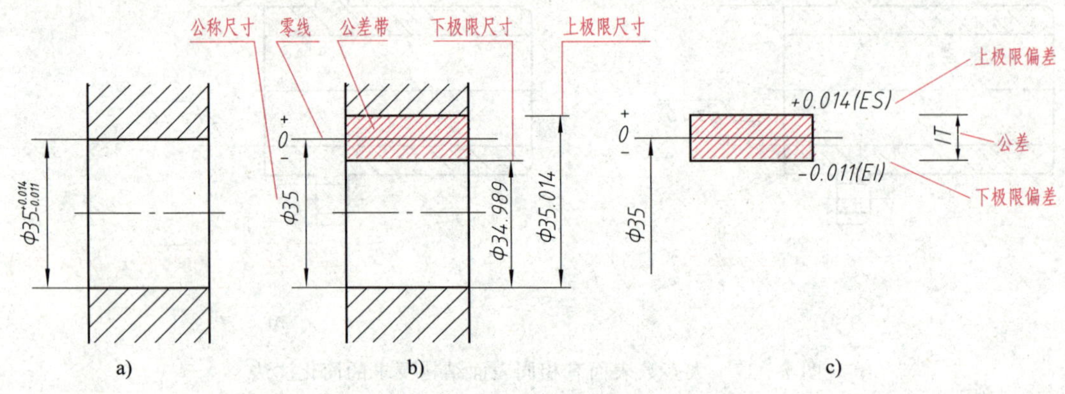

图 7—20 尺寸公差名词解释与公差带图

a）孔的公差 b）尺寸公差 c）公差带图

（1）公称尺寸 由图样规范确定的理想形状要素的尺寸，即设计给定的尺寸：φ35。

（2）极限尺寸 允许尺寸变动的两个极限值，即上极限尺寸和下极限尺寸。

上极限尺寸：35＋0.014＝35.014

下极限尺寸：35＋（－0.011）＝34.989

零件经过测量所得的尺寸称为实际尺寸，若实际尺寸在上极限尺寸和下极限尺寸之间，即为合格。

（3）极限偏差 上极限尺寸减其公称尺寸所得的代数差称为上极限偏差；下极限尺寸减其公称尺寸所得的代数差称为下极限偏差，二者统称为极限偏差。孔的上、下极限偏差分别用大写字母 ES 和 EI 表示；轴的上、下极限偏差分别用小写字母 es 和 ei 表示。

上极限偏差：ES＝35.014－35＝＋0.014

下极限偏差：EI＝34.989－35＝－0.011

(4) 尺寸公差　上极限尺寸减下极限尺寸之差，或上极限偏差减下极限偏差之差，简称公差。它是允许尺寸的变动量。

公差＝35.014－34.989＝0.025　或　公差＝0.014－（－0.011）＝0.025

(5) 公差带和零线　公差带是由代表上极限偏差和下极限偏差或上极限尺寸和下极限尺寸的两条直线所限定的一个区域。为简化起见，一般只画出上、下极限偏差所围成的方框简图，称为公差带图，如图 7—20c 所示。在公差带图中，零线是表示公称尺寸的一条直线。零线上方的极限偏差为正值，零线下方的极限偏差为负值。公差带由公差大小及其相对零线的位置来确定。

2. 标准公差与基本偏差

为了满足不同的配合要求，国家标准规定，孔、轴公差带由标准公差和基本偏差两个要素组成。标准公差确定公差带大小，基本偏差确定公差带位置，如图 7—21 所示。

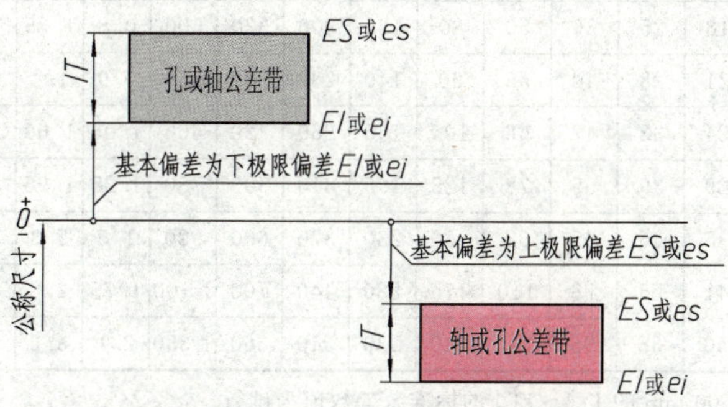

图 7—21　公差带大小及位置

(1) 标准公差（IT）　由标准规定的任一公差。标准公差的数值由公称尺寸和公差等级来确定，其中公差等级确定尺寸的精确程度。标准公差等级代号由 IT 和数字组成，例如 IT7。IT 表示公差，数字表示公差等级。标准公差顺次分为 20 个等级，即 IT01、IT0、IT1、…、IT18。IT01 公差值最小，精度最高；IT18 公差值最大，精度最低。在 20 个标准公差等级中，IT01～IT11 用于配合尺寸，IT12～IT18 用于非配合尺寸。公称尺寸在 3 150 mm 内的各级标准公差的数值可查阅表 7—4。

表 7—4　　标准公差数值（摘自 GB/T 1800.1—2009）

公称尺寸 (mm)		公差等级																	
		IT1	IT2	IT3	IT4	IT5	IT6	IT7	IT8	IT9	IT10	IT11	IT12	IT13	IT14	IT15	IT16	IT17	IT18
大于	至	μm											mm						
—	3	0.8	1.2	2	3	4	6	10	14	25	40	60	0.1	0.14	0.25	0.4	0.6	1	1.4
3	6	1	1.5	2.5	4	5	8	12	18	30	48	75	0.12	0.18	0.3	0.48	0.75	1.2	1.8
6	10	1	1.5	2.5	4	6	9	15	22	36	58	90	0.15	0.22	0.36	0.58	0.9	1.5	2.2
10	18	1.2	2	3	5	8	11	18	27	43	70	110	0.18	0.27	0.43	0.7	1.1	1.8	2.7
18	30	1.5	2.5	4	6	9	13	21	33	52	84	130	0.21	0.33	0.52	0.84	1.3	2.1	3.3
30	50	1.5	2.5	4	7	11	16	25	39	62	100	160	0.25	0.39	0.62	1	1.6	2.5	3.9

续表

公称尺寸(mm)		公差等级																	
		IT1	IT2	IT3	IT4	IT5	IT6	IT7	IT8	IT9	IT10	IT11	IT12	IT13	IT14	IT15	IT16	IT17	IT18
大于	至	μm											mm						
50	80	2	3	5	8	13	19	30	46	74	120	190	0.3	0.46	0.74	1.2	1.9	3	4.6
80	120	2.5	4	6	10	15	22	35	54	87	140	220	0.35	0.54	0.87	1.4	2.2	3.5	5.4
120	180	3.5	5	8	12	18	25	40	63	100	160	250	0.4	0.63	1	1.6	2.5	4	6.3
180	250	4.5	7	10	14	20	29	46	72	115	185	290	0.46	0.72	1.15	1.85	2.9	4.6	7.2
250	315	6	8	12	16	23	32	52	81	130	210	320	0.52	0.81	1.3	2.1	3.2	5.2	8.1
315	400	7	9	13	18	25	36	57	89	140	230	360	0.57	0.89	1.4	2.3	3.6	5.7	8.9
400	500	8	10	15	20	27	40	63	97	155	250	400	0.63	0.97	1.55	2.5	4	6.3	9.7
500	630	9	11	16	22	32	44	70	110	175	280	440	0.7	1.1	1.75	2.8	4.4	7	11
630	800	10	13	18	25	36	50	80	125	200	320	500	0.8	1.25	2	3.2	5	8	12.5
800	1 000	11	15	21	28	40	56	90	140	230	360	560	0.9	1.4	2.3	3.6	5.6	9	14
1 000	1 250	13	18	24	33	47	66	105	165	260	420	660	1.05	1.65	2.6	4.2	6.6	10.5	16.5
1 250	1 600	15	21	29	39	55	78	125	195	310	500	780	1.25	1.95	3.1	5	7.8	12.5	19.5
1 600	2 000	18	25	35	46	65	92	150	230	370	600	920	1.5	2.3	3.7	6	9.2	15	23
2 000	2 500	22	30	41	55	78	110	175	280	440	700	1 100	1.75	2.8	4.4	7	11	17.5	28
2 500	3 150	26	36	50	68	96	135	210	330	540	860	1 350	2.1	3.3	5.4	8.6	13.5	21	33

注：(1) 公称尺寸大于 500 mm 的 IT1～IT5 的标准公差数值为试行。

(2) 公称尺寸小于或等于 1 mm 时，无 IT14～IT18。

(3) 标准公差等级 IT01 和 IT0 在工业中很少用到，所以本表中没有给出这两公差等级的标准公差数值。

(2) 基本偏差　用来确定公差带相对零线位置的上极限偏差或下极限偏差，一般是指孔和轴的公差带中靠近零线的那个偏差。当公差带在零线上方时，基本偏差为下极限偏差；反之则为上极限偏差，如图 7—21 所示。基本偏差的代号用字母表示，孔用大写字母 A、B、C、CD、D 等表示，轴用小写字母 a、b、c、cd、d 等表示。

GB/T 1800.2—2009 对孔和轴各规定了极限偏差数值（附表 6、附表 7）。

3. 公差带代号

孔、轴的尺寸公差用公差带代号表示，公差带代号由基本偏差代号和公差等级代号组成。例如：

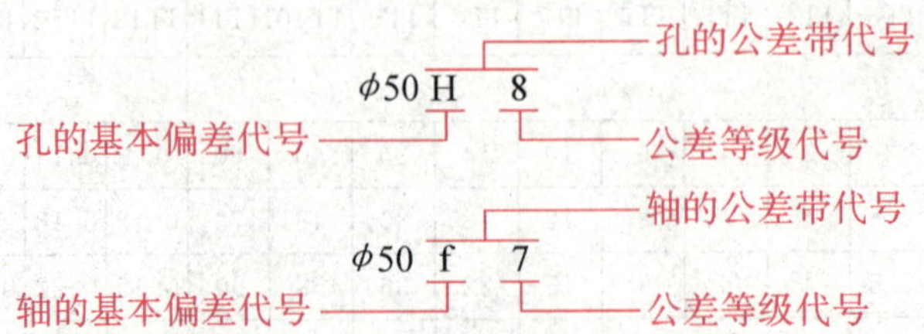

4. 配合制

在制造互相配合的零件时，使其中一种零件作为基准件，它的基本偏差固定，通过改变另一种非基准件的基本偏差来获得各种不同性质的配合制度称为配合制。根据生产实际需要，国家标准规定了两种配合制。

（1）基孔制配合　基本偏差为一定的孔的公差带，与不同基本偏差的轴的公差带形成各种配合的一种制度。基孔制配合的孔称为基准孔，其基本偏差代号为 H，下极限偏差为零，即它的下极限尺寸等于公称尺寸。图 7—22 所示为采用基孔制配合所得到的各种不同程度的配合。

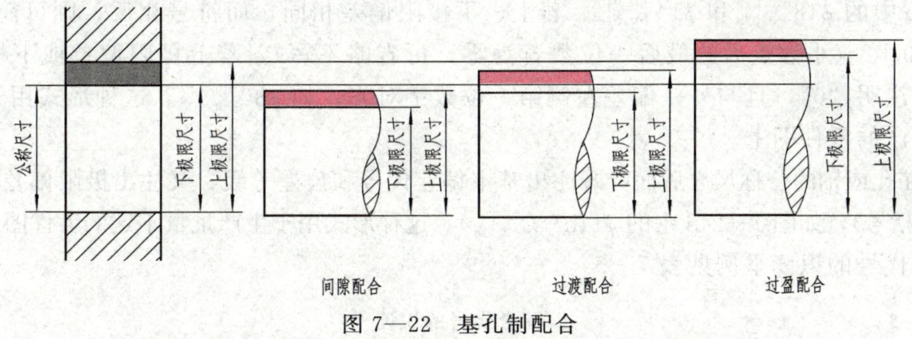

图 7—22　基孔制配合

（2）基轴制配合　基本偏差为一定的轴的公差带，与不同基本偏差的孔的公差带形成各种配合的一种制度。基轴制配合的轴称为基准轴，其基本偏差代号为 h，上极限偏差为零，即它的上极限尺寸等于公称尺寸。图 7—23 所示为采用基轴制配合所得到的各种不同程度的配合。

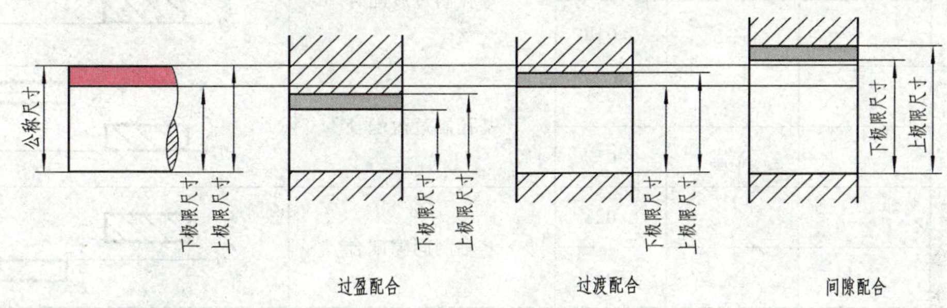

图 7—23　基轴制配合

5. 极限与配合的标注

（1）在装配图上的标注形式　在装配图上标注配合代号，采用组合式注法，如图7—24a 所示，在公称尺寸 $\phi18$ 和 $\phi14$ 后面，分别用一分式表示：分子为孔的公差带代号，分母为轴的公差带代号。通常分子中含 H 的为基孔制配合，分母中含 h 的为基轴制配合。

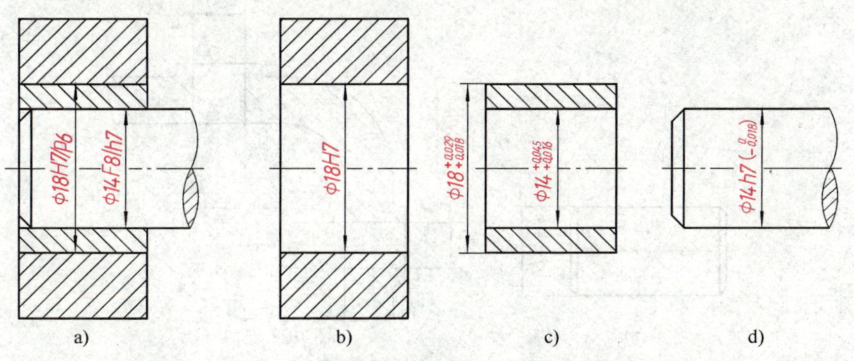

图 7—24　图样上公差与配合的标注方法

（2）在零件图上的标注形式　在零件图上标注公差带代号有以下三种形式：

1）在孔或轴的公称尺寸后面，注出基本偏差代号和公差等级，用公称尺寸数字的同号字体书写，如图 7—24b 中的 $\phi18\mathrm{H7}$。这种形式用于大批量生产的零件图上。

2）在孔或轴的公称尺寸后面，注出极限偏差值。上极限偏差注写在公称尺寸的右上方，下极限偏差注写在公称尺寸的同一底线上，偏差值的字号比公称尺寸数字的字号小一号，如图 7—24c 中的 $\phi18^{+0.029}_{+0.018}$ 和 $\phi14^{+0.045}_{+0.016}$。若上、下极限偏差相同，而符号相反，则可简化标注，如 $\phi50\pm0.02$（小数点后的最后一位数若为零，可省略不写）。若上极限偏差或下极限偏差为零，应注明“0”，且与另一偏差左侧第一位数字对齐，如 $\phi30^{+0.125}_{0}$。这种形式用于单件或小批量生产的零件图上。

3）在孔或轴的公称尺寸后面，既注出基本偏差代号和公差等级，又注出极限偏差数值（偏差数值加括号），如图 7—24d 中的 $\phi14\mathrm{h7}\left(^{\ 0}_{-0.018}\right)$。这种形式用于生产批量不定的零件图上。

配合代号的识读举例见表 7—5。

表 7—5　　**配合代号的识读**

项目 代号	孔的极限偏差	轴的极限偏差	公差	配合制度与类别	公差带图解
$\phi60\mathrm{H7/n6}$	$^{+0.03}_{0}$		0.03	基孔制过渡配合	+ 0 −
		$^{+0.039}_{+0.020}$	0.019		
$\phi20\mathrm{H7/s6}$	$^{+0.021}_{0}$		0.021	基孔制过盈配合	+ 0 −
		$^{+0.048}_{+0.035}$	0.013		
$\phi24\mathrm{G7/h6}$	$^{+0.028}_{+0.007}$		0.021	基轴制间隙配合	+ 0 −
		$^{\ 0}_{-0.013}$	0.013		

三、几何公差

1. 基本概念

零件加工过程中，不仅会产生尺寸误差，也会出现形状和相对位置误差。如加工轴时可能会出现轴线弯曲或大小头的现象，这就是零件形状误差。如图 7—25a 所示圆柱销，除了

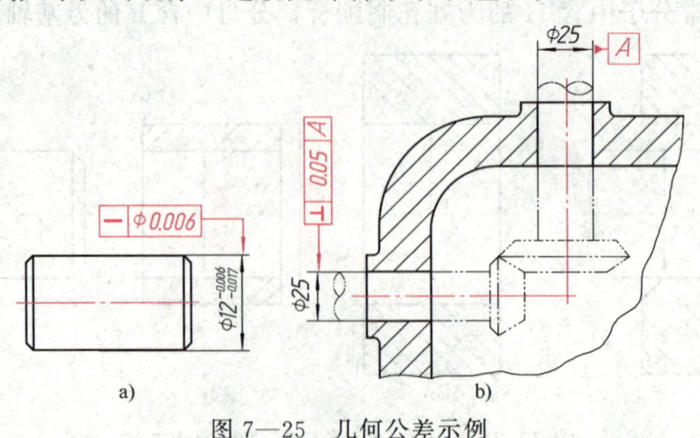

图 7—25　几何公差示例

注出直径的尺寸公差外，还标注了圆柱轴线的形状公差（直线度）代号，它表示圆柱实际轴线必须限定在 ϕ0.006 mm 的圆柱面内。又如图 7—25b 所示，箱体上的两个孔是安装锥齿轮轴的孔，如果两孔的轴线歪斜太大，势必影响一对锥齿轮的啮合传动。为了保证正常的啮合，必须标注方向公差——垂直度。图中代号的意义是：水平孔的轴线必须位于距离为 0.05 mm，且垂直于另一个孔轴线的两平行平面之间。

由此可见，为保证加工零件的装配和使用要求，在图样上除给出尺寸公差、表面结构要求外，还有必要给出几何公差（形状公差、方向公差、位置公差和跳动公差）要求。几何公差在图样上的注法应遵照 GB/T 1182—2008 的规定。

2. 几何公差符号

几何公差的几何特征和符号见表 7—6。

表 7—6　　几何公差的几何特征和符号

公差类型	几何特征	符号	有无基准
形状公差	直线度	—	无
	平面度	⏥	无
	圆度	○	无
	圆柱度	⌭	无
	线轮廓度	⌒	无
	面轮廓度	⌓	无
方向公差	平行度	//	有
	垂直度	⊥	有
	倾斜度	∠	有
	线轮廓度	⌒	有
	面轮廓度	⌓	有
位置公差	位置度	⌖	有或无
	同心度（用于中心点）	◎	有
	同轴度（用于轴线）	◎	有
	对称度	⌯	有
	线轮廓度	⌒	有
	面轮廓度	⌓	有
跳动公差	圆跳动	↗	有
	全跳动	⌰	有

3. 几何公差在图样上的标注

（1）公差框格与基准符号　如图 7—26a 所示，几何公差框格用细实线绘制，分成两格或多格，框格高度是图中尺寸数字高度的 2 倍，框格长度根据需要而定。框格中的字母、数字与图中数字等高。几何公差项目符号的线宽为图中数字高度的 1/10，框格应水平或垂直绘制。图 7—26b 所示为标注带有基准要素几何公差时所用的基准符号，其基准字母注写在基准细实线方格内，与一个涂黑（或空心）的三角形相连。

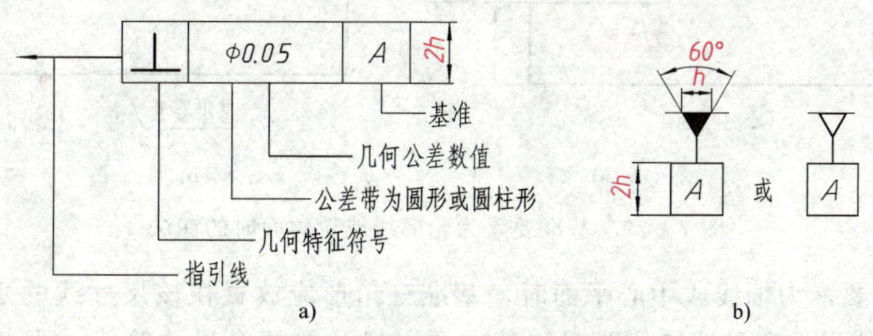

图 7—26　几何公差框格与基准符号

a）几何公差代号　b）基准符号

（2）被测要素的标注　按下列方式之一用指引线连接被测要素和公差框格。指引线引自框格的任意一侧，终端带一箭头。

1）当被测要素为轮廓线或轮廓面时，指引线的箭头指向该要素的轮廓线或其延长线上（应与尺寸线明显错开），如图 7—27a、b 所示。箭头也可指向引出线的水平线，引出线引自被测面，如图 7—27c 所示。

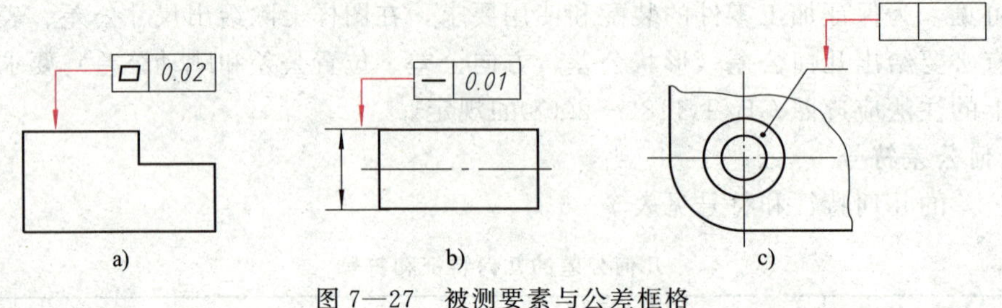

图 7—27　被测要素与公差框格

2）当被测要素为轴线或中心平面时，箭头应位于尺寸线的延长线上，如图 7—28a 所示。公差值前加注 ϕ，表示给定的公差带为圆形或圆柱形。

（3）基准要素的标注　基准要素是零件上用于确定被测要素方向和位置的点、线或面，用基准符号表示，表示基准的字母也应注写在公差框格内，如图 7—28b 所示。

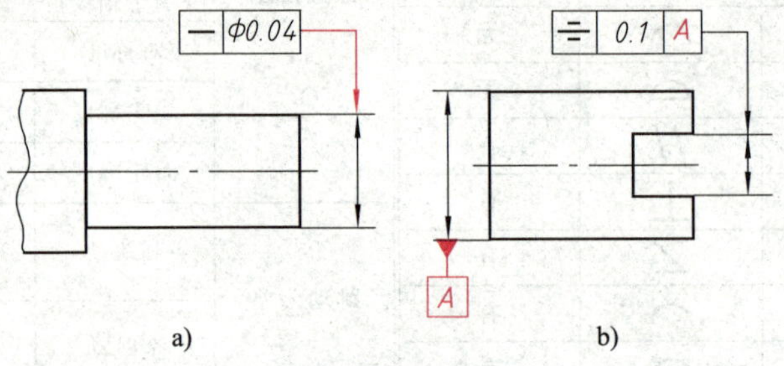

图 7—28　被测要素为轴线或中心平面时的注法

带基准字母的基准三角形应按如下规定放置：

1）当基准要素为轮廓线或轮廓面时，基准三角形放置在要素的轮廓线或其延长线上（应与尺寸线明显错开），如图 7—29 所示。

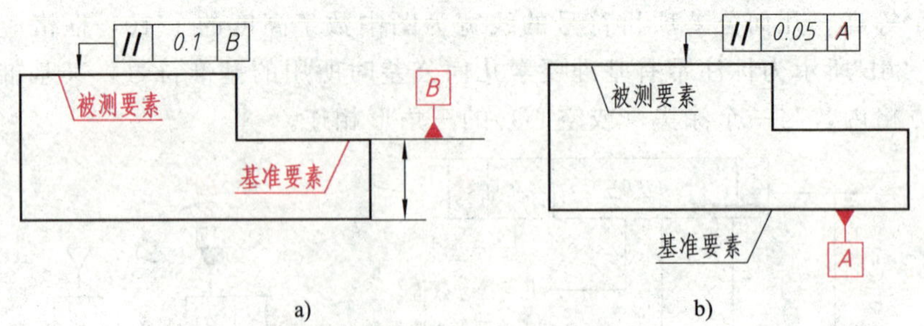

图 7—29　基准要素为轮廓线或轮廓面时的注法

2）当基准要素为轴线或中心平面时，基准三角形应放置在该尺寸线的延长线上，如图 7—30a 所示。如果没有足够的位置标注基准要素尺寸的两个尺寸箭头，则其中一个箭头可用基准三角形代替，如图 7—30b 所示。

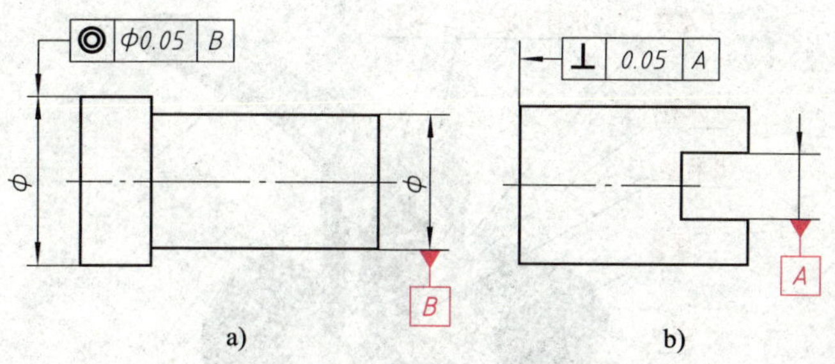

图 7—30　基准要素为轴线或中心平面时的注法

4. 几何公差标注示例

图 7—31 所示为气门阀杆几何公差标注示例。从图中可以看到，当被测要素为轮廓要素时，从框格引出的指引线箭头应指在该要素的轮廓线或其延长线上。当被测要素为轴线或对称中心线（中心要素）时，应将箭头与该要素的尺寸线对齐，如 M8×1 轴线的同轴度注法。当基准要素为轴线时，应将基准符号与该要素的尺寸线对齐，如图 7—31 中的基准 *A*。

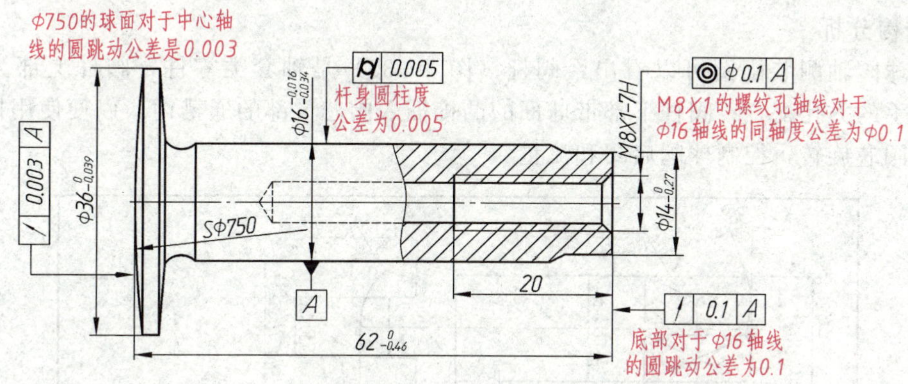

图 7—31　几何公差标注示例

§7—5　读零件图

零件图是制造和检验零件的依据，是反映零件结构、大小和技术要求的载体。读零件图的目的就是根据零件图想象零件的结构形状，了解零件的制造方法和技术要求。为了读懂零件图，最好能结合零件在机器或部件中的位置、功能以及与其他零件的装配关系来读图。下面通过球阀中的主要零件来介绍识读零件图的方法和步骤。

球阀是管路系统中的一个开关，从图 7—32 所示球阀轴测装配图中可以看出，球阀的工作原理是驱动扳手转动阀杆和阀芯，控制球阀启闭。阀杆和阀芯包容在阀体内，阀盖通过四个螺柱与阀体连接。通过以上分析，即可清楚了解球阀中主要零件的功能以及零件间的装配关系。

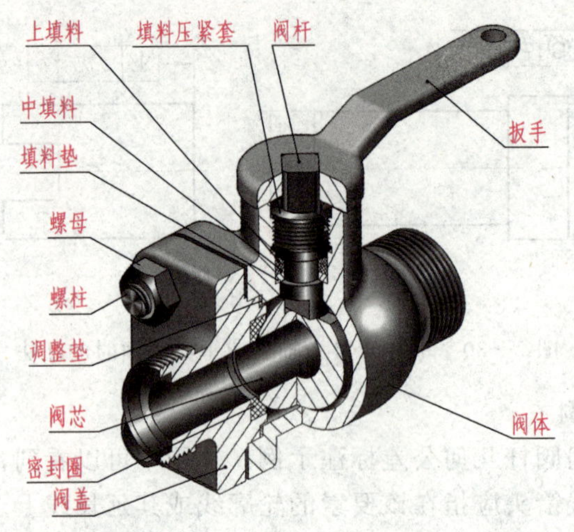

图 7—32　球阀轴测装配图

一、阀杆

1. 结构分析

对照球阀轴测装配图可以看出，阀杆（图 7—33）是轴套类零件，阀杆上部为四棱柱体，与扳手的方孔配合；阀杆下部带球面的凸榫插入阀芯上部的通槽内，以便使用扳手转动阀杆带动阀芯旋转，控制球阀启闭和流量。

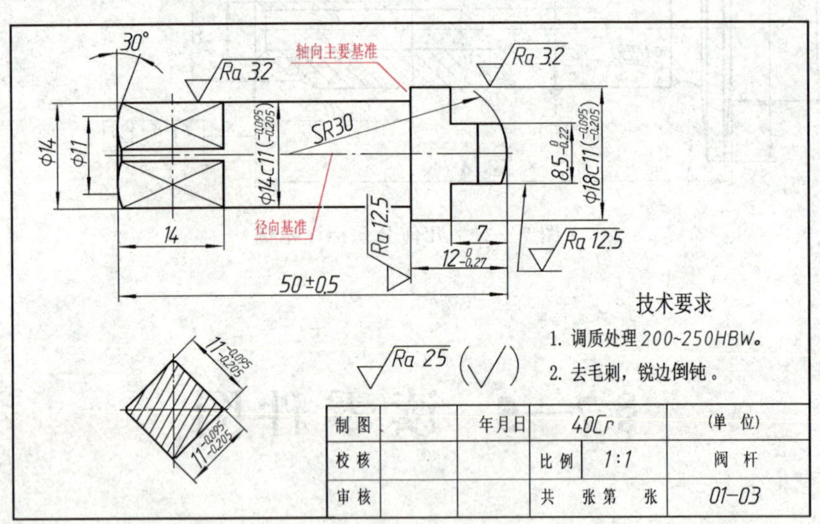

图 7—33　阀杆

2. 表达分析

阀杆零件图用一个基本视图和一个断面图表达，轴套类零件一般在车床上加工，所以阀杆主视图按加工位置将阀杆水平横放。左端的四棱柱体采用移出断面表示。

3. 尺寸分析

阀杆以水平轴线作为径向尺寸基准，也是高度和宽度方向的尺寸基准，由此注出径向各部分尺寸 $\phi14$、$\phi11$、$\phi14c11$（$^{-0.095}_{-0.205}$）、$\phi18c11$（$^{-0.095}_{-0.205}$）。凡尺寸数字后面注写公差带代号或偏差值，一般是指零件该部分与其他零件有配合关系。如 $\phi14c11$（$^{-0.095}_{-0.205}$）和 $\phi18c11$（$^{-0.095}_{-0.205}$）分别与球阀中的填料压紧套和阀体有配合关系（图 7—32），所以表面粗糙度的要求较严，值为 $Ra3.2\ \mu m$。

选择表面粗糙度为 $Ra\ 12.5\ \mu m$ 的中间圆柱端面作为阀杆长度方向的主要尺寸基准（轴向主要基准），由此注出尺寸 $12_{-0.27}^{\ 0}$；以右端面为轴向的第一辅助基准，注出尺寸 50 ± 0.5；以左端面为轴向的第二辅助基准，注出尺寸 14。

阀杆经过调质处理后应达到 200～250HBW，以提高材料的韧性和强度。

二、阀盖

1. 结构分析

对照轴测装配图，阀盖（图 7—34）的右边与阀体有相同的方形法兰盘结构。阀盖通过螺柱与阀体连接，中间的通孔与阀芯的通孔对应。阀盖的左侧有与阀体右侧相同的外管螺纹连接管道，形成流体通道。图 7—35 所示为阀盖轴测图。

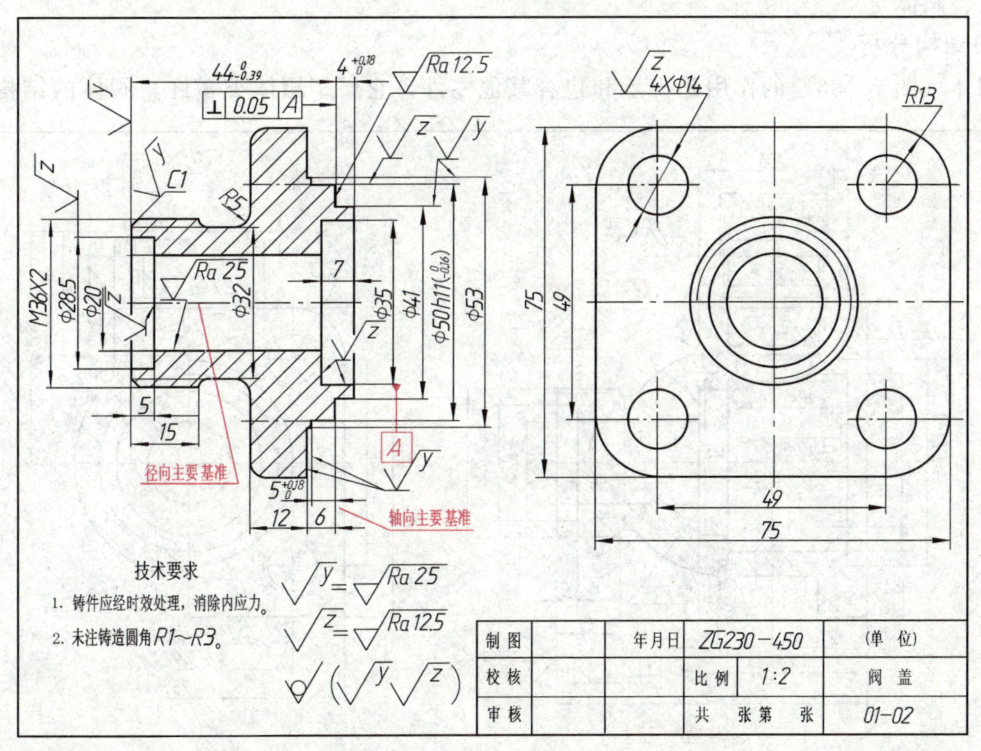

图 7—34　阀盖

2. 表达分析

阀盖零件图用两个基本视图表达，主视图采用全剖视，表示零件的空腔结构以及左端的外螺纹。阀盖属于盘盖类零件。主视图的安放既符合主要加工位置，也符合阀盖在部件中的工作位置。左视图表达了带圆角的方形凸缘和四个均布的通孔。

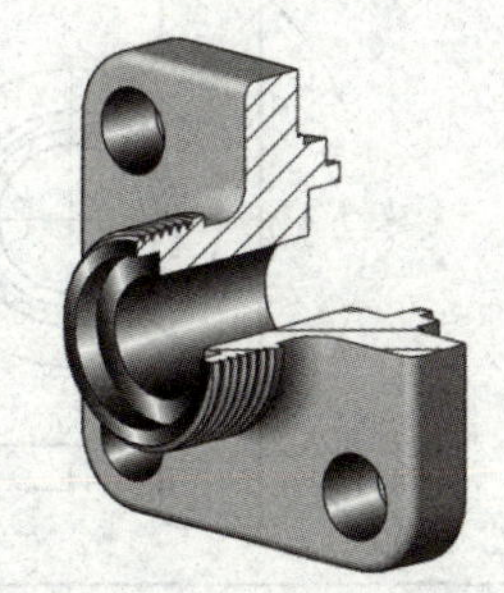

图 7—35　阀盖轴测图

3. 尺寸分析

多数盘盖类零件的主体部分是回转体，所以通常以轴孔的轴线作为径向主要基准，由此注出阀盖各部分同轴线的直径尺寸，方形凸缘也用它作为高度和宽度方向的尺寸基准。在注有公差的尺寸 $\phi 50\text{h}11$ $\left({}^{0}_{-0.16}\right)$ 处，表明在这里与阀体有配合要求。

以阀盖的重要端面（右端凸缘端面）作为轴向主要基准，即长度方向的主要尺寸基准，由此注出尺寸 $4^{+0.18}_{0}$、$44^{0}_{-0.39}$ 以及 $5^{+0.18}_{0}$、6 等。有关长度方向的辅助基准和联系尺寸，请读者自行分析。

4. 了解技术要求

阀盖是铸件，需要进行时效处理，以消除内应力。视图中有小圆角（铸造圆角 $R1 \sim R3$）过渡的表面是非加工表面。注有尺寸公差的 $\phi 50$ 所对应部位，对照球阀轴测装配图可以看出，与阀体有配合关系，但由于相互之间没有相对运动，所以表面粗糙度要求不严，值为 $Ra12.5\ \mu\text{m}$。作为长度方向主要尺寸基准的端面相对阀盖水平轴线的垂直度公差为 0.05 mm。

三、阀体

1. 结构分析

阀体（图 7—36）的作用是支承和包容其他零件，它属于箱体类零件。阀体的结构特征

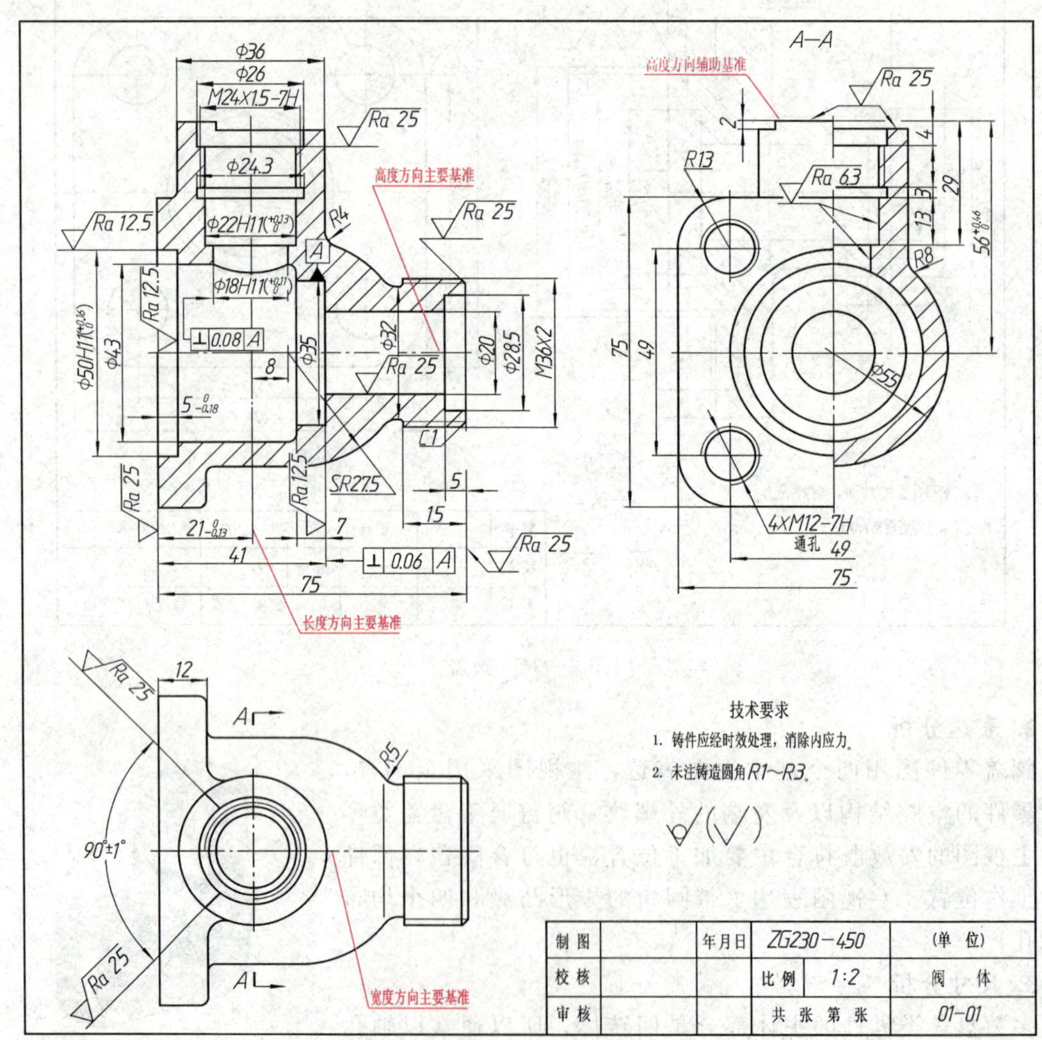

图 7—36　阀体

明显，是一个具有三通管式空腔的零件。水平方向空腔容纳阀芯和密封圈（在空腔右侧 $\phi35$ 圆柱形槽内放密封圈）；阀体右侧有外管螺纹与管道相通，形成流体通道；阀体左侧有 $\phi50^{+0.16}_{0}$ 圆柱形槽与阀盖右侧 $\phi50^{0}_{-0.16}$ 圆柱形凸缘相配合。竖直方向的空腔容纳阀杆、填料和填料压紧套等零件，孔 $\phi18^{+0.11}_{0}$ 与阀杆下部凸缘 $\phi18^{-0.095}_{-0.205}$ 相配合，阀杆凸缘在这个孔内转动。

2. 表达分析

阀体采用三个基本视图，主视图采用全剖视，表达零件的空腔结构；左视图的图形对称，采用半剖视，既表达零件的空腔结构形状，也表达零件的外部结构形状；俯视图表达阀体俯视方向的外形。将三个视图综合起来想象阀体的结构形状，并仔细看懂各部分的局部结构。如俯视图中标注 90°±1°的两段粗短线，对照主视图和左视图看懂 90°扇形限位块，它是用来控制扳手和阀杆的旋转角度的。

图 7—37 所示为阀体轴测图。

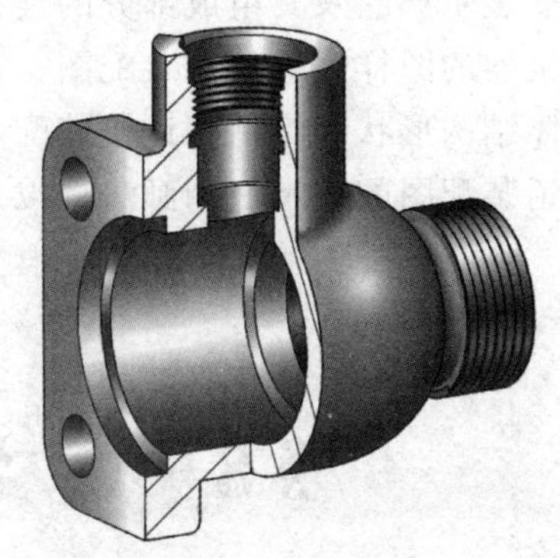

图 7—37　阀体轴测图

3. 尺寸分析

阀体的结构形状比较复杂，标注的尺寸很多，这里仅分析其中一些主要尺寸，其余尺寸请读者自行分析。

（1）以阀体水平孔轴线为高度方向主要基准，注出水平方向孔的直径尺寸 $\phi50$H11（$^{+0.16}_{0}$）、$\phi43$、$\phi35$、$\phi32$、$\phi20$、$\phi28.5$ 以及右端外螺纹 M36×2 等，同时注出水平轴到顶端的高度尺寸 $56^{+0.46}_{0}$（在左视图上）。

（2）以阀体铅垂孔轴线为长度方向主要基准，注出 $\phi36$、$\phi26$、M24×1.5—7H、$\phi22$H11（$^{+0.13}_{0}$）、$\phi18$H11（$^{+0.11}_{0}$）等，同时注出铅垂孔轴线到左端面的距离 $21^{0}_{-0.13}$。

（3）以阀体前后对称面为宽度方向主要基准，在左视图上注出阀体的圆柱体外形尺寸 $\phi55$、左端面方形凸缘外形尺寸 75×75，以及四个螺孔的宽度方向定位尺寸 49，同时在俯视图上注出前后对称的扇形限位块的角度尺寸90°±1°。

4. 了解技术要求

通过上述尺寸分析可以看出，阀体中比较重要的尺寸都标注了偏差数值，与此相对应的表面粗糙度要求也较严，一般为 $Ra6.3$ μm。阀体左端和空腔右端的阶梯孔 $\phi50$、$\phi35$ 分别与密封圈（垫）有配合关系，但因密封圈的材料为塑料，所以相应的表面粗糙度要求稍低，上限值为 $Ra12.5$ μm。零件上不太重要的加工表面粗糙度值一般为 $Ra25$ μm。

思考

观察阀杆、阀盖、阀体三个零件，参照图 7—32，分析并指出其配合尺寸。

第八章 装配图

表示产品及其组成部分的连接、装配关系及其技术要求的图样称为装配图。表示一台完整机器的图样，称为总装配图；表示一个部件的图样，称为部件装配图。装配图是表达机器整体结构形状和零件间连接装配关系的，用以指导机器的装配、检验、调试和维修。本章将介绍装配图的表示法和画法，以及识读装配图和拆画零件图的方法和步骤。

§8—1 装配图的内容和表示法

一、装配图的内容

从图 8—1 所示千斤顶装配图可以看出，一张完整的装配图包括四项基本内容：

1. 一组图形

装配图中的一组图形，用来表达机器（或部件）的工作原理、装配关系和结构特点。前面所述机件的表达方法可以用来表达装配图，但由于装配图表达重点与零件图不同，还需要有一些规定的表示法和特殊的表示法。

2. 必要的尺寸

标注出反映机器（或部件）的规格（性能）尺寸、安装尺寸、零件之间的装配尺寸以及外形尺寸等。

3. 技术要求

用文字或符号注写机器（或部件）的质量、装配、检验、使用等方面的要求。

4. 标题栏、零件序号和明细栏

根据生产组织和管理的需要，在装配图上对每个零件编注序号，并填写明细栏。在标题栏中注明装配体名称、图号、绘图比例以及有关人员的责任签字等。

二、装配图画法的基本规则

根据国家标准的有关规定，并综合前面章节中的有关表述，装配图画法有以下基本规则（图 8—2）：

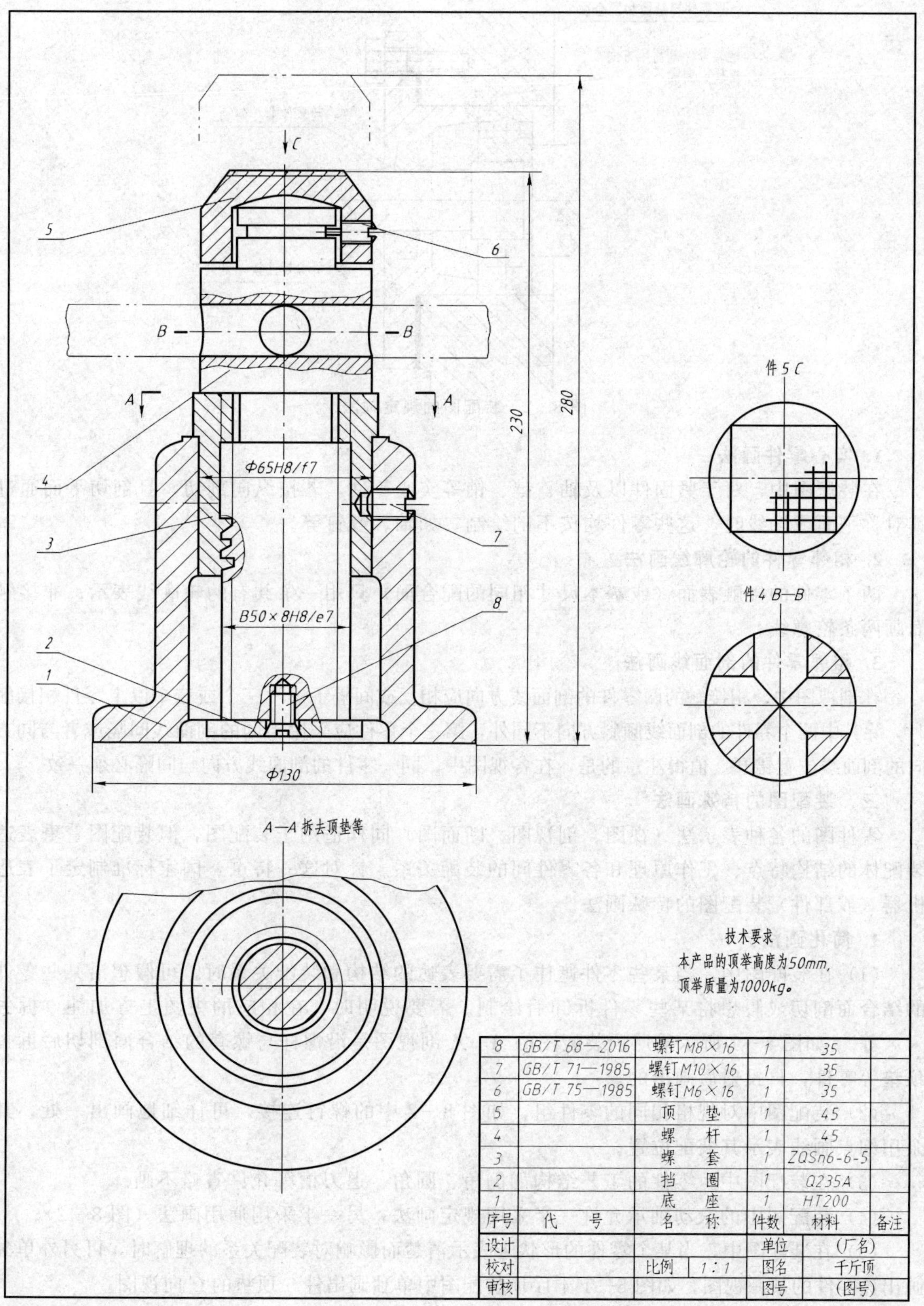

序号	代号	名称	件数	材料	备注
8	GB/T 68—2016	螺钉M8×16	1	35	
7	GB/T 71—1985	螺钉M10×16	1	35	
6	GB/T 75—1985	螺钉M6×16	1	35	
5		顶垫	1	45	
4		螺杆	1	45	
3		螺套	1	ZQSn6-6-5	
2		挡圈	1	Q235A	
1		底座	1	HT200	

设计				单位	(厂名)
校对		比例	1:1	图名	千斤顶
审核				图号	(图号)

图 8—1　千斤顶装配图

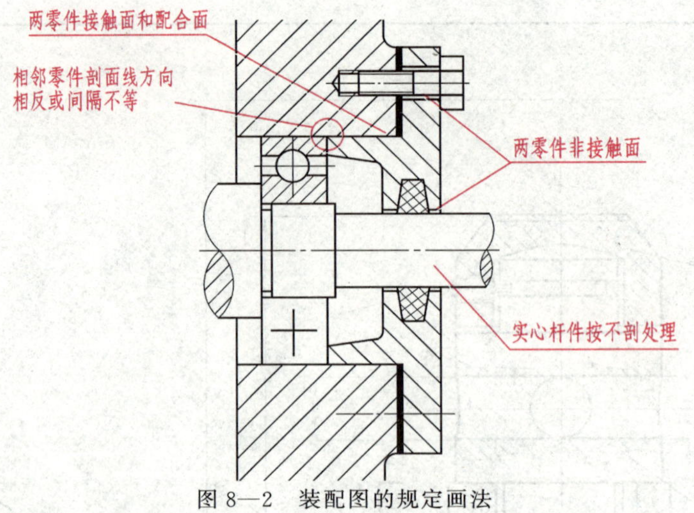

图 8—2　装配图的规定画法

1. 实心零件画法

在装配图中，对于紧固件以及轴、键、销等实心零件，若按纵向剖切，且剖切平面通过其对称平面或轴线时，这些零件均按不剖绘制，如轴、螺钉等。

2. 相邻零件的轮廓线画法

两个零件的接触表面（或基本尺寸相同的配合面）只用一条共有的轮廓线表示；非接触面画两条轮廓线。

3. 相邻零件的剖面线画法

在剖视图中，相接触的两零件的剖面线方向应相反或间隔不等。三个或三个以上零件相接触时，除其中两个零件的剖面线倾斜方向不同外，第三个零件应采用不同的剖面线间隔或者与同方向的剖面线位置错开。值得注意的是，在各视图中，同一零件的剖面线方向与间隔必须一致。

三、装配图的特殊画法

零件图的各种表示法（视图、剖视图、断面图）同样适用于装配图，但装配图着重表达装配体的结构特点、工作原理和各零件间的装配关系。针对这一特点，国家标准制定了表达机器（或部件）装配图的特殊画法。

1. 简化画法

(1) 在装配图中，当某些零件遮住了需要表达的结构和装配关系时，可假想沿某些零件的结合面剖切或假想将某些零件拆卸后绘制。需要说明时，在相应的视图上方加注“拆去××等”。如图 8—1 所示千斤顶装配图的 *A*—*A* 剖视图是沿螺杆与螺套的结合面剖切后拆去顶垫等零件，再投射后画出的。

(2) 装配图中对规格相同的零件组，如图 8—2 中的螺钉连接，可详细地画出一处，其余用细点画线表示其装配位置。

(3) 在装配图中，零件的工艺结构如倒角、圆角、退刀槽等允许省略不画。

(4) 装配图中的滚动轴承允许一半采用规定画法，另一半采用通用画法（图 8—2)。

(5) 在装配图中，当某个零件的形状未表示清楚而影响对装配关系的理解时，可另外单独画出该零件的某一视图，如图 8—1 千斤顶装配图中单独画出件 5 顶垫的 *C* 向视图。

2. 特殊画法

(1) 夸大画法　在装配图中，对于薄片零件或微小间隙，无法按其实际尺寸画出，或图线密集难以区分时，可将零件或间隙适当夸大画出，如图 8—2 中的垫片。

（2）假想画法　为了表示运动零件的运动范围或极限位置，可用粗实线画出该零件的一个极限位置，另一个极限位置则用细双点画线表示。如图 8—1 所示千斤顶主视图中顶垫的极限位置。

§8—2　装配图的尺寸标注、零件序号和明细栏

一、装配图的尺寸标注

装配图不是制造零件的直接依据，因此，装配图中不必注出零件的全部尺寸，只要标注出一些必要的尺寸。这些尺寸按其作用的不同，大致可分为以下四类：

1. 规格（性能尺寸）

表示部件（或机器）规格或性能的尺寸，是设计和选用部件的主要依据。如图 8—1 千斤顶中螺杆的螺纹标记 B50×8H8/e7 就属于规格尺寸，最大升降范围 230～280 则是性能尺寸。

2. 装配尺寸

表示零件之间装配关系的尺寸，包括配合尺寸和重要的相对位置尺寸。如图 8—1 千斤顶中螺套 3 和底座 1 的配合尺寸 ϕ65H8/f7。图 8—10 齿轮油泵中的尺寸 28.76±0.02 属于重要的相对位置尺寸。

3. 安装尺寸

表示将部件安装到机器上或将整机安装到基座上所需的尺寸。如图 8—10 齿轮油泵泵体上两个安装孔的定位尺寸 70。

4. 外形尺寸

表示机器或部件外形轮廓的大小，即总长、总宽和总高尺寸。为包装、运输、安装所需的空间、大小提供依据。如图 8—1 中的 230、ϕ130。

除上述四类尺寸外，有时还要标注其他重要尺寸，如运动零件的极限位置尺寸、主要零件的重要结构尺寸等。

二、装配图上的零件序号和明细栏

部件（或机器）是由许多零件组成的，为区分零件，便于读图，必须对每一种零件编列序号，并逐一写入明细栏中。

1. 零件序号

如图 8—1 所示，零件的序号用指引线（细实线）从零件的可见轮廓内任一点引出，对很薄的零件可涂黑断面，并在指引线端部用箭头指向其轮廓线（如图 8—10 中的序号 5）。在指引线的另一端画水平细实线（或圆），并注写序号，序号的字高应比尺寸数字大一号或两号。

指引线间不得相交，当通过剖面线区域时，不应与剖面线平行，必要时指引线可以画成折线，但只允许曲折一次。一组紧固件及装配关系清楚的零件组，可采用公共指引线；相同零、部件用一个序号，一般只标注一次。

零件序号在装配图中应沿水平或垂直方向排列整齐，并按顺时针或逆时针方向排序。

2. 明细栏

如图 8—1、图 8—10 所示，明细栏通常画在标题的上方并与标题栏相接，当上方位置不够时，可在标题栏左方继续列表。图 1—3a 是国家标准规定的装配图标题栏明细栏。

明细栏中序号应与图中零件序号一致，且自下而上顺次填写。

§8—3 装配结构的合理性

在绘制装配图的过程中，应该考虑到装配结构是否合理，以保证部件（或机器）的性能，并方便零件加工和装拆。确定合理的装配结构，需要一定的设计和生产的实际经验，所以，这里仅对装配结构合理性问题做简单介绍，供阅读和绘制装配图参考。

1. 当轴和孔配合且轴肩与孔的端面相互接触时，应在孔的接触端面制成倒角或在轴肩根部切槽，以保证良好的接触，如图 8—3 所示。

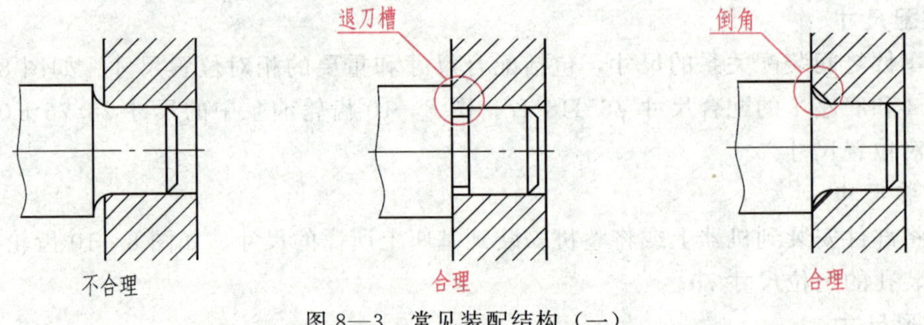

图 8—3 常见装配结构（一）

2. 当两个零件接触时，在同一方向上的接触面最好只有一个，这样既可满足装配要求，又能使制造比较方便。图 8—4a、b 所示为平面接触的正误对比，图 8—4c 所示为圆柱面接触的正误对比。

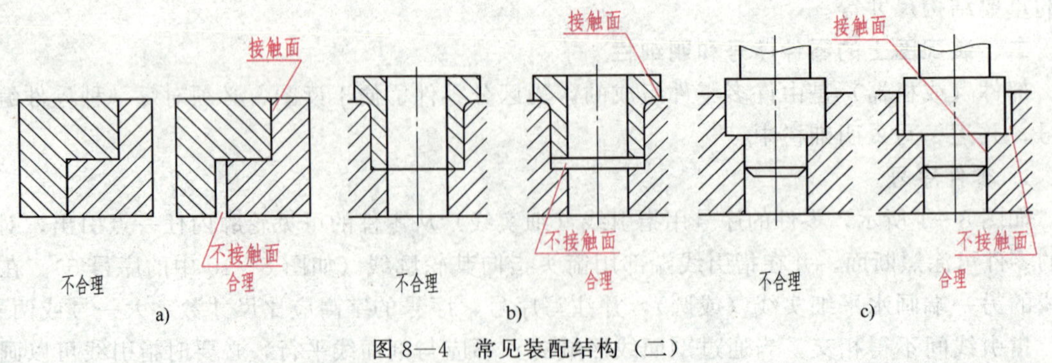

图 8—4 常见装配结构（二）

3. 由于锥面配合能同时确定轴向和径向的位置，因此，当锥孔不通时，锥体和锥孔底部之间必须留有间隙，如图 8—5 所示，$L_2 > L_1$。

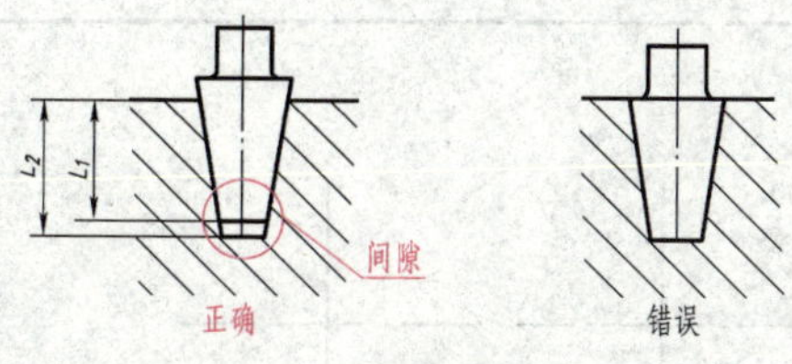

图 8—5　锥面配合

§8—4　画装配图的方法与步骤

画装配图与画零件图的方法与步骤类似，但还要从装配体的整体结构特点、装配关系、工作原理考虑，确定恰当的表达方案。现以千斤顶为例，说明画装配图的方法与步骤。

一、了解和分析装配体

如图 8—6 所示，千斤顶是由底座 1、挡圈 2、螺套 3、螺杆 4、顶垫 5 以及若干标准件（螺钉 6、7）装配而成的。

千斤顶利用螺旋传动来顶举重物，是机械安装或汽车修理常用的一种起重或顶举工具。工作时，绞杠（细双点画线所示）插入螺杆上部的通孔，拨动绞杠，使螺杆 4 转动，通过螺杆、螺套 3 之间螺纹的作用，使螺杆上升而顶起重物。螺套镶在底座 1 内，用螺钉 7 固定。在螺杆的球面形顶部（对照图 8—1 千斤顶装配图）套一个顶垫 5，为了防止顶垫随螺杆一起转动时脱落，在螺杆顶部加工一个环形槽，再用一个紧定螺钉 6 的圆柱形端部伸进环形槽锁定。

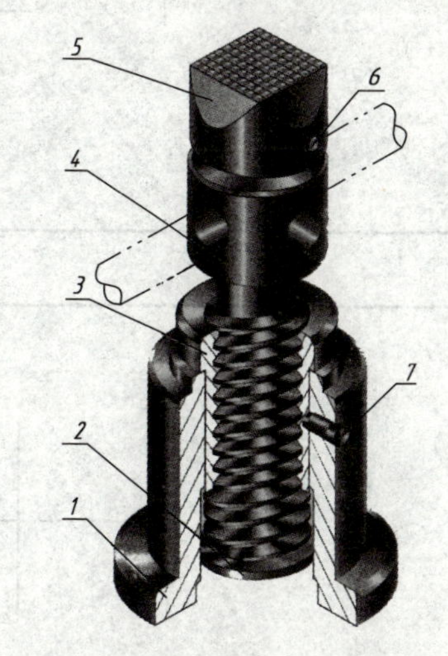

图 8—6　千斤顶轴测装配图

1—底座　2—挡圈　3—螺套　4—螺杆　5—顶垫

6—螺钉 M6×16　7—螺钉 M10×16

二、确定表达方案

千斤顶的主视图按工作位置选取，由于千斤顶的主要零件都是同轴回转体，所以主视图采用通过公共轴线的单一剖切平面获得的全剖视，可清楚地反映从顶垫、螺杆、螺套到底座的装配关系和主要零件的结构形状。

通过俯视图表示千斤顶的外形，可采用沿螺杆与螺套的结合面剖切将主要零件底座的回转体形状表达清楚。另外，再采用局部视图和断面图，分别表示顶垫的上部结构形状以及螺杆上用来穿绞杠的四个通孔的结构。

三、画图步骤

1. 布置图面，画出作图基准线

根据装配体的大小、视图数量，确定比例和图幅，先画作图基准线（对称中心线、轴线和底座的底面基线），如图 8—7a 所示。

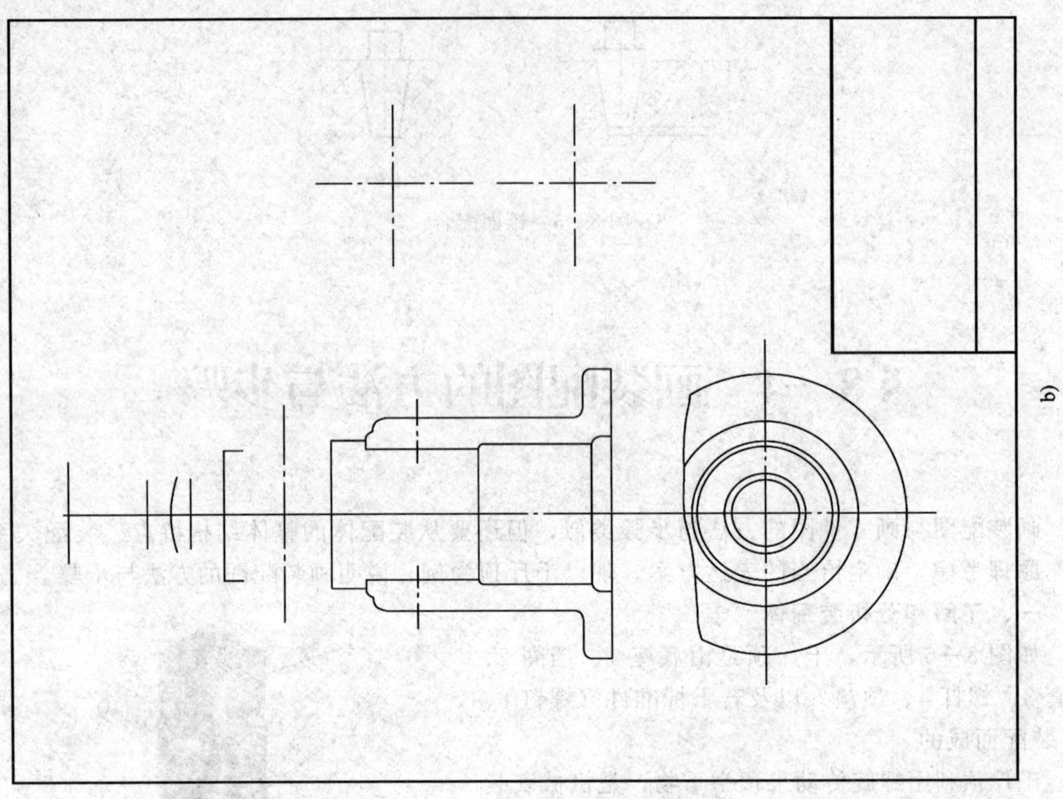
b)

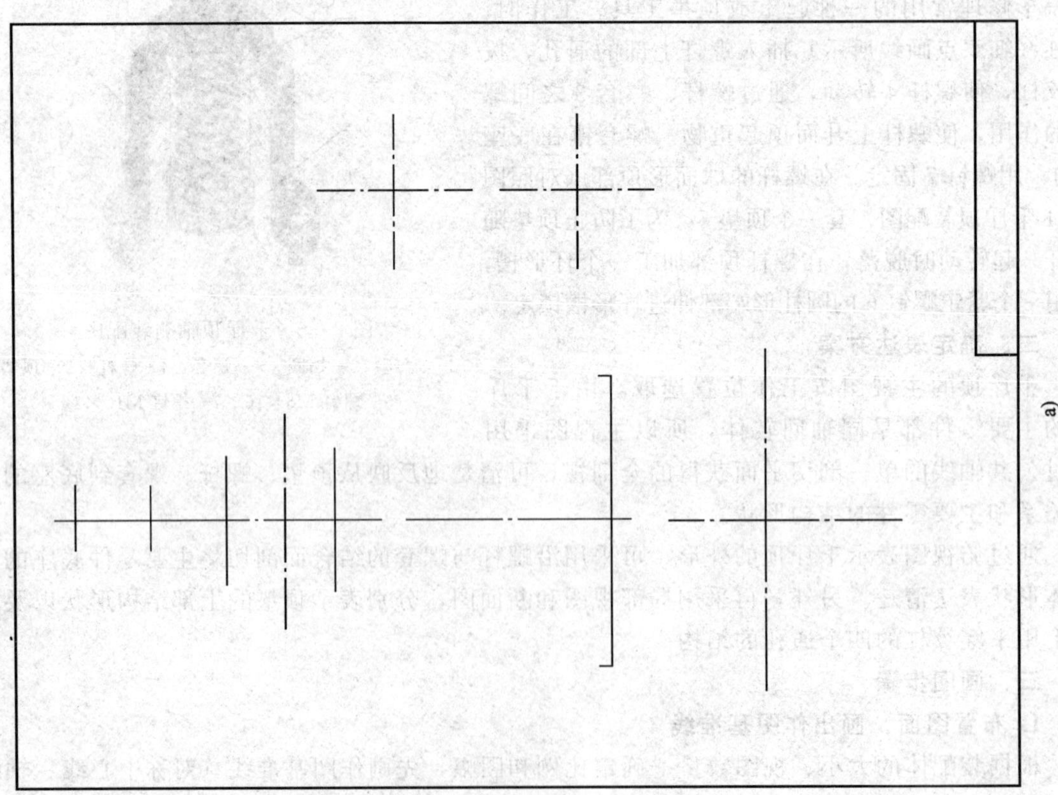
a)

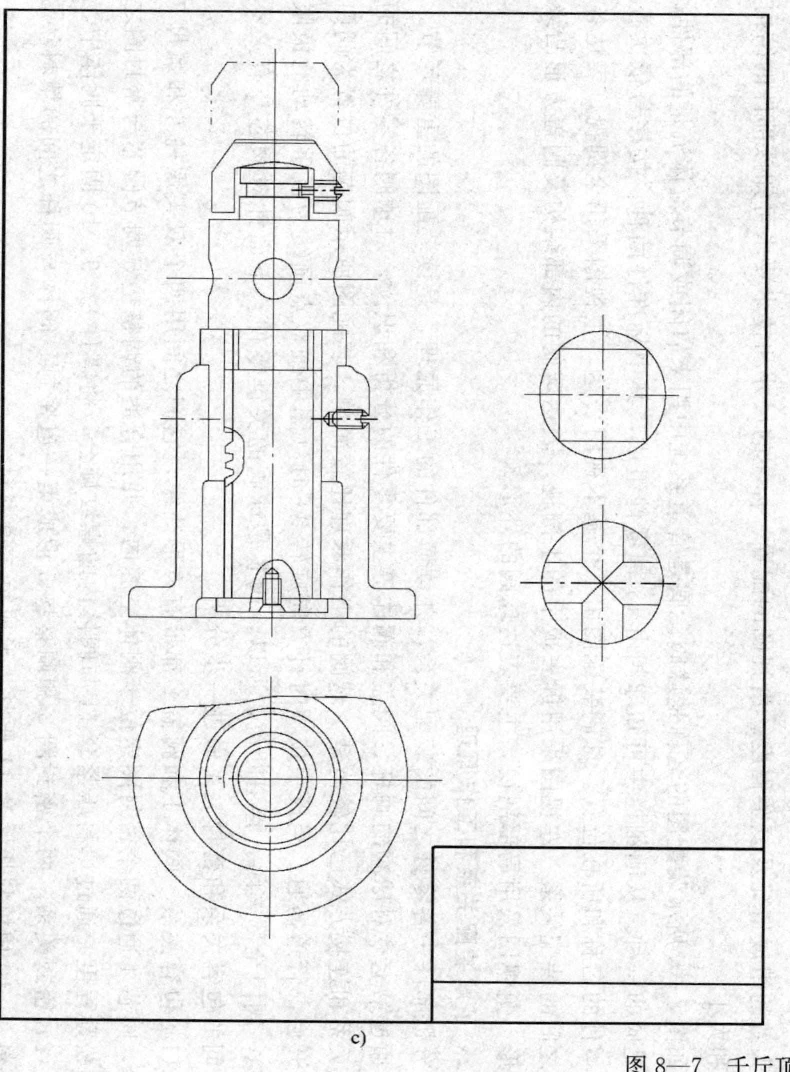

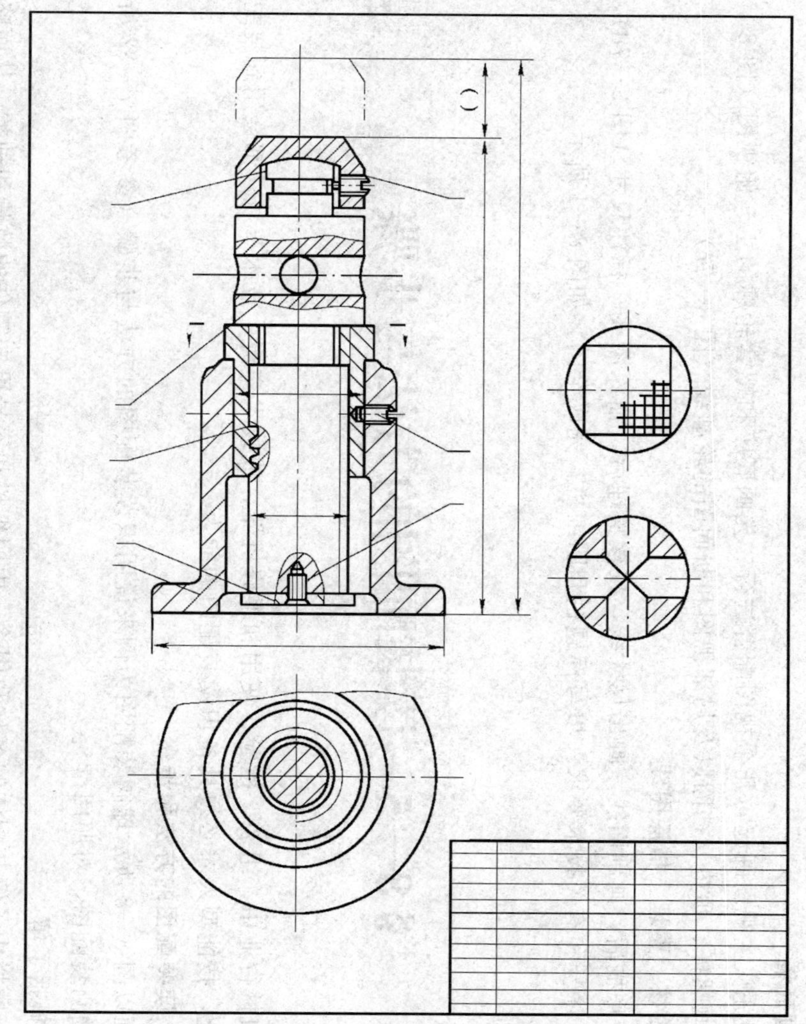

图 8—7　千斤顶装配图画图步骤

2. 画底稿

一般先从主视图画起，几个视图配合进行。先画底座和螺套轮廓的主、俯视图（图 8—7b），再画螺杆、顶垫、挡圈以及局部视图和断面图的轮廓线（图 8—7c）。

3. 校核、整理、描深图线

完成底稿后，画剖面线，画出尺寸线，校核整理后，描深图线，标注尺寸（图 8—7d），注写零件序号和有关技术要求，填写标题栏和明细栏，完成全图，如图 8—1 所示。

§8—5 读装配图的方法与步骤

在机械行业中，组装、检验、使用和维修机器，或技术交流、技术革新，都会用到装配图。因此，技能型人才必须具备识读装配图的能力。

一、读装配图的方法和步骤

下面以图 8—8 所示球阀装配图为例来说明识读装配图的方法与步骤（参考图 7—32 所示球阀轴测装配图，对照阅读）。

1. 概括了解

从标题栏中了解装配体的名称和用途。由明细栏和序号可知零件的数量和种类，从而略知其大致的组成情况及复杂程度。由视图的配置、标注的尺寸和技术要求可知该部件的结构特点和大小。

如图 8—8 所示装配图的名称是球阀。阀是管道系统中用来启闭或调节流体流量的部件，球阀是阀的一种。从明细栏中可知球阀由 13 种零件组成，其中标准件两种。按序号依次查明各零件的名称和所在位置。球阀装配图由三个基本视图表达。主视图采用全剖视，表达各零件之间的装配关系。左视图采用拆去扳手的半剖视，表达球阀的内部结构及阀盖方形凸缘的外形。俯视图采用局部剖视，主要表达球阀的外形。

2. 了解装配关系和工作原理

分析部件中各零件之间的装配关系，并读懂部件的工作原理，是读装配图的重要环节。

通过第七章对球阀的阀杆、阀盖和阀体等主要零件的分析和识读，对球阀各零件之间的装配关系和连接方式已比较清楚。球阀的工作原理比较简单，装配图所示阀芯的位置为阀门全部开启，管道畅通。当扳手按顺时针方向旋转 90°时（图中细双点画线为扳手转动的极限位置），阀门全部关闭，管道断流。所以，阀芯是球阀的关键零件。下面针对阀芯与有关零件之间的包容关系和密封关系做进一步分析。

（1）包容关系　阀体 1 和阀盖 2 都带有方形凸缘，它们之间用四个双头螺柱 6 和螺母 7 连接，阀芯 4 通过两个密封圈定位于阀体空腔内，并用合适的调整垫 5 调节阀芯与密封圈之间的松紧程度。通过填料压紧套 11 与阀体内的螺纹旋合，将零件 8、9、10 固定于阀体中。

（2）密封关系　两个密封圈 3 和调整垫 5 形成第一道密封。阀体与阀杆之间的填料垫 8 及填料 9、10 用填料压紧套 11 压紧，形成第二道密封。

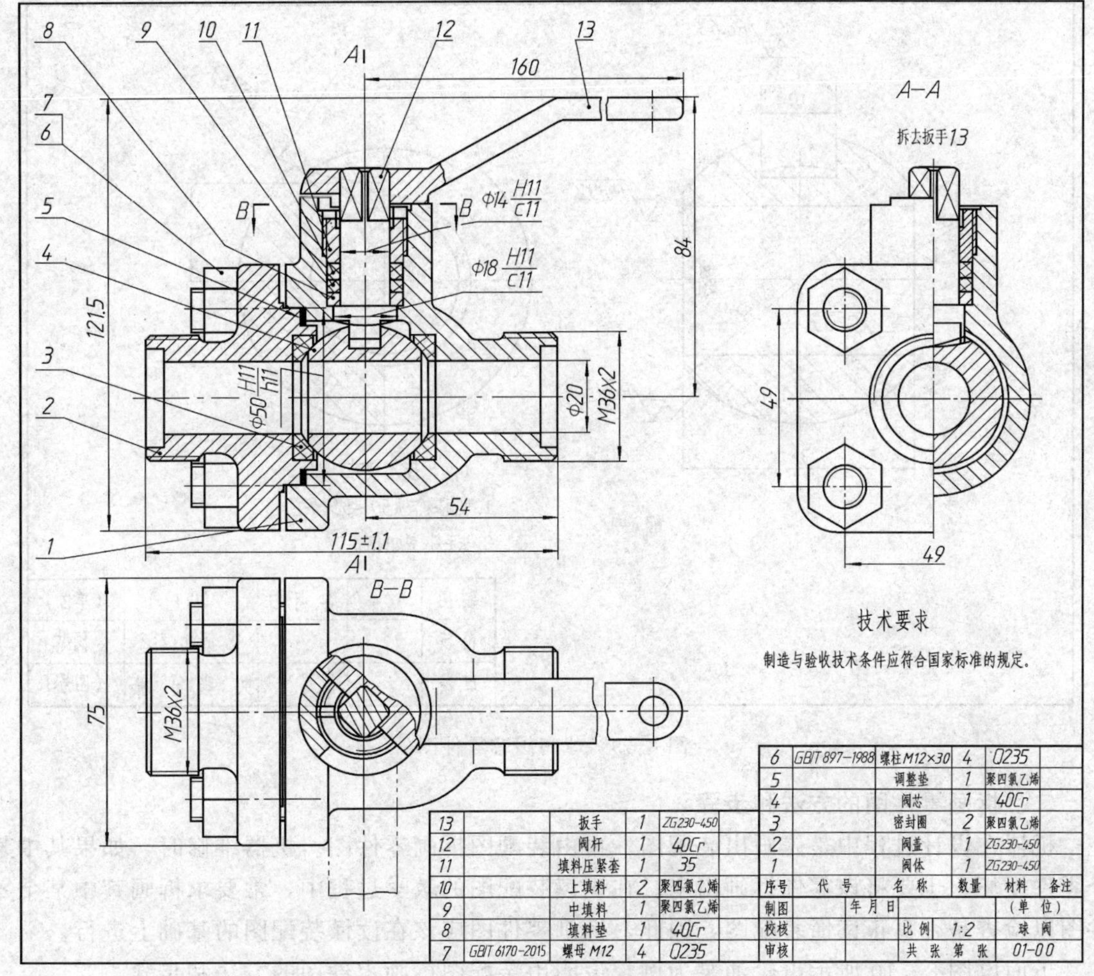

序号	代号	名称	数量	材料	备注
1		阀体	1	ZG230-450	
2		阀盖	1	ZG230-450	
3		密封圈	2	聚四氯乙烯	
4		阀芯	1	40Cr	
5		调整垫	1	聚四氯乙烯	
6	GB/T 897—1988	螺柱 M12×30	4	Q235	
7	GB/T 6170—2015	螺母 M12	4	Q235	
8		填料垫	1	40Cr	
9		中填料	1	聚四氯乙烯	
10		上填料	2	聚四氯乙烯	
11		填料压紧套	1	35	
12		阀杆	1	40Cr	
13		扳手	1	ZG230-450	

图 8—8　球阀装配图

3. 分析零件，读懂零件结构形状

利用装配图特有的表达方法和投影关系，将零件的投影从重叠的视图中分离出来，从而读懂零件的基本结构形状和作用。

例如球阀阀芯，从装配图的主、左视图中根据相同的剖面线方向和间隔，将阀芯的投影轮廓分离出来，结合球阀的工作原理以及阀芯与阀杆的装配关系，从而完整地想象出阀芯是一个左、右两边截成平面的球体，中间是通孔，上部是圆弧形凹槽，如图 8—9 所示。

4. 分析尺寸，了解技术要求

装配图中标注必要的尺寸，包括规格（性能）尺寸、装配尺寸、安装尺寸和总体尺寸。其中装配尺寸与技术要求有密切关系，应仔细分析。

例如，球阀装配图中标注的装配尺寸有三处：ϕ50H11/h11 是阀体与阀盖的配合尺寸；ϕ14H11/c11 是阀杆与填料压紧套的配合尺寸；ϕ18H11/c11 是阀杆下部凸缘与阀体的配合尺寸。为了便于装拆，三处均采用基孔制间隙配合。此外，技术要求还包括部件在装配过程中或装配后必须达到的技术指标（如装配的工艺和精度）要求，以及对部件的工作性能、调试与试验方法、外观等的要求。

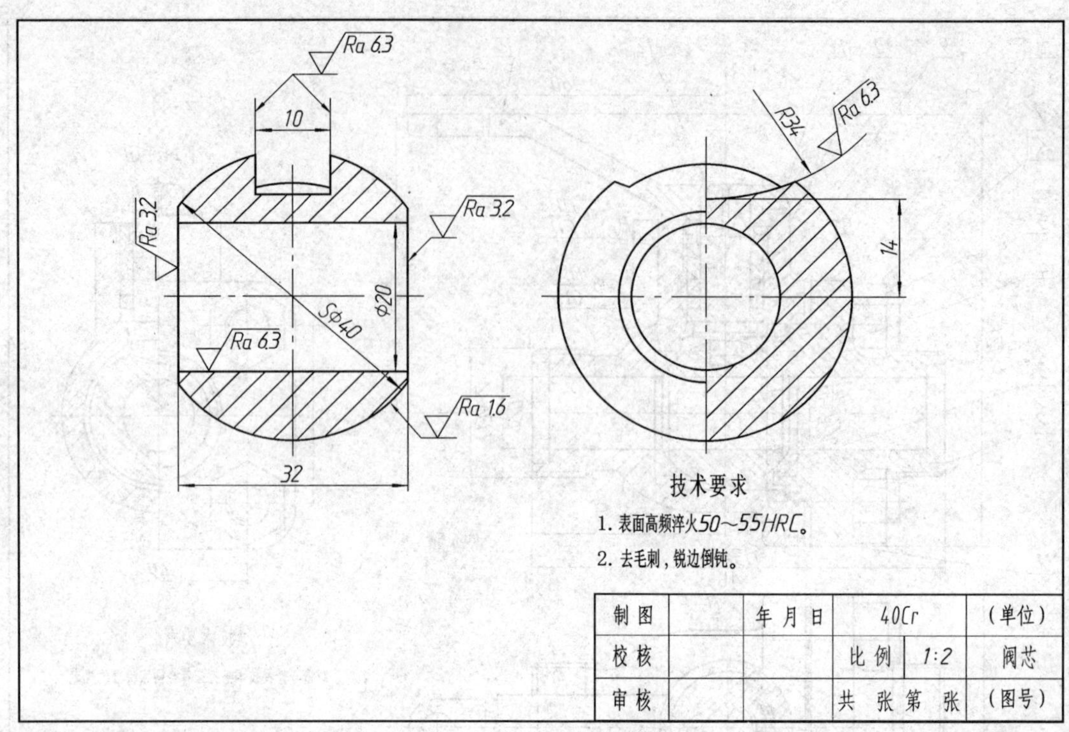

图 8—9　球阀阀芯零件图

二、拆画零件图的方法和步骤

机器在设计过程中是先画出装配图，再由装配图拆画零件图。机器维修时，如果其中某个零件损坏，也要将该零件拆画出来。在识读装配图的教学过程中，常要求拆画其中某个零件图以检查是否真正读懂装配图，因此，拆画零件图应该在读懂装配图的基础上进行。

下面以图 8—10 所示齿轮油泵为例，说明由装配图拆画零件图的方法和步骤。

1. 概括了解

齿轮油泵是机器中用来输送润滑油的一个部件，由泵体，左、右端盖，传动齿轮轴和齿轮轴等 15 种零件装配而成。

齿轮油泵装配图用两个视图表达。全剖的主视图表达了零件间的装配关系，左视图沿左端盖处的垫片与泵体结合面剖开，并用局部剖画出油孔，表示了部件吸、压油的工作原理及其外部形状。

2. 了解部件的装配关系和工作原理

泵体 6 的内腔容纳一对齿轮。将齿轮轴 2、传动齿轮轴 3 装入泵体后，由左端盖 1、右端盖 7 支承这一对齿轮轴的旋转运动。由销 4 将左、右端盖与泵体定位后，再用螺钉 15 连接。为防止泵体与泵盖结合面及齿轮轴伸出端漏油，分别用垫片 5 及密封圈 8、压盖 9、压盖螺母 10 密封。

左视图反映部件吸、压油的工作原理。如图 8—11 所示，当主动轮逆时针方向转动时，带动从动轮顺时针方向转动，两轮啮合区右边的油被齿轮带走，压力降低形成负压，油池中的油在大气压力的作用下，进入油泵低压区内的吸油口，随着齿轮的转动，齿槽中的油不断地沿箭头方向被带至左边的压油口把油压出，送至机器需要润滑的部分。

技术要求

1. 齿轮安装后，应转动灵活。
2. 两齿轮轮齿的接触斑点应占齿高的3/4以上。

序号	代号	名称	数量	材料	备注
15	GB/T 70.1—2008	螺钉M6×16	12	35	
14	GB/T 1096—2003	键 4×10	1	45	
13	GB/T 6170—2015	螺母M12×1.5	1	35	
12	GB/T 93—1987	垫圈	1	65Mn	
11		传动齿轮	1	45	
10		压盖螺母	1	35	
9		压盖	1	ZCuSn5-5-5	
8		密封圈	1	毛毡	
7		右端盖	1	HT200	
6		泵体	1	HT200	
5		垫片	2	纸	$\delta=1$
4	GB/T 119.1—2000	销5m6×18	4	45	
3		传动齿轮轴	1	45	$m=3,\ z=9$
2		齿轮轴	1	45	$m=3,\ z=9$
1		左端盖	1	HT200	

制图		年 月 日		（单位）
校核			比例	齿轮油泵
审核			共 张 第 张	（图号）

图 8—10 齿轮油泵装配图

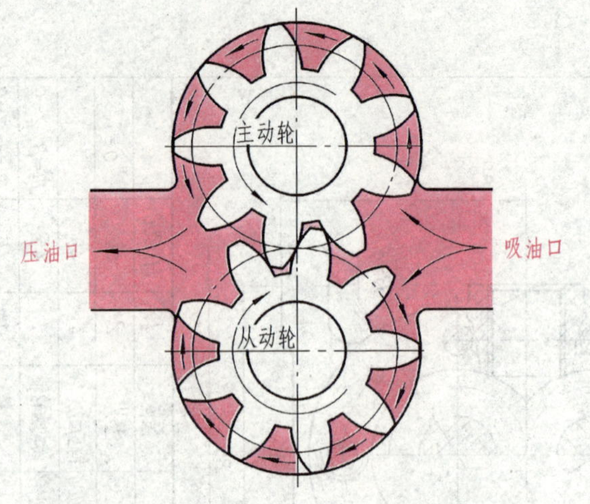

图 8—11 齿轮油泵工作原理

3. 分析零件，拆画零件图

对部件中主要零件的结构形状做进一步分析，可加深对零件在装配体中的功能以及零件间装配关系的理解，也为拆画零件图打下基础。

根据明细栏与零件序号，在装配图中逐一对照各零件的投影轮廓进行分析，其中标准件是规定画法，垫片、密封圈、压盖和压盖螺母等零件形状都比较简单，不难看懂。本例需要分析的零件是泵体和左、右端盖。

分析零件的关键是将零件从装配图中分离出来，再通过投影想象形体，弄清该零件的结构形状。下面以齿轮油泵中的泵体为例，说明分析和拆画零件的过程。

（1）分离零件 根据方向、间隙相同的剖面线将泵体从装配图中分离出来，如图 8—12a 所示。由于在装配图中泵体的可见轮廓线可能被其他零件（如螺钉、销等）遮挡，所以分离出来的图形可能是不完整的，必须补全（如图中红色图线）。对照主、左视图进行分析，想象出泵体的整体形状，如图 8—12b 所示。

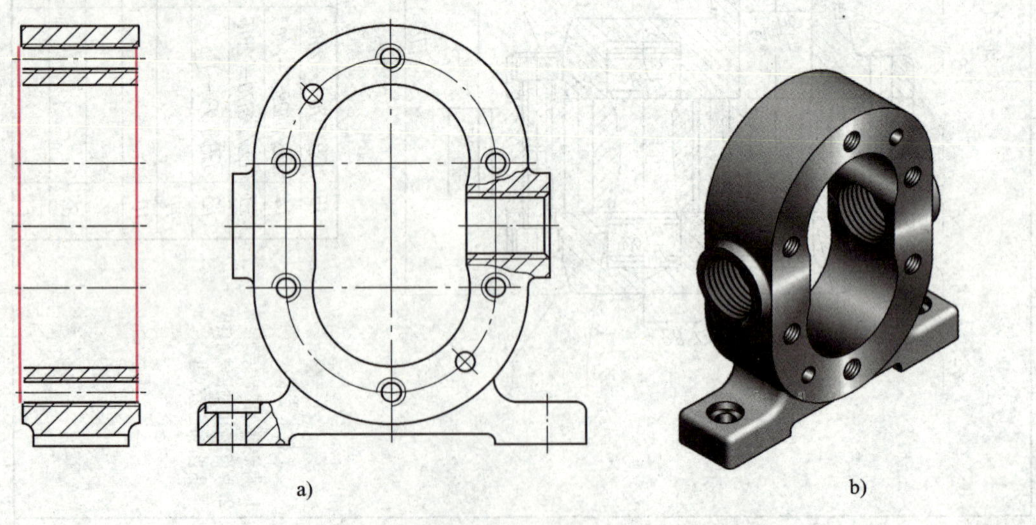

图 8—12 拆画泵体

a）分离出泵体 b）泵体轴测图

（2）确定零件的表达方案　零件的视图表达应根据零件的结构形状确定，而不是从装配图中照抄。在装配图中，泵体的左视图反映了容纳一对齿轮的长圆形空腔以及与空腔相通的进、出油孔，同时也反映了销钉与螺钉孔的分布以及底座上沉孔的形状，因此，画零件图时将这一方向作为泵体主视图的投射方向比较合适。装配图中省略未画出的工艺结构如倒角、退刀槽等，在拆画零件图时应按标准结构要素补全。

（3）零件图的尺寸标注　装配图中已经注出的重要尺寸直接抄注在零件图上，如 ϕ33H8/f7 是一对啮合齿轮的齿顶圆与泵体空腔内壁的配合尺寸，28.76±0.02 是一对啮合齿轮的中心距尺寸，R_p3/8 是进、出油口的管螺纹尺寸。另外，还有油孔中心高尺寸 50、底板上安装孔定位尺寸 70 等。其中配合尺寸应标注公差带代号，或查表注出上、下偏差数值。

装配图中未注的尺寸，可按比例从装配图中量取，并加以圆整。某些标准结构，如键槽的深度和宽度、沉孔、倒角、退刀槽等，应查阅有关标准注出。

（4）零件图的技术要求　零件的表面粗糙度、尺寸公差和几何公差等技术要求，要根据该零件在装配体中的功能以及该零件与其他零件的关系来确定。零件的其他技术要求可用文字注写在标题栏附近。图 8—13 所示为根据齿轮油泵装配图拆画的泵体零件图。

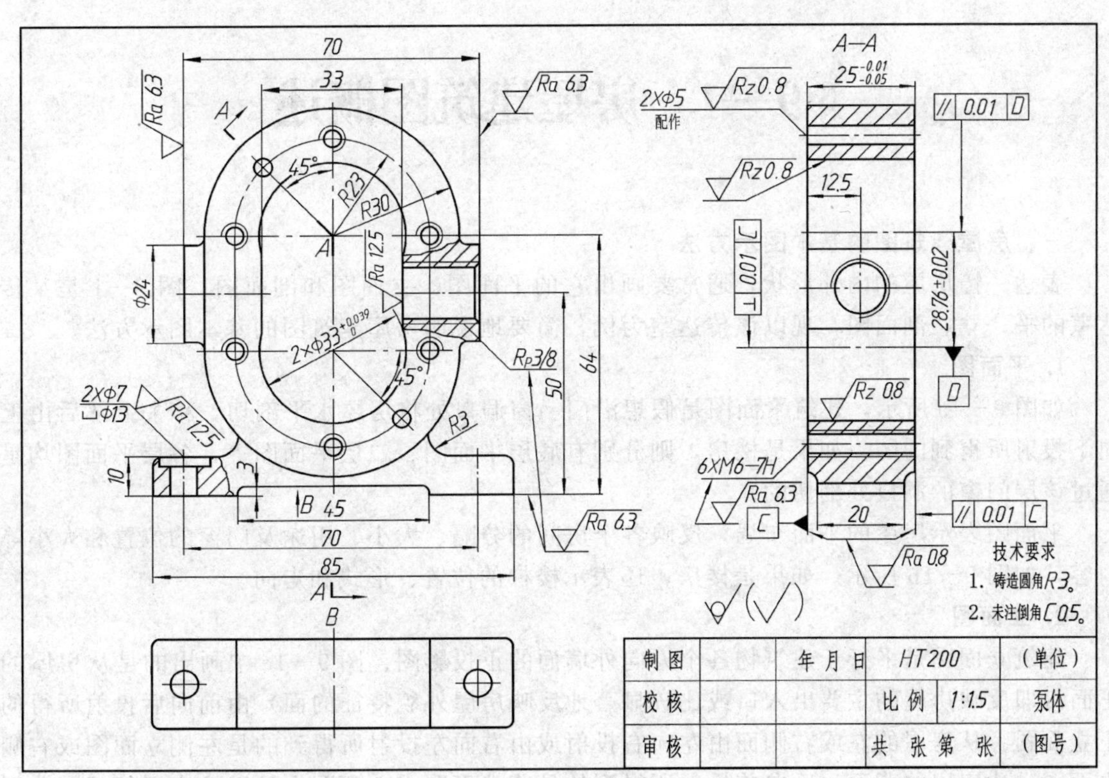

制图		年 月 日	HT200		（单位）
校核			比 例	1:1.5	泵体
审核			共 张 第 张		（图号）

图 8—13　泵体零件图

第九章

房屋建筑图简介

房屋建筑图与机械图一样，都是按正投影法绘制的，但由于建筑物的形状、大小、结构以及材料与机械零、部件存在很大差别，所以在表达方法上也有所不同。在学习本章时，必须弄清房屋建筑图与机械图的区别，熟悉国家对建筑工程方面的有关标准规定，掌握房屋建筑图的表达方法和图示特点。

§9—1 房屋建筑图概述

一、房屋建筑图的基本图示方法

表达一幢房屋的内外形状，通常要画出它的平面图、立面图和剖面图。图 9—1 是某传达室的平、立、剖面图，现以该传达室为例，简要地说明房屋建筑图的基本图示方法。

1. 平面图

如图 9—1a 所示，建筑平面图是假想沿门、窗洞口处将房屋水平剖切，移去上部后由上向下投射所得到的图。如果是楼房，则分别有底层平面图、二层平面图等，各层平面图均是通过该层门窗的洞口处剖切的。

平面图表示房屋的平面布局，反映各个房间的分隔、大小、用途及门窗的位置和大小等内容，如图 9－1b 所示。如果是楼房，还表示楼梯的位置、形式和走向。

2. 立面图

建筑立面图是平行于建筑物各个方向外墙面的正投影图。图 9—1c 中画出的是从房屋的正面（即反映房屋的主要出入口或比较显著地反映房屋外貌特征的面）由前向后投射所得的正立面图；从房屋的左或右侧面由左向右投射或由右向左投射所得到的是左侧立面图或右侧立面图；从房屋的背面由后向前投射所得到的是背立面图。立面图也可以按房屋的朝向分别称为东立面图、南立面图、西立面图和北立面图。

立面图表示房屋的外貌，反映房屋的高度、屋面的形式、门窗的位置以及墙面的材料和做法等。

3. 剖面图

假想用侧平面（或正平面）将房屋剖开，如图 9—1d 所示，移去处于观察者和剖切平面之间的部分，将余下部分向投影面投射所得到的图称为建筑剖面图。在图 9—1b 的平面图中画出了剖切符号，根据剖切符号所示的剖切位置和投射方向画出了 1—1 剖面图，如图 9—1e 所示。

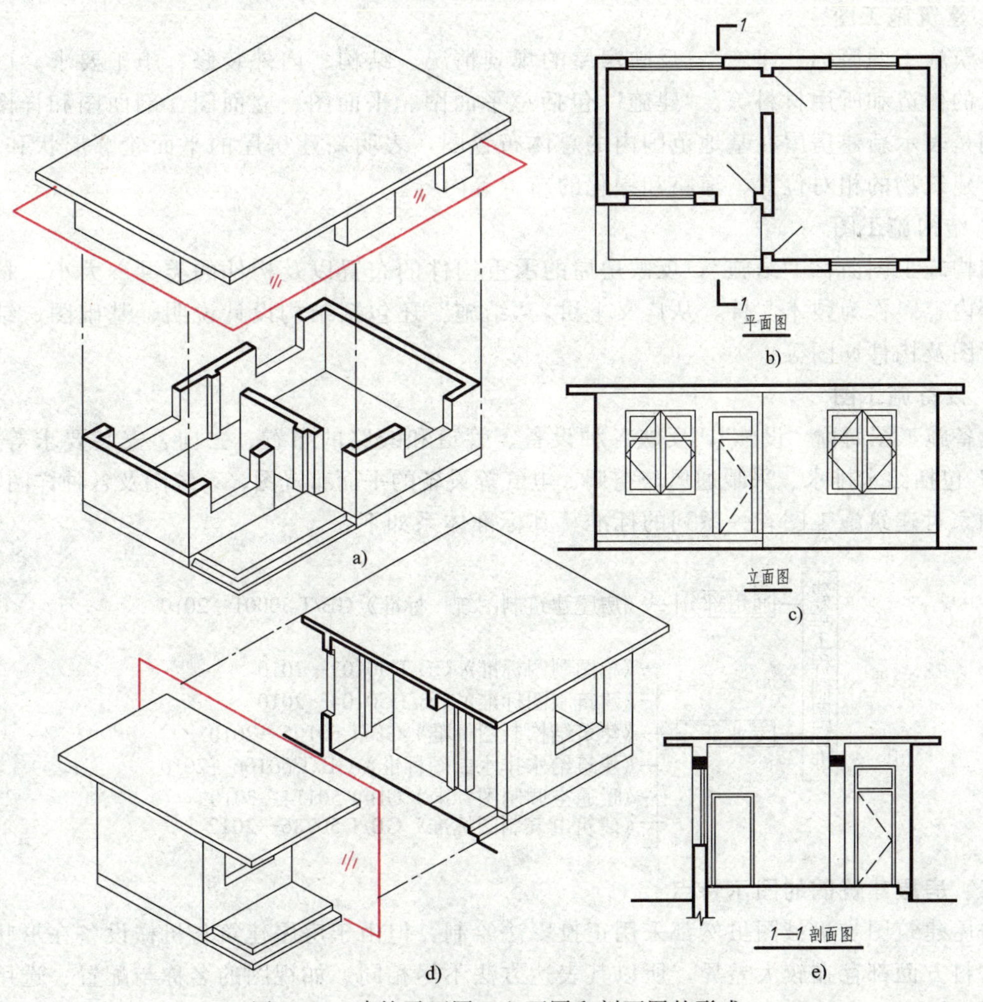

图 9—1　建筑平面图、立面图和剖面图的形成

剖面图表示房屋内部的结构形式、主要构件之间的相互关系，以及地面、门窗、屋面的高度等。

二、房屋建筑图的分类

主要表达建筑物的规划情况，以内外装修、构造和施工要求为内容的图样称为建筑施工图，表达房屋建筑的图样也称房屋建筑图。

建筑工程是按施工图进行的，施工图是施工安装、编制施工预算和制作非标准件等的依据。施工图可分为建筑、结构、给水排水、采暖通风与空调、电气等专业图样。一套房屋施工图通常包括五大类。

1. 图纸目录

说明本套图纸的类别，各类图纸的名称、张数和图号顺序，以便查找。

2. 设计总说明

主要说明工程的概况和总要求，包括本工程项目的设计依据、设计规模和建筑面积；本工程项目的相对标高与总图绝对标高的对应关系；建筑选材及施工要求；采用新技术、新材料及有特殊要求的做法说明等内容。对于简单工程，上述内容可分别在施工图上表述。

3. 建筑施工图

建筑施工图简称“建施”，反映房屋的规划情况、结构、内外装修、施工要求，以及建筑节点的构造和所用材料等。“建施”包括总平面图、平面图、立面图、剖面图和详图。总平面图是表示新建房屋在基地范围内的总体布置图，表明新建房屋的平面轮廓形状和层数、与原有建筑物的相对位置、道路和绿化的布置等内容。

4. 结构施工图

结构施工图简称“结施”，反映房屋的承重构件的布置以及构件的类型、大小、材料和构造等内容。作为技术文件，从广义上讲，“结施”还包括结构设计说明、基础图、结构平面布置图及构件详图等。

5. 设备施工图

设备施工图简称“设施”，反映各种设备、管道和线路的布置、去向、安装要求等内容。“设施”包括给水排水、采暖通风与空调、电气等设备的平面布置图、系统图及各种详图等。

国家对建筑施工图有一系列的标准，其标准体系如下：

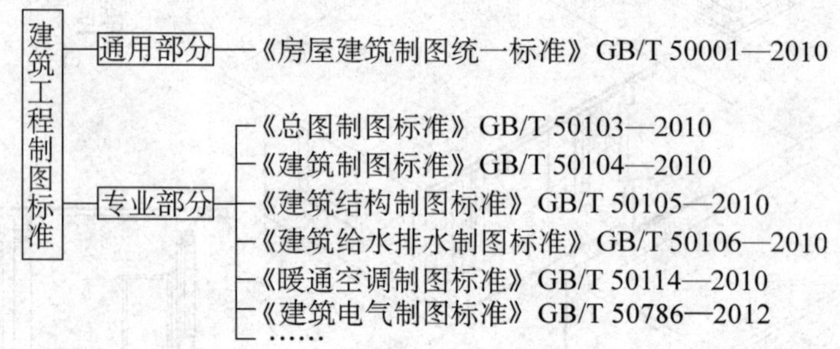

三、房屋建筑图的图示特点

房屋建筑图与机械图虽然都采用正投影法绘制，但由于房屋建筑与机械设备在形状、大小及材料方面都存在较大差异，所以其表达方法不尽相同。如视图的名称与配置、选用的比例、线型规格、尺寸注法等都各有特点。下面以图 9—2 所示传达室的建筑施工图为例，说明房屋建筑图的图示特点。

1. 图样的名称与配置

房屋建筑图与机械图图样名称的区别见表 9—1。

表 9—1　　房屋建筑图与机械图的图样名称对照

房屋建筑图	正立面图	侧立面图	平面图	剖面图	断面图	建筑详图
机械图	主视图	左视图或右视图	俯视方向的全剖视图	剖视图	断面图	局部放大图

房屋建筑图的视图配置（排列），通常是将平面图画在正立面图的下方。如果需要绘制左、右侧立面图，也常将左侧立面图画在正立面图的左方，右侧立面图画在正立面图的右方，也可以将平面图、立面图分别画在不同的图纸上。剖面图或详图，可根据需要用不同的比例画在图纸的空白处或画在另外的图纸上，如图 9—2 所示。

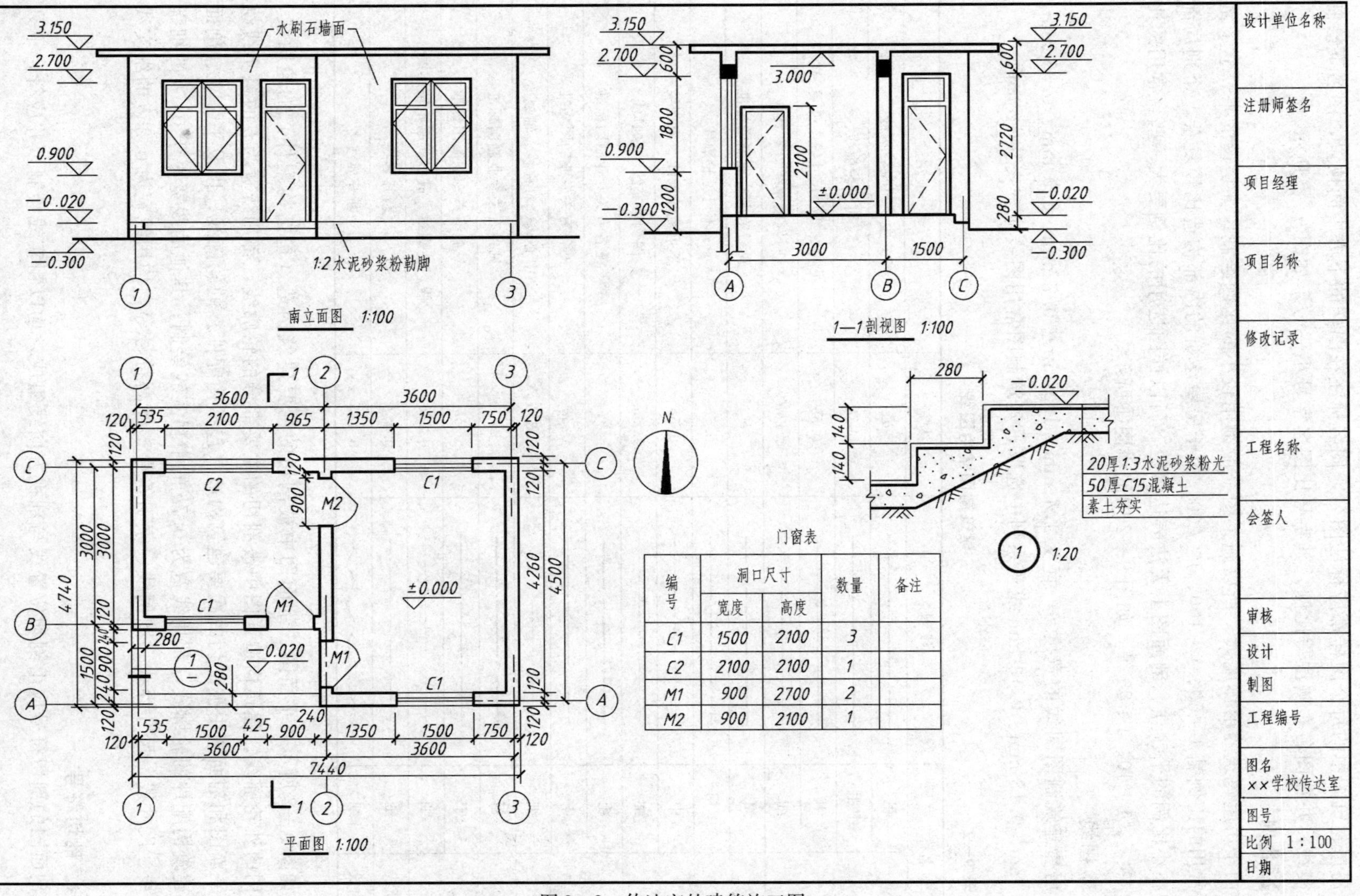

门窗表

编号	洞口尺寸 宽度	洞口尺寸 高度	数量	备注
C1	1500	2100	3	
C2	2100	2100	1	
M1	900	2700	2	
M2	900	2100	1	

图9—2 传达室的建筑施工图

房屋建筑图中的每个图样都应标注图名，图名标注在图样的下方中间位置，图名下绘制一粗实线，并在图名右侧注写比例，其字号比图名字号小一号，如图 9—2 所示。

2. 比例

由于房屋建筑的形体庞大，所以施工图一般都用较小的比例绘制。如房屋的平、立、剖面图常用的比例是 1∶50、1∶100、1∶200。由于房屋建筑的内部构造比较复杂，个别局部结构在小比例的平、立、剖面图上无法表达清楚，所以详图选用的比例要大一些，常用的比例为 1∶5、1∶10、1∶20 等，如图 9—2 中的详图①所示。

3. 图线

房屋建筑制图图线的宽度 b，宜从 1.4 mm、1.0 mm、0.7 mm、0.5 mm、0.35 mm、0.25 mm、0.18 mm、0.13 mm 线宽系列中选取，建筑制图常用图线应按表 9—2 选取。

表 9—2　　建筑制图常用图线

名称		线型	线宽	一般用途
实线	粗	————	b	主要可见轮廓线
	中粗	————	$0.7b$	可见轮廓线
	中	————	$0.5b$	可见轮廓线、尺寸线、变更云线
	细	————	$0.25b$	图例填充线、家具线
虚线	粗	- - - - - -	b	见各有关专业制图标准
	中粗	- - - - - -	$0.7b$	不可见轮廓线
	中	- - - - - -	$0.5b$	不可见轮廓线、图例线
	细	- - - - - -	$0.25b$	图例填充线、家具线
单点长画线	粗	—·—·—	b	见各有关专业制图标准
	中	—·—·—	$0.5b$	见各有关专业制图标准
	细	—·—·—	$0.25b$	中心线、对称线、轴线等
双点长画线	粗	—··—··—	b	见各有关专业制图标准
	中	—··—··—	$0.5b$	见各有关专业制图标准
	细	—··—··—	$0.25b$	假想轮廓线、成型前原始轮廓线
折断线	细	——\/\——	$0.25b$	断开界线
波浪线	细	～～～	$0.25b$	断开界线

如图 9—2 所示，平面图、剖面图中被剖切的主要建筑构造（包括构配件）的轮廓线、立面图的外轮廓线、建筑构造详图中被剖切的主要部分的轮廓线，都用线宽为 b 的粗实线绘制；平面图和剖面图中被剖切的次要建筑构造（包括构配件）的轮廓线，以及平、立、剖面图中建筑构配件的轮廓线，都用线宽为 $0.7b$ 的中粗实线绘制；其他的线宽小于 $0.7b$ 的细部图形线、尺寸线、尺寸界线、图例线、索引符号、标高符号等，均用线宽为 $0.25b$ 的细实线绘制。

4. 剖切符号

剖面图的剖切符号应由剖切位置线与剖视方向线组成，均以粗实线绘制，并应符合下列规定：

（1）剖切位置线的长度宜为 6～10 mm。剖视方向线与剖切位置线垂直，长度为 4～6 mm，也可采用国际统一和常用的剖视方法。

（2）剖切符号的编号采用加粗的阿拉伯数字，按剖切顺序由左至右、由下向上连续编排，并应注写在剖视方向线的端部。

（3）需要转折的剖切位置线，应在转角的外侧加注与该符号相同的编号。

（4）建筑物剖面符号应注在±0.000 标高的平面图或首层平面图上。

（5）断面图的剖切符号只用剖切位置线表示，编号宜采用阿拉伯数字，并应注写在该断面的剖视方向一侧。

5．标题栏

建筑图中的标题栏与机械制图中的不同，如图 9－2 所示，根据工程需要确定其尺寸、格式及分区等。

四、房屋建筑图的尺寸标注

如图 9—3 所示，在房屋建筑图上的尺寸应包括尺寸界线、尺寸线、尺寸起止符号和尺寸数字。尺寸界线用细实线绘制，其一端应离开图样轮廓线不小于 2 mm，另一端宜超出尺寸线 2～3 mm；尺寸线用细实线绘制，应与被注长度平行，且不宜超出尺寸界线；尺寸起止符号用中粗斜短线绘制，其倾斜方向应与尺寸界线成顺时针 45°，长度为 2～3 mm；尺寸数字应根据读数方向在靠近尺寸线的上方中部注写。尺寸单位除标高及总平面图以米为单位外，均以毫米为单位。

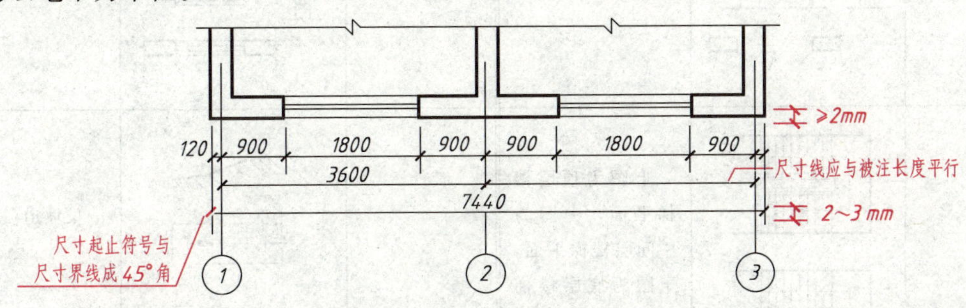

图 9—3　尺寸标注

五、房屋建筑图的图例

由于建筑平、立、剖面图是采用小比例绘制的，有些内容不可能按实际情况画出，为便于画图和看图，建筑图上许多设施、典型构造装饰、建材等都用图例、符号表示。表 9—3 为常用的构配件的图例。

表 9—3　　常用的建筑构造及配件图例（摘自 GB/T 50104—2010）

名称	图例	说明	名称	图例	说明
空门洞	h	h 为门洞高度	竖向卷帘门		

续表

名称	图例	说明	名称	图例	说明
单面开启单扇门（包括平开或单面弹簧）		门的名称代号用M表示。在平面图中，下为外，上为内；开启线90°、60°、45°，宜绘出启弧线。在立面图中，开启线实线为外开，虚线为内开。开启线交角的一侧为安装合页一侧。开启线在建筑立面图中可不表示，在大样图中需绘出	单层外开平开窗		窗的立面形式应按实际情况绘制；窗的名称代号用C表示。在平面图中，下为外，上为内；在立面图中，开启线实线为外开，虚线为内开；开启线交角的一侧为安装合页一侧。开启线在建筑立面图中可不表示，在大样图中需绘出
双层单扇平开门			单层推拉窗		
单面开启双扇门（包括平开或单面弹簧）			百叶窗		
楼梯	下 下 上 上	上图为顶层楼梯平面，中图为中间层楼梯平面，下图为底层楼梯平面 楼梯及栏杆扶手的形式和梯段踏步数应按实际情况绘制	坡道	下	长坡道
				下	门口坡道

在剖面图的截断面内画出与物体相应的材料图例，以说明该形体的材料。常用的建筑材料图例见表9—4，图例中的斜线一律画成45°细实线。

表9—4　　常用建筑材料图例

名称	图例	说明
自然土壤		包括各种自然土壤
夯实土壤		

名称	图例	说明
普通砖		(1) 包括实心砖、多孔砖、砌块等砌体 (2) 当断面较窄、不易画出图例线时，可涂红，并在图纸备注中加注说明，画出材料图例
混凝土		(1) 本图例仅适用于能承重的混凝土及钢筋混凝土 (2) 包括各种强度等级、骨料、添加剂的混凝土 (3) 断面较窄、不易画出图例线时，可涂黑 (4) 在剖面图上画出钢筋时，不画图例线
钢筋混凝土		
饰面砖		包括铺地砖、陶瓷锦砖、人造大理石等
砂、灰土		靠近轮廓线点较密的点
毛石		
金属		(1) 包括各种金属 (2) 图形小时可涂黑
木材		(1) 上图为横断面，从左向右依次为垫木、木砖、木龙骨 (2) 下图为纵断面
防水材料		构造层次较多或比例较大时，采用上面图例
塑料		包括各种软、硬塑料及有机玻璃等
粉刷		本图例采用较稀的点

在房屋建筑图中，对比例小于或等于1∶50的平、剖面图，砖墙的剖面符号不画斜线；对比例小于或等于1∶100的平、剖面图，钢筋混凝土构件（如柱、梁、板等）的建筑材料图例可不必画出，而在底图上涂黑表示。

六、房屋建筑图中的常用符号

1. 定位轴线

在房屋建筑施工图中，通常要画出房屋的基础、墙、柱、屋架等承重构件的轴线，并进行编号，以便施工时定位放线和查阅图纸，这些轴线称为定位轴线。如图 9—2 所示，定位轴线用细点画线绘制，轴线编号注写在轴线端部的圆内，圆用细实线绘制，直径为 8 mm。在平面图上横向编号采用阿拉伯数字，从左向右依次编写，如图 9—2 的平面图上横向编号为 1 到 3，竖向编号用大写拉丁字母自下而上顺次编写，如图 9—2 平面图上竖向编号为 A 到 C。立面图或剖面图上一般只需画出两端的定位轴线。

2. 标高符号

房屋建筑图中，宜标注室内外地坪、楼地面、地下层地面、阳台、平台、檐口、门、窗、台阶等处的标高，标高符号的画法如图 9—4 所示。标高的数字一律以米为单位，并注写到小数点以后第三位。常以房屋的底层室内地面作为零点标高，注写形式为：±0.000；零点标高以上为“正”，标高数字前不必注写“+”号；零点标高以下为“负”，标高数字前必须加注“−”号。标高的注写形式可参见图 9—2 中所示。

45°　±0.000　3mm　3.150　1.300　−0.300

图 9—4　标高符号

3. 详图索引和详图标志符号

在房屋建筑图中某一局部或构配件需要另见详图时，应以索引符号索引。如在图 9—2 的平面图中画出了索引符号⊖等，并在适当位置画出的节点详图上，标注了详图符号①等。标注索引符号和详图符号的方法规定如下：

（1）索引符号　如图 9—5 所示，用一引出线在需另画详图的局部或构件处引出，在引出线的另一端画一细实线圆，其直径为 10 mm，并画一水平细实线直径，在上半圆中用阿拉伯数字注明该详图的编号，下半圆中用阿拉伯数字注明该详图所在图纸的编号，如图 9—5a 所示；如果详图与被索引的图样同在一张图纸内，则在下半圆中间画一水平细实线，如图 9—5b 所示；索引出的详图，若采用标准图，应在索引符号水平直径的延长线上加注该标准图册的编号，如图 9—5c 所示；如索引符号用于索引局部断面详图时，应在被剖切的部位绘制剖切线，并以引出线引出索引符号，引出线所在的一侧为投射方向（图 9－5d）。

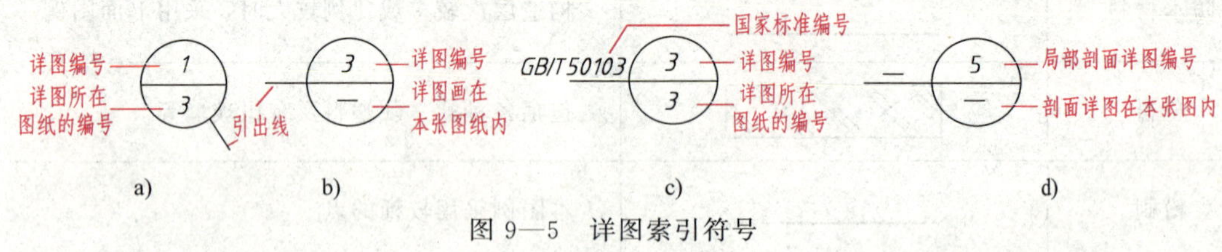

图 9—5　详图索引符号

（2）详图符号　详图符号为一粗实线圆，直径为14 mm，其表示方法如图 9—6 所示。图 9—6a 表示该详图的编号为 3，被索引的图样与该详图同在一张图纸内；图9—6b 表示该详图的编号为 4，与被索引的图样不在同一张图纸内，而在第 2 号图纸内。

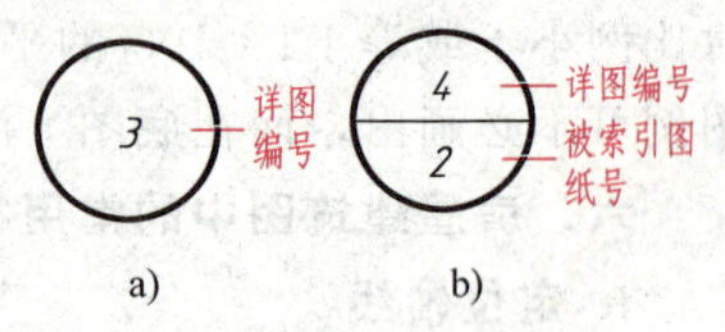

图 9—6　详图符号

4. 指北针

如图 9—2 中的平面图右上角所示，指北针用细实线绘制，圆的直径为 24 mm，指针尖为北向，并在指针头部注写

"北"或"N"；指针尾部宽度为 3 mm，若需用较大直径绘制时，指针尾部宽度宜为直径的 1/8。

§9—2 读房屋建筑施工图

阅读房屋建筑施工图必须在掌握投影原理、图示方法，熟悉建筑施工图中常用的各种图例、符号、线型、尺寸和比例等含义基础上进行。读图过程中，应注重学习、观察，了解建筑物的相关基本知识，逐步认识建筑施工图中常涉及的有关专业知识。

一套完整的房屋建筑施工图，简单的有几张，复杂的有几十张，甚至上百张。阅读时，首先应看首页图纸目录和设计总说明，这样既便于查阅图纸，又可对该建筑物有一个概括的了解。然后再按"建施"、"结施"和"设施"的顺序通读一遍，以初步了解该建筑物的大小、形状、结构形式和设备、设施等。

阅读建筑施工图时，一般按平面图、立面图、剖面图、详图的顺序进行，并按先整体后局部，由外向内，先文字说明后图样，先图形后尺寸的顺序依次仔细阅读。下面以图 9－7 和图 9－8 所示某二层双联别墅的建筑平、立和剖面图为例，介绍房屋建筑施工图的主要内容和阅读方法。

一、建筑平面图

建筑平面图集中地反映出水平方向上建筑物各部分的组合关系及建筑使用功能方面的情况，是建筑施工图中必不可少的基本视图之一。

建筑平面图与建筑物的层数相对应，即房屋建筑有几层，一般就要画出几个平面图，而且还要添画一个顶层平面图。

图 9－7 所示的是二层双联别墅的首层平面图，绘图比例为 1∶100。由表示朝向的指北针可以看出该别墅坐北朝南。该建筑东西总长 12 982 mm，南北总宽 15 080 mm，其平面形状、大小及房间功能区划分如下：以南北向中轴线④为中心，将建筑分为东西对称的两个户型；每户南北各有一个入户门，南面为前门；首层布局由南向北，整体长方形，经台阶入户有一个 2 200 mm×1 800 mm 的小门厅，之后是起居室、餐厅、洗衣间、储藏室、卫生间、1 间卧室和 1 间厨房，在起居室有一个通往二层楼的楼梯，表明不是单层建筑。每一间的具体尺寸可通过东西横向的定位轴线①、②、③、…、⑦和南北竖向的定位轴线Ⓐ、Ⓑ、Ⓒ、Ⓓ、Ⓔ查阅得知。

首层平面图上，在表示门、窗和楼梯的图例旁注写代号，可以看出，每户一层有 2 个 C1 型和 1 个 C2 型的窗户，前门是 M5 型的不等边的双开门，北门是个门联窗 MLC1，室内还有 5 个小门 M1～M4 等，门窗的具体形式、尺寸、材料及构造可查阅对应的门窗表，此处从略。

同理，通过阅读图 9－8 所示的二层平面图，可了解二层房间的布局、形状、大小以及门窗位置等。

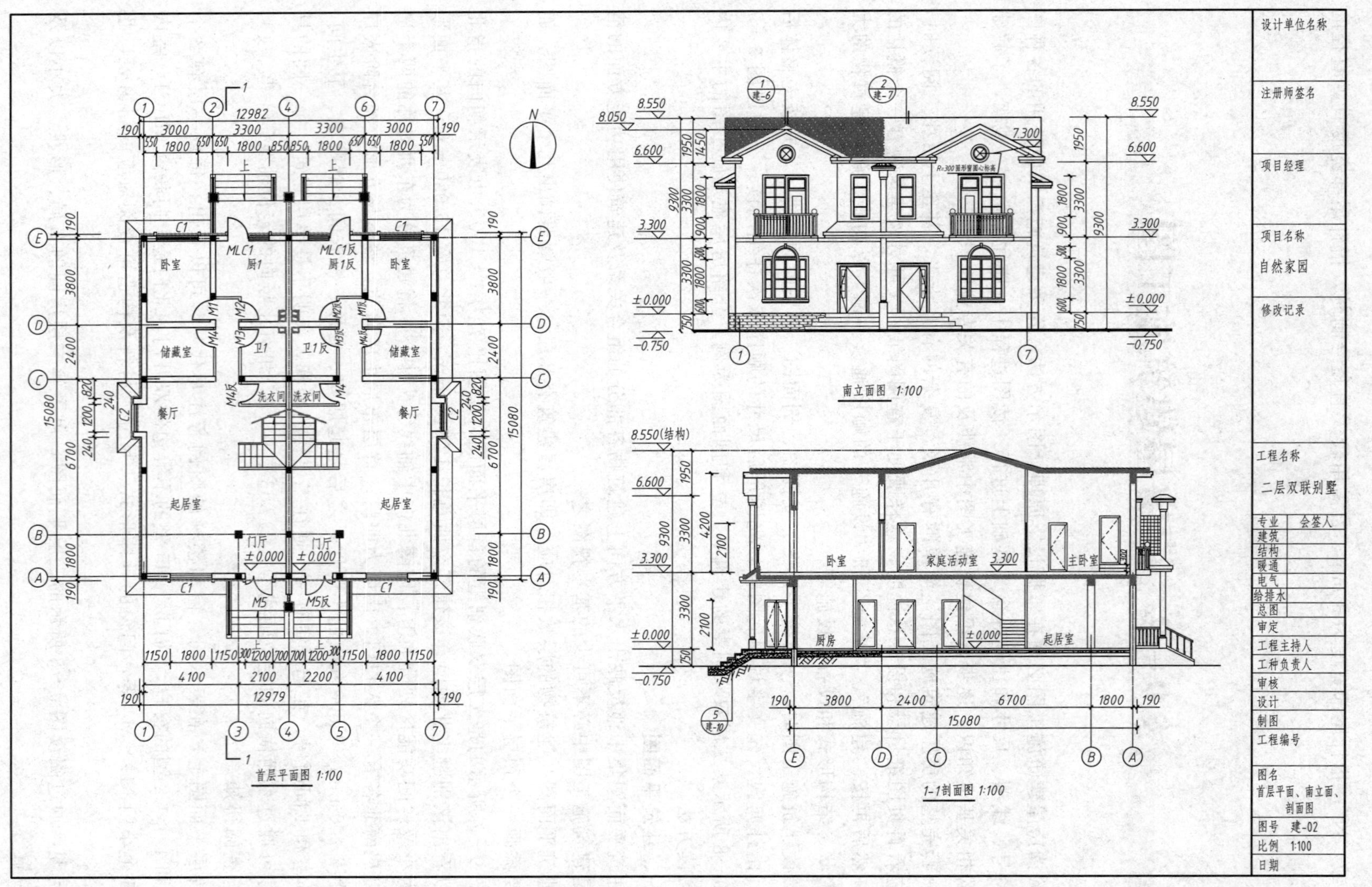

图 9—7 首层平面、南立面、剖面图

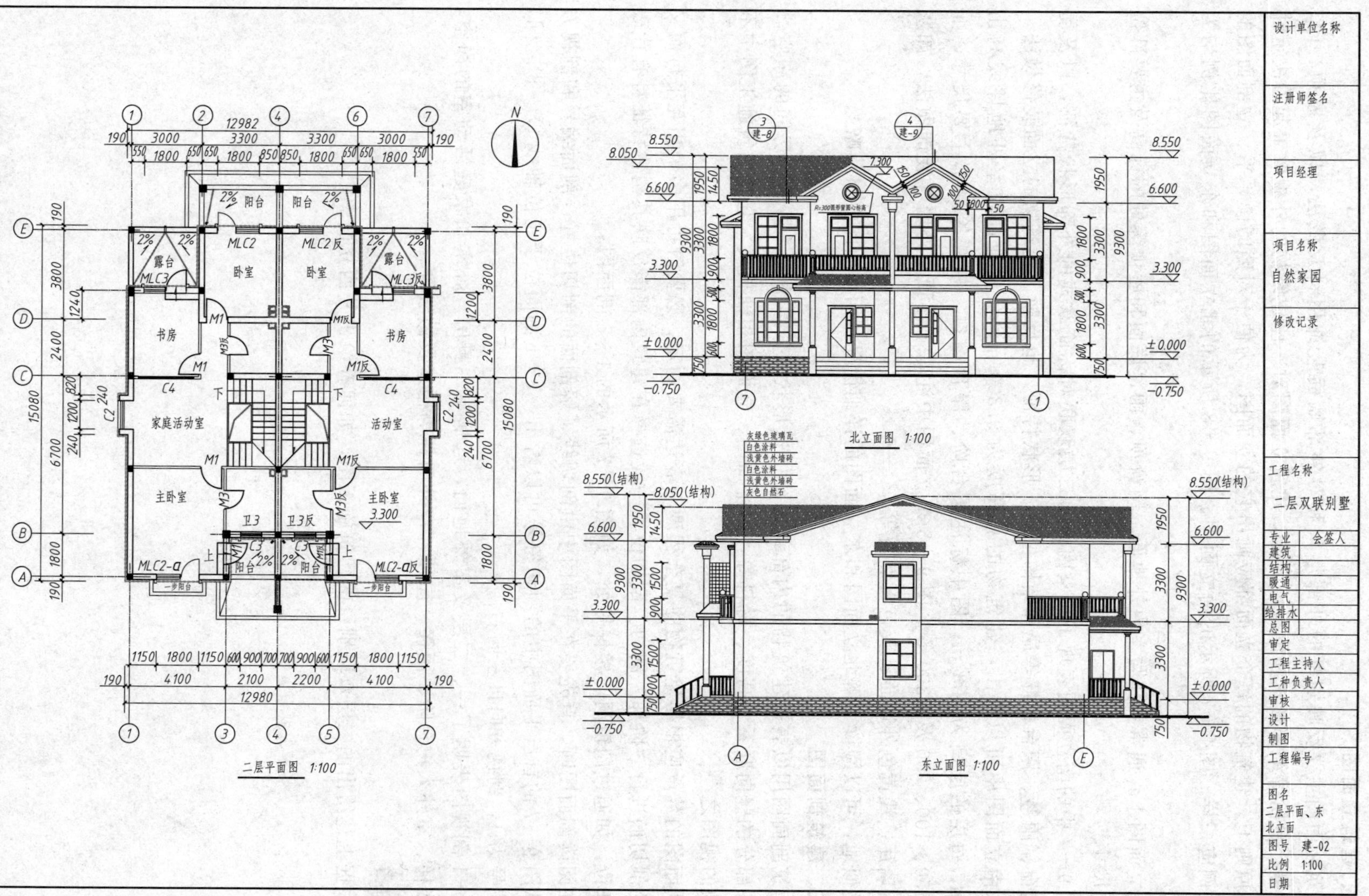

图 9—8　二层平面、东立面、北立面图

二、建筑立面图

建筑立面图主要反映别墅的外部形状和对外部墙面装饰用料及做法，以及屋顶、门、窗、雨篷、台阶等细部形式和位置，因此，建筑立面图对一座建筑物的外貌效果起着决定性作用。原则上，建筑物的每个立面都应画出它的立面图，为便于对照阅读，平、立剖面图的绘图比例应一样。图 9—7 所示的南立面图、图 9—8 所示的北立面图和东立面图比例均为 1∶100。

在立面图上，通常要注写室内外地面、门窗顶、雨篷底面和屋顶等处的标高及主要部位的必要尺寸。

图 9—7 中的南立面图表现了别墅南面的二层双联对称简欧式的外部形状特征，以及屋顶、门窗、雨篷、阳台栏杆等局部结构位置、形状特征，也反映了建筑物的立面装修做法。

从南立面图中可以看出，建筑物的总高度为 9.300 m，首层地面较室外地坪线高出 0.75 m，每层的层高为 3.3 m；图中标注了台阶、屋顶檐口、栏杆等局部主要尺寸，如 750、150、100、900 及 *R*300 等。图 9—8 东立面图中注写了楼顶、外墙等装饰做法，如灰绿色琉璃瓦、浅黄色外墙砖、灰色自然石等。

类似地，可以阅读了解北立面图和东立面图的详细情况（西立面图教材从略）。

三、建筑剖面图

建筑剖面图用以表达建筑物的内部结构或构造形状、分层情况，显示各房间的净空高度、各部分的竖向联系、高度、材料等，与平面图、立面图相辅相成，它是建筑施工图中不可或缺的视图之一。

剖面图的数量应根据建筑物的复杂程度与表达需要而定，必要时可用多个相互平行而又交错的剖切面进行“阶梯”剖切。剖切位置一般选择在建筑内部能反映其构造特征且有代表性的部位，如通过门窗洞、楼梯等处，如图 9—7 所示的 1—1 剖面图。

在阅读剖面图时，首先要在平面图中由剖切线了解剖面的剖切位置、剖面编号和剖视方向。从图 9—7 的首层平面图中的剖切符号可以看出：1—1 剖面位于定位轴线②～③之间，剖面编号为 1，剖视方向自左向右。

1—1 剖视图表明了一、二层及室外地面，起居室、厨房、卧室和家庭活动室的净空，门、楼梯、室外入户台阶、雨篷、屋顶、室外门柱等构造及做法等。

思考

根据上述给出的二层双联别墅的建筑施工图，如何补绘出其西立面图？

第十章

管道工程图

化工、石油、冶金等企业要用管道来输送各种气体或液体，建筑中的给水、排水等都要用大量管道和各种管配件构成管道系统。这类工程图样即为管道工程图，在建筑施工图中称为给排水施工图，其主要采用图线和示意性符号按规定的画法表示。本章主要介绍管道工程图中管路的画法和连接形式，各种管配件的表示方法，管道系统轴测图的画法，以及识读管道施工图的方法与步骤。

§10—1 管道工程图的基本知识

一、管道的单线图和双线图

管道是管道工程图的主要表达内容，为突出表示管道，通常采用粗实线单线画出，如图 10—1a 所示。对于大直径或重要管道，可用粗实线或中粗实线双线画出，如图 10—1b 所示。

(1) 单线图　只用一根粗实线表示管道的立面投影、水平投影，用一小黑点外面加画小圆或仅画小圆不加黑点。

(2) 双线图　在立面投影和水平投影中画出管道的外形轮廓，省去管道壁厚的投影。

管道和管配件的单、双线图见表 10—1。

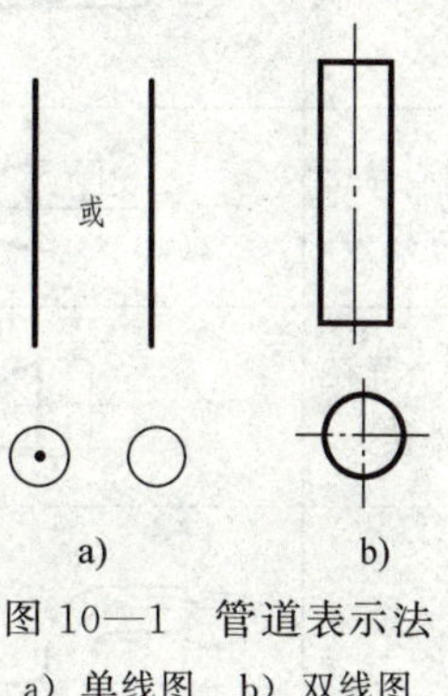

图 10—1　管道表示法

a）单线图　b）双线图

表 10—1　管道和管配件的单、双线图

名称	双线图	单线图	说明
90°弯头	或		在双线图中，不仅管子壁厚的虚线可以不画，而且弯头投影所产生的虚线部分也可以省略不画。在单线图中，平面图上先看到立管的断口，后看到横管，对立管的投影画成一个有圆心点的小圆，横管画到小圆边上。在左立面图上，先看到立管，横管的断口在背面看不到，这时横管应画成小圆，立管画到小圆的圆心

续表

名称	双线图	单线图	说明
三通	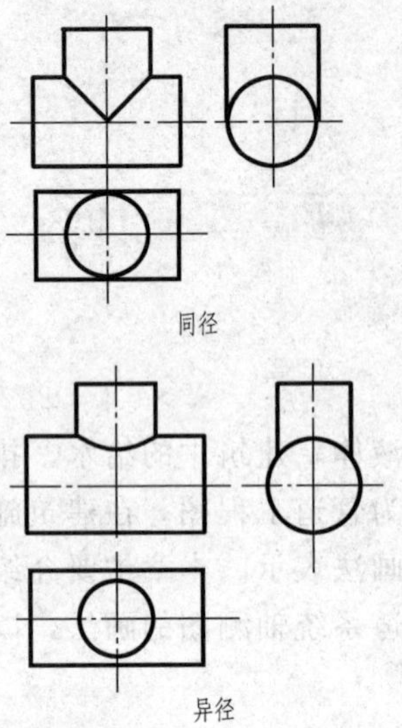 同径 异径	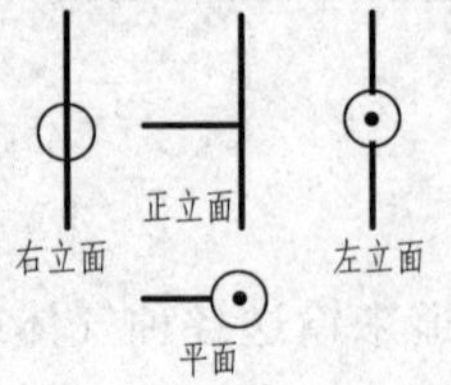 右立面 正立面 左立面 平面	在双线图里，同径和异径正三通把表示壁厚的投影省去不画，仅画外形图样。在单线图里，平面图先看到立管断口，把立管画成圆心带点的小圆，横管画到小圆边上。在左立面图上先看到横管断口，横管画成一个圆心带点的小圆，立管画在小圆两边。在右立面图上，先看到立管，横管断口在背面看不到，这时横管画成小圆，立管通过圆心
四通	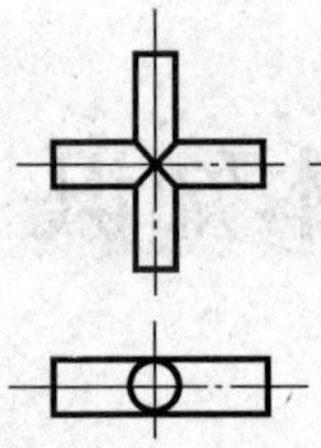	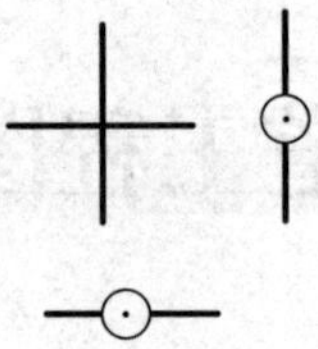	在双线图里，表示的是同径四通。在单线图里，同径四通和异径四通的表示形式相同。在施工图中，用标注管子口径的方法，来区别同径与异径
同心异径外接头	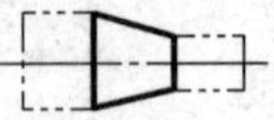		同心异径外接头在单线图中画成等腰梯形
偏心异径外接头	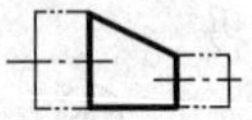		
来回弯	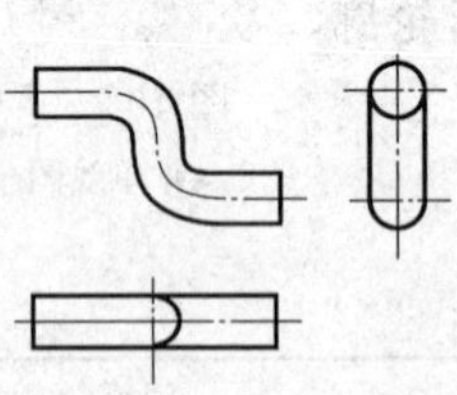	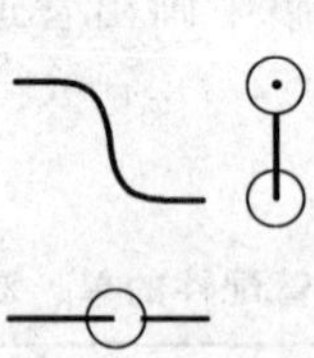	由两个方向（平面）相反的90°弯头组成
摇头弯	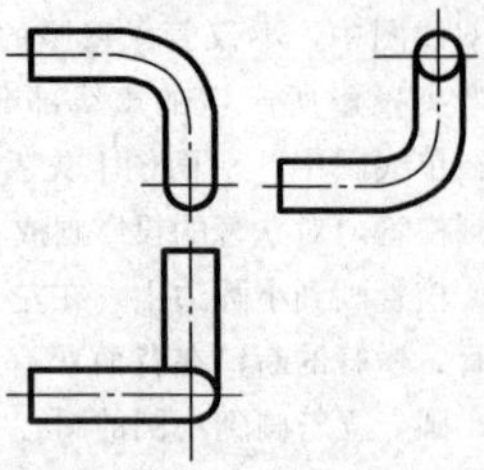	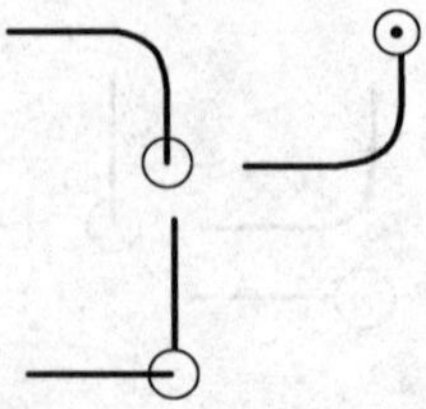	由两个方向（空间）互成90°的90°弯头组成

二、管道的重叠、交叉与连接表示法

1. 重叠

长短相等、直径相同的两根或多根管子，如果叠合在一起，其投影完全重合，这就是管道的重叠。

（1）多路管道重叠的表示方法　多路管道重叠时常采用折断显露法表示。所谓折断显露法，是假想自高向低逐根将管子截去一段，显露出下面几根管子的表示方法，如图 10—2 和图 10—3 所示。运用折断显露法画管道图时，折断符号有明确规定。只有折断符号相对应表示时，才认为原来的管道是相连通的，折断符号用“S”形状的一曲、二曲或三曲表示。

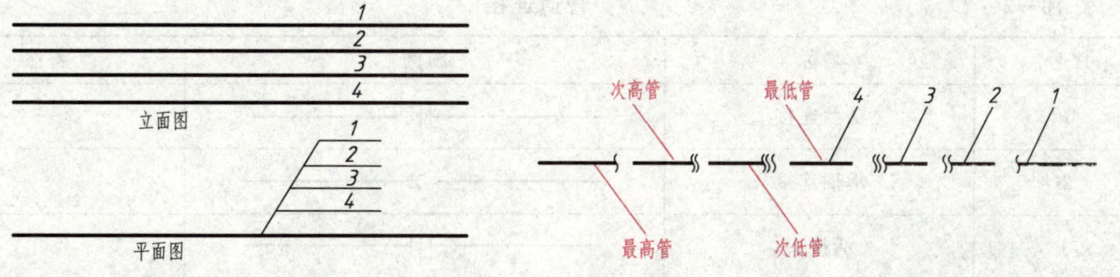

图 10—2　四路成排管道的平、立面图　　图 10—3　用折断显露法表示的平面图

（2）弯管与直管重叠的表示方法　先看到弯管，则在弯管与直管之间空开 3～4 mm，直管段可不画折断符号，如图 10—4a 所示；先看到直管段，采用折断显露法表示，如图 10—4b 所示。

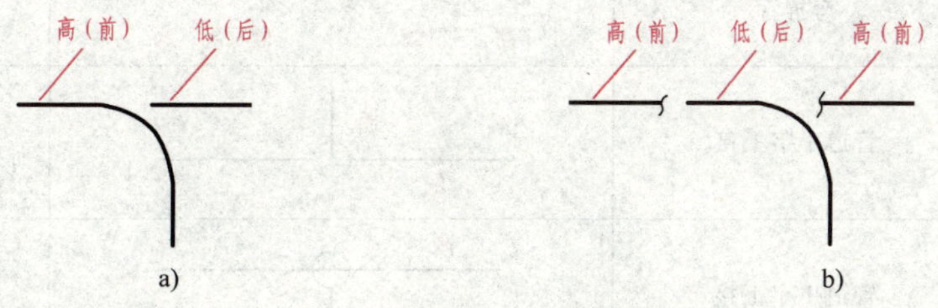

图 10—4　直管和弯管的重叠表示

2. 交叉

管道图样中经常出现管道交叉，管道交叉表示的基本原则是：先看到的管道全部显示，后看到的管道断开，在双线图中用虚线表示，如图 10—5 所示。图 10—6 是由 A、B、C、D 四路管道投影相交所组成的平面图，根据管道交叉的表示法可知：A 管为最高，D 管为次高管，C 管为次低管，B 管为最低管。如设图 10—6 为立面图，读者可自行分析。

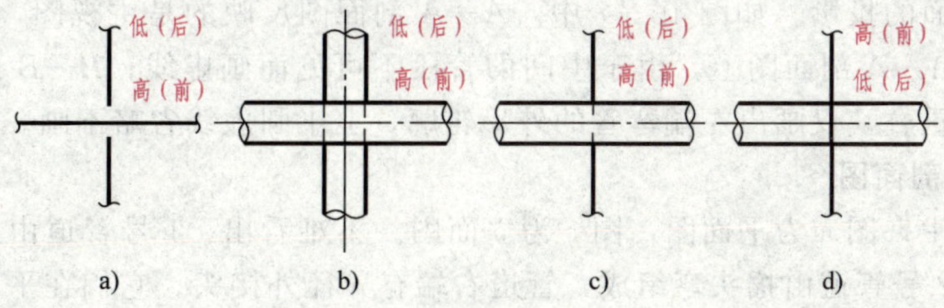

图 10—5　两路管道的交叉

3. 连接

管道连接应按国家标准规定的图例绘制，见表 10—2。

三、管道的剖面图

管道施工图应完整清楚地反映各路管道的走向和安装位置。按制图规定，看不到的管子、管件、设备都应用虚线表示，但在管道复杂密集的情况下，实线和虚线纵横交错，难以辨认。为了解决这个问题，在管道施工图中，对某些需要表达局部的管道，常采用剖面图的形式来表示。

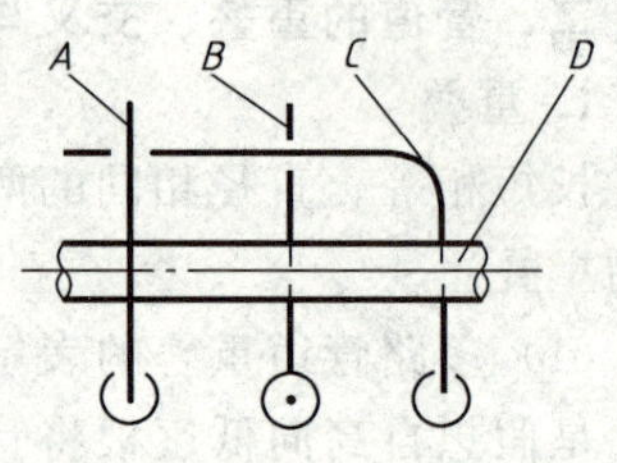

图 10—6 多路管道交叉的平面图

表 10—2 管道连接

序号	名称	图例	备注
1	法兰连接		—
2	承插连接		—
3	活接头		—
4	管堵		—
5	法兰堵盖		—
6	盲板		—
7	弯折管	高 低 低 高	—
8	管道丁字上接	高 低	—
9	管道丁字下接	高 低	—
10	管道交叉	低 高	在下面和后面的管道应断开

1. 单路管道的剖面图

单路管道的剖面图是利用剖切符号既能表示剖切位置又能表示投射方向的特点，来表示管道在某一投影面的投影。如图 10—7 中，*A—A* 剖面图反映的是主视图，*B—B* 剖面图反映的是左视图。*A—A* 剖面图上，由于中间的管段不可见而画虚线；*B—B* 剖面图上，弯管左端与中间管段重叠，仅画出左端弯管的外形轮廓，上半圆虚线省略不画。

2. 管道间的剖面图

在图 10—8 中，图 a 为平面图，图 c 为立面图。不难看出，1 号管道由来回弯组成，管道上装有阀门，2 号管道由摇头弯组成，管道右端有异径外接头。它们在平面图上表示较为清楚，而在立面图上较难反映清楚，为了看清 2 号管道，采用管道间的剖面图（图 b）。

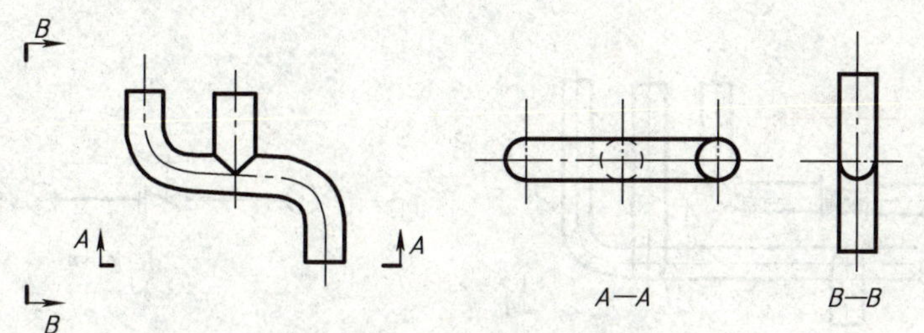

图 10—7　管道的剖面图

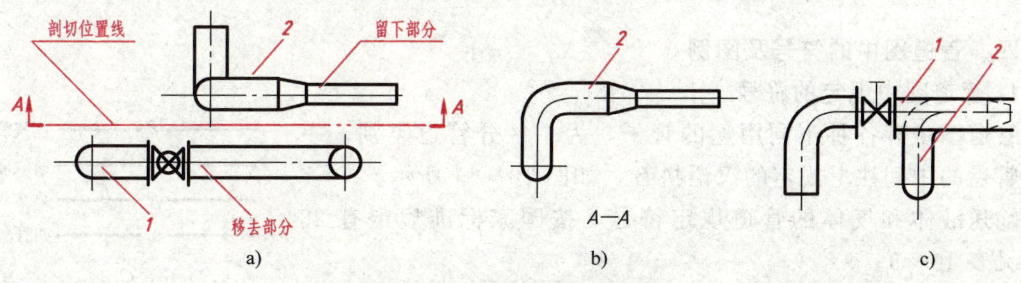

图 10—8　管道间的剖面图

3. 管道断面的剖面图

如图 10—9a 所示，已知三路管道的平面图，按 B—B 剖切位置及箭头方向进行投射，就得到图 10—9b 所示的管道断面剖面图。由于三路管道同标高，所以画剖面图时，应把这三路管道画在同一轴线上，管道的间距应与平面图上相同，管道的排列序号也应与平面图上原有的编号相对应。

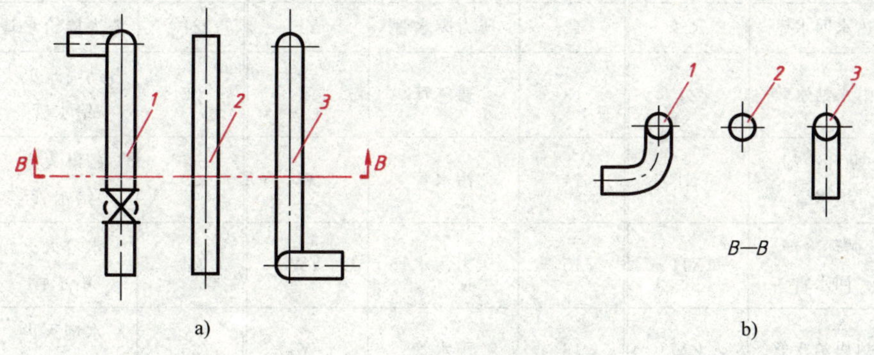

图 10—9　管道断面的剖面图

思考

图 10—9b 的单线图应如何画？

4. 管道间的转折剖面图

在图 10—10a 所示四路管道的平面图中，为了清楚地表示 1 号、2 号、3 号管线，采用图 10—10b 所示的转折剖。在两路管道中，对于某些局部需要详细表达时，常采用管道间的转折剖面图来表示（图 10—10b 为用单线图画出的 A—A 剖）。

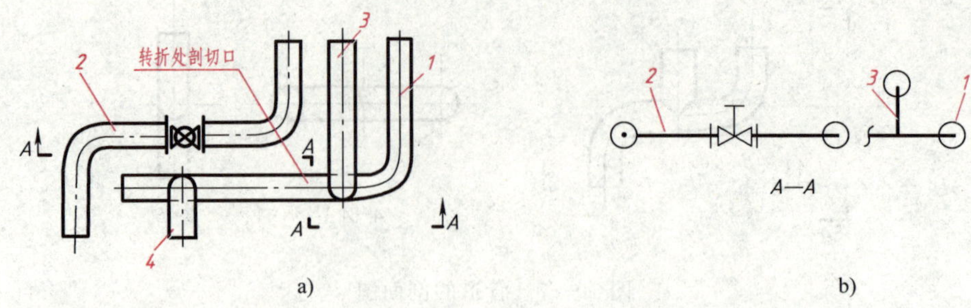

图 10—10　管道间的转折剖面图

四、管道图中的符号及图例

1. 管道图中规定的符号

管道图中有各种不同用途的管子，为了区分管道类别，一般在管道的中间注上规定的汉语拼音，如图 10—11 所示。

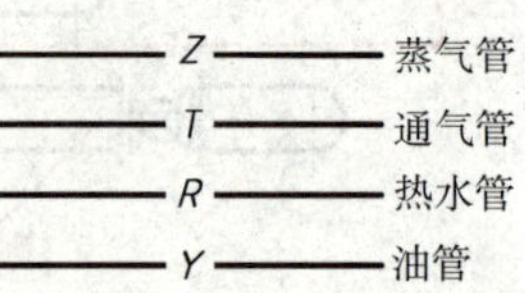

图 10—11　管道图中的符号

输送液体和气体的管道规定符号，按国家标准规定有 25 种，见表 10—3。

在施工图中，如果仅为一种管道或同一图上多数是相同的管道，其符号可略去不标，但须在图样上加以说明。

表 10—3　　液体与气体管道的规定符号（GB/T 50106—2010）

序号	名称	规定符号	序号	名称	规定符号	序号	名称	规定符号
1	生活给水管	J	10	凝结水管	N	19	膨胀管	PZ
2	热水给水管	RJ	11	废水管	F	20	空调凝结水管	KN
3	热水回水管	RH	12	压力废水管	YF	21	消火栓给水管	XH
4	中水给水管	ZJ	13	通气管	T	22	自动喷水灭火给水管	ZP
5	循环冷却给水管	XJ	14	污水管	W	23	雨淋灭火给水管	YL
6	循环冷却回水管	XH	15	压力污水管	YW	24	水幕灭火给水管	SM
7	热媒给水管	RM	16	雨水管	Y	25	水炮灭火给水管	SP
8	热媒回水管	RMH	17	压力雨水管	YY			
9	蒸汽管	Z	18	虹吸雨水管	HY			

2. 管道图例

施工图上的管道附件、管件、阀件大多采用规定的图例来表示。这些简单图样并不完全反映实物的形象，只是示意性地表示具体的设备或管（阀）件。各种专业施工图都有各自不同的图例符号，但也有些图例符号通用，各种管道施工图中通用的图例见表 10—4。

表 10—4　　管道施工图常用图例（GB/T 50106—2010）

名称		图例	说明
管道及附件	保温管		可用文字说明保温范围
	伴热管		
	多孔管		
	地沟管		
	防护套管		
	排水明沟	坡向	
	排水暗沟	坡向	
	管道伸缩器		
	方形伸缩器		
	波纹管		
	可曲挠橡胶接头	单球　双球	
	管道固定支架		
阀门	闸阀		螺纹连接
	角阀		
	三通阀		
	四通阀		
	截止阀		法兰连接，T 为手动控制阀
	蝶阀		螺纹连接
	电动闸阀		
	液动闸阀		
	气动闸阀		
	液动闸阀		左侧为高压端
	球阀		螺纹连接

续表

名称		图例	说明
阀门	旋塞阀	平面　系统	螺纹连接
	隔膜阀		
	止回阀		
仪表	压力表		
	温度计		
	水表		

例 10—1　图 10—12 是一组两台立式冷却器及配管的管道图，看懂在平面图上标有的三组剖切符号所对应的剖面图 *A—A*、*B—B* 和 *C—C*。

A—A 剖面图相当于该装置的正立面图，只有 1 号管道在剖切位置之前而没有画出，2 号管道处于高位，在前面与两冷却器相通，右上角带点的小圆是 2 号管道切口断面的投影。3 号与 4 号管道标高相同，它们都有一段管道被冷却器遮挡，因此画成了虚线。3 号管道右端带点的小圆，其意义与 2 号管道相同。

B—B 剖面图相当于右立面图，表达了 201 号立式冷却器，以及 1 号、2 号管道的断面投影和 4 号管道。

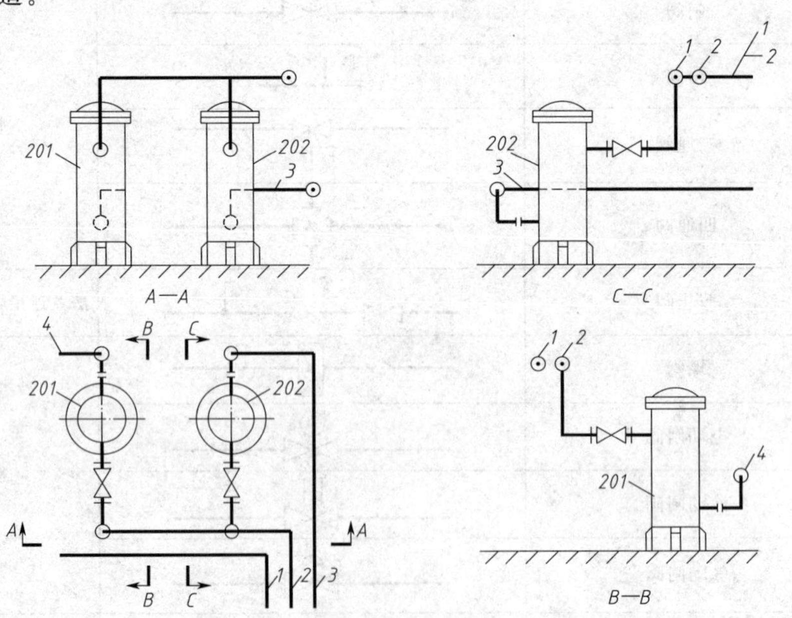

图 10—12　冷却器及配管管道图

C—C 剖面图相当于左立面图，表达了 202 号立式冷却器，以及 3 号管道和 1 号、2 号管道的断面投影，其中 3 号管道走向表达最清楚。

§ 10—2　管道的轴测图

管道施工图常采用两种图样，一种是根据正投影原理绘制的平面图、立（剖）面图，另一种是根据轴测投影原理绘制的管道轴测图，又称系统图。管道轴测图能把平、立面图中复杂交错的管道在一个图面上直观地反映出来，使施工人员很快看懂，便于施工，因此轴测图（也称空视图）在管道施工图中占有重要地位。

一、管道系统轴测图的基本画法

1. 管道轴测图的基本画法（见表 10—5）

表 10—5　　　　管道轴测图的基本画法

名称	平面和立面图	正等测轴测图	斜等测轴测图	说明
交叉管	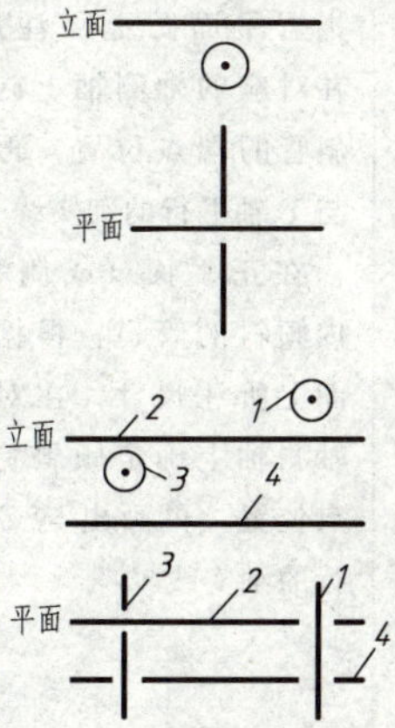 立面 平面 立面 2 1 3 4 平面 3 2 1 4	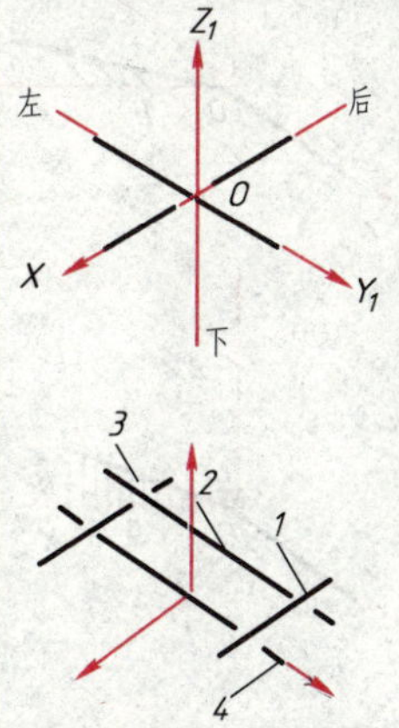 Z_1 左 后 O X Y_1 下 3 2 1 4	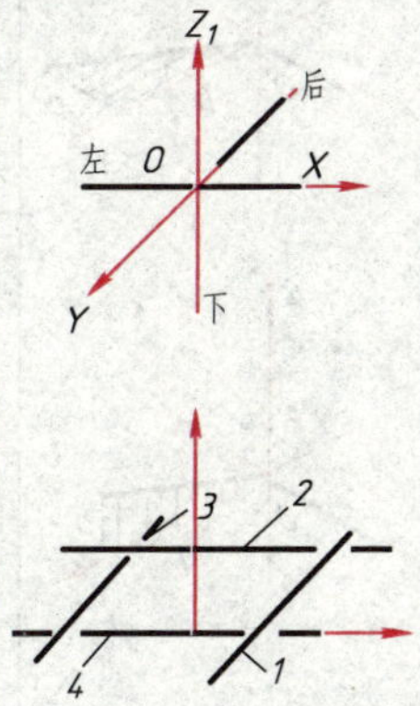 Z_1 后 左 O X Y 下 3 2 4 1	两路交叉管道标高不同，画正等测图时，选前后走向的管道与 OX 轴一致，左右走向的管道与 OY 轴一致；画斜等测图时，选左右走向的管道与 OX 轴一致，而前后走向则与 OY 轴一致（以后练习均按此方向）。以 O 点作为中心，在 OX、OY 轴上，分四小段量取管子在平、立面图上的实长。轴测图中，标高高的或前面管道显示完整，标高低的或后面管道用断开线的形式表示 多路交叉管道的画法同上
90°弯头	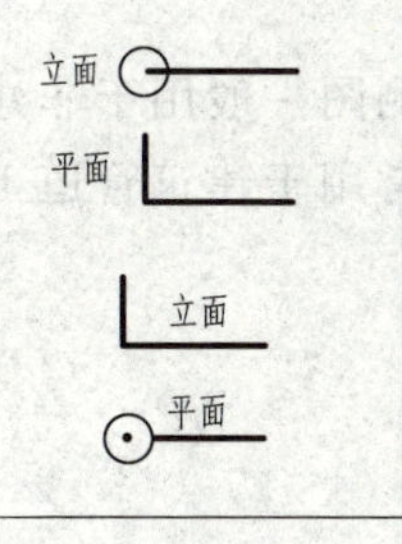 立面 平面 立面 平面		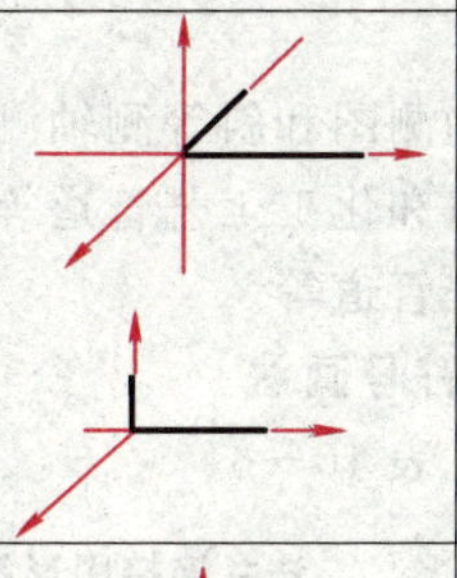	由左右走向和前后走向的两部分管道连接而成。通过定轴定方向分析，沿轴量取两部分的实长到轴测轴上，最后把两段管道连接起来，即画成轴测图 下图画法同上
来回弯	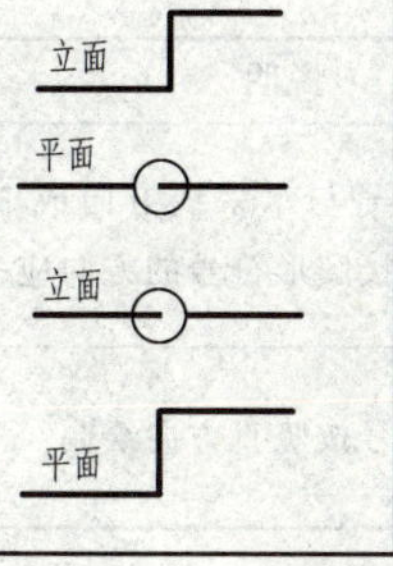 立面 平面 立面 平面	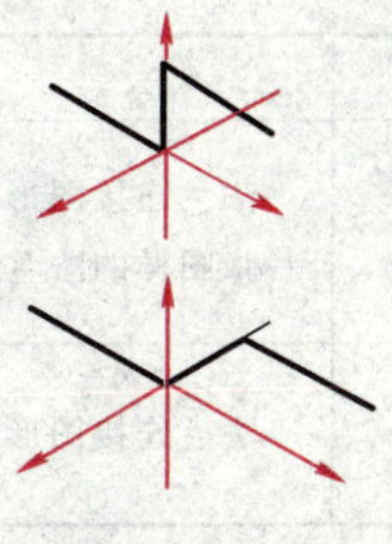	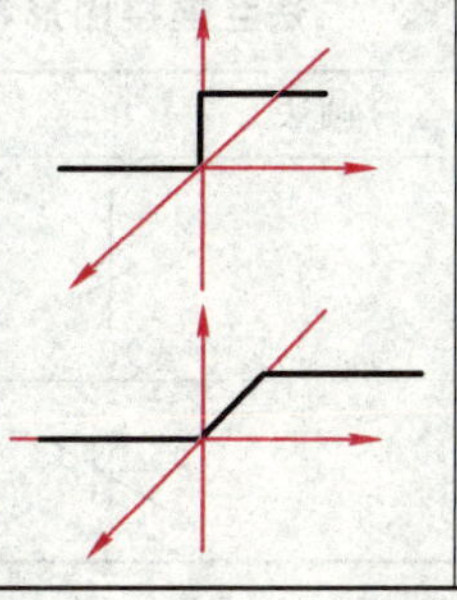	由两段左右走向和一段上下走向的管道通过两只方向相反的 90°弯头连接而成。经过定轴定方向分析，沿轴量取三部分管道的实长到轴测轴上，最后把三段管道连接起来，即画成来回弯轴测图 下图画法同上

续表

名称	平面和立面图	正等测轴测图	斜等测轴测图	说明
摇头弯	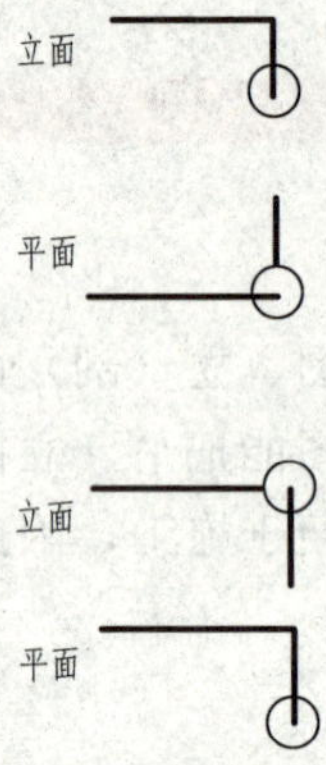 立面 平面 立面 平面	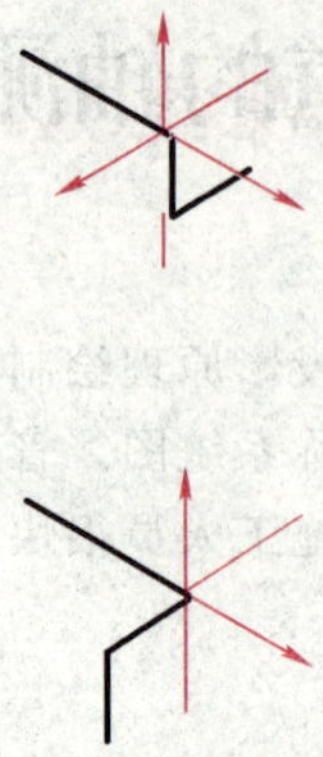	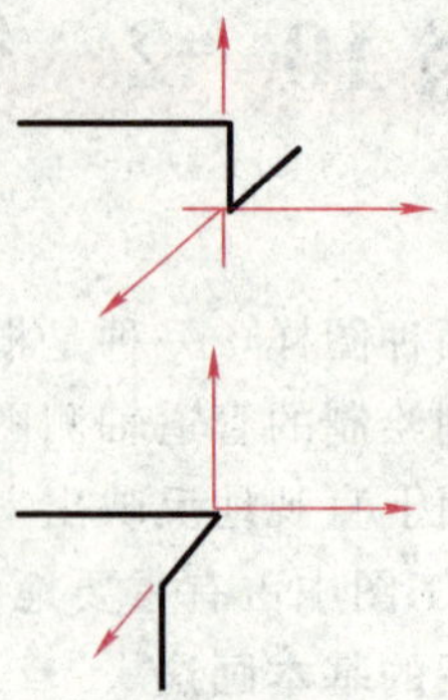	由左右走向、上下走向和前后走向三段管道通过两只相互垂直的90°弯头连接而成，经过定轴定方向分析，按轴测图的画法完成作图 下图画法同上
偏置管	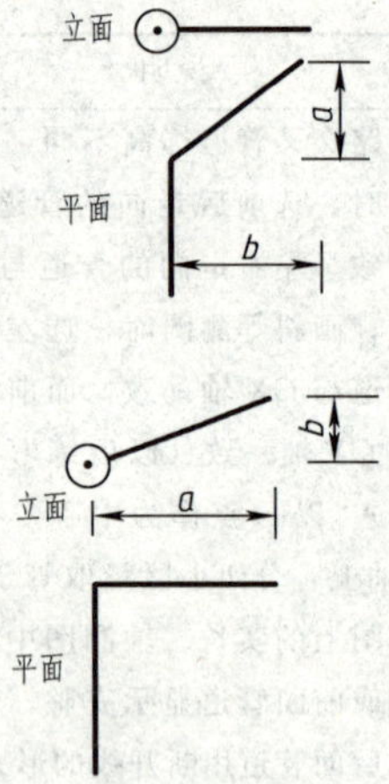 立面 a 平面 b b 立面 a 平面	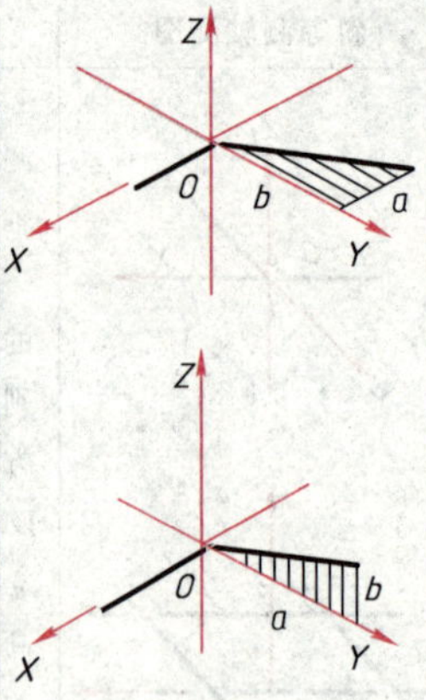 Z O b a X Y Z O b a X Y	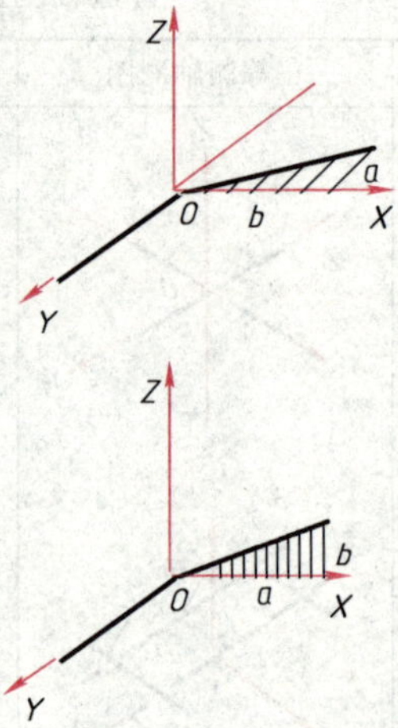 Z O b a X Y Z b O a X Y	在水平面内倾斜的管道，根据平面图上所注尺寸，在对应的轴测轴上确定倾斜管的端点位置，再画出与Y轴平行的细实线 在正平面（或侧平面）内倾斜的管道，根据立面图上所注尺寸，在对应的轴测轴上确定倾斜管的端点位置，再画出与Z轴平行的细实线

管道轴测图分为正等测轴测图和斜等测轴测图两种。正等测轴测图一般用于非建筑管道工程，如动力管道、锅炉管道和化工工艺管道等，而斜等测轴测图常用于建筑管道工程，如采暖通风管道、给水排水工程管道等。

2. 法兰连接与阀门图形符号画法

法兰连接图形符号画法见表10—6。

表10—6　　法兰连接图形符号的画法

名称	画法	说明
垂直管路或管道	 或 	法兰连接图形符号与水平线方向成30°角。同一张图样的法兰连接图形符号的方向应一致
水平管路或管道	 或 	法兰连接图形符号按竖直方向绘制

阀门图形符号的画法一般按图 10—13 绘制。必要时，画出阀门上的控制元件图形符号的类型（人工、活塞等）和位置。当控制元件符号的位置与任一直角坐标轴平行时，可不标注（图 10—14），否则应标注其与直角坐标平面的相对位置（图 10—15）。

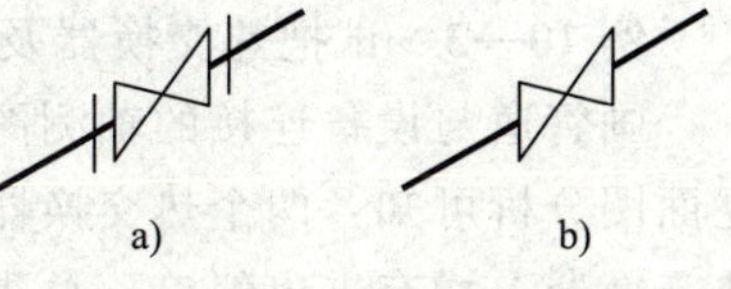

图 10—13　阀门画法

a）法兰连接　b）螺纹连接

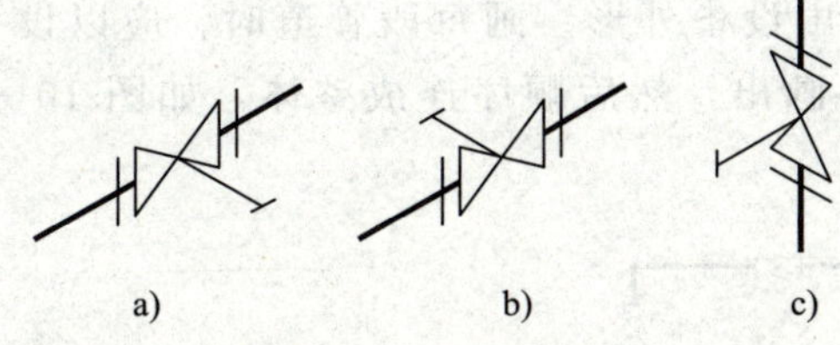

图 10—14　阀门上控制元件平行于直角坐标轴的表示法

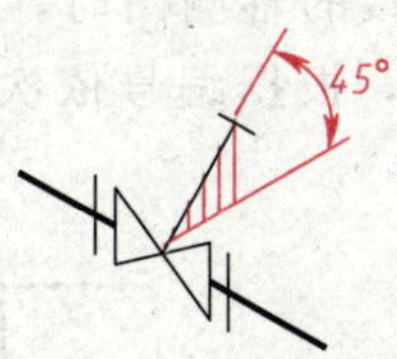

图 10—15　阀门上控制元件不平行于直角坐标轴的表示法

二、画管道轴测图的步骤

1. 根据平面图和立（剖）面图，运用正投影原理，弄清管道的实际走向，管道上的设备、管件、阀件等，形成空间形象。

2. 对所画管道分段编号，逐段确定同轴测轴的关系，这一步称作定轴定方向。

3. 画轴测图的顺序一般是先画前面，再画后面，先画上面，再画下面。管道与设备连接处应从设备的管接口逐步向外画，被挡住的后面或下面管道要断开。

4. 在轴测图中，管道用粗实线表示，设备用细实线或双点画线表示。如管道简单，应画出设备的大致外形轮廓。设备上连接的管道很多时，仅画出设备上的管接口即可。

5. 在轴测图上应注明管道内的介质性能、流动方向、管道标高及坡度等。

6. 画出阀门或法兰。

7. 根据平、立面图的比例，用分规量出管道长度，再把它沿轴向取到轴测轴或其平行线上，最后把各线段连接起来，即形成管道轴测图。

例 10—2　试把平、立面图上的管道画成轴测图（图 10—16a）。

通过对平、立面图的分析可知，这路管道实际上是由两只摇头弯所组成。为了便于画图，可从左到右对各段管道进行编号。在图 10—16a 中 1 段和 4 段是上下走向，2 段和 5 段是前后走向，3 段和 6 段是左右走向，经过定轴定方向的分析后，再沿轴向量尺寸，得到其正等轴测图 10—16b。用同样的方法，可画出其斜二测图（图 10－16c）。注意：在轴测图中画阀门位置时，应与平面图上的阀门投影相对应。

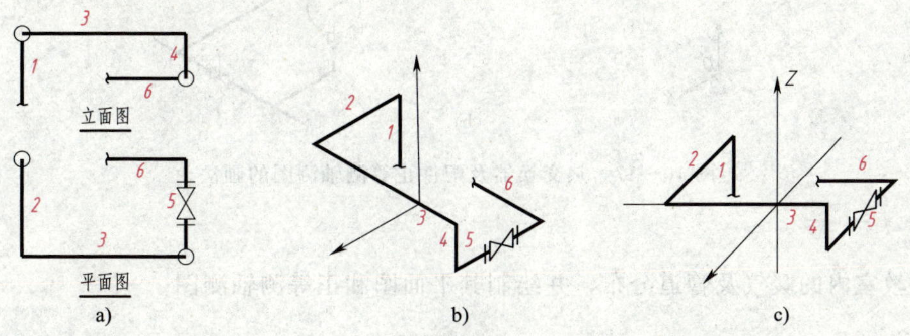

图 10—16　由平、立面图转化成轴测图

例 10—3 试把热交换器及其配件的平、立面图画成正等测轴测图（图 10—17a)。

画管道与设备连接的轴测图时，首先应对视图进行分析。通过对热交换器及配件的平、立面图分析可知：两个热交换器左右放置，标高相同，轴测图中应画在同一根轴线上。两个热交换器上均有进出气口，总进气管由右下边来，分别进入热交换气的下口，并在其下设有阀门。出气管从热交换器上面走，在其上也设置了阀门。此设备上的管道比较简单，因此画管道与其连接的轴测图时，只需示意性地画出设备外形。画每段管道时，应以设备的管接口为起点，根据编号依次把管道逐段向外画出，然后顺序连成整体，如图 10—17b 所示。

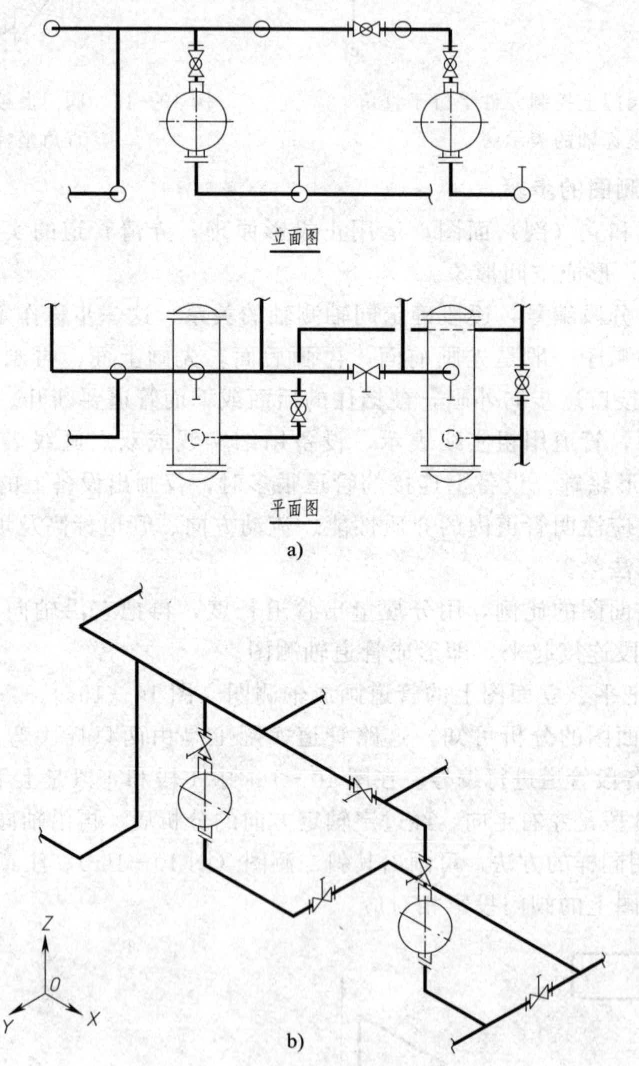

图 10—17 热交换器及配件正等测轴测图的画法

思考

分析教室内的暖气及管道分布，并绘制其平面图和正等测轴测图。

§10—3　读管道施工图

一、管道施工图的种类

1. 按专业分类

管道施工图有化工工艺管道施工图、采暖通风管道施工图、动力管道施工图、给排水管道施工图和自控仪表管道施工图。

2. 按图形和作用分类

管道施工图可分为基本图和详图两部分。基本图包括图纸目录、施工图说明、设备材料表、流程图、平面图、立（剖）面图和轴测图。详图包括节点图、大样图和标准图。

二、管道施工图的内容

1. 线型和比例

（1）线型　管道施工图常用的线型见表10—7。线宽 b 宜为0.7 mm或1.0 mm。

表10—7　　管道图中常用的线型（GB/T 50106—2010）

名称	线型	线宽	用途
粗实线	——————	b	新设计的各种排水和其他重力流管线
粗虚线	— — — — — —	b	新设计的各种排水和其他重力流管线的不可见轮廓线
中粗实线	——————	$0.7b$	新设计的各种给水和其他压力流管线；原有的各种排水和其他重力流管线
中粗虚线	— — — — — —	$0.7b$	新设计的各种给水和其他压力流管线及原有的各种排水和其他重力流管线的不可见轮廓线
中实线	——————	$0.5b$	给水排水设备、零（附）件的可见轮廓线；总图中新建的建筑物和构筑物的可见轮廓线；原有的各种给水和其他压力流管线
中虚线	— — — — — —	$0.5b$	给水排水设备、零（附）件的不可见轮廓线；总图中新建的建筑物和构筑物的不可见轮廓线；原有的各种给水和其他压力流管线的不可见轮廓线
细实线	——————	$0.25b$	建筑物的可见轮廓线；总图中原有的建筑物和构筑物的可见轮廓线；制图中的各种标注线
细虚线	— — — — — —	$0.25b$	建筑的的不可见轮廓线；总图中原有的建筑物和构筑物的不可见轮廓线
单点长画线	——-——-——	$0.25b$	中心线、定位轴线
折断线	———\/———	$0.25b$	断开界线
波浪线	～～～	$0.25b$	平面图中水面线；局部构造层次范围线；保温范围示意线

（2）比例　常用比例见表 10—8。

表 10—8　　管道施工图的常用比例（GB/T 50106—2010）

名称	比例	备注
区域规划图、 区域位置图	1∶50 000、1∶25 000、1∶10 000、 1∶5 000、1∶2 000	宜与总图专业一致
总平面图	1∶1 000、1∶500、1∶300	
管道纵断面图	竖向 1∶200、1∶100、1∶50 纵向 1∶1 000、1∶500、1∶300	—
水处理厂（站）平面图	1∶500、1∶200、1∶100	—
水处理构筑物、设备间、 卫生间、泵房的平、剖面图	1∶100、1∶50、1∶40、1∶30	—
建筑给水排水平面图	1∶200、1∶150、1∶100	宜与建筑专业一致
建筑给水排水轴测图	1∶150、1∶100、1∶50	宜与相应图纸一致
详图	1∶50、1∶30、1∶20、1∶10、 1∶5、1∶2、1∶1、2∶1	—

注：（1）在管道纵断面图中，同一个图样，根据需要可在纵向与横向采用不同的比例。

（2）在轴测系统图中，必要时可不按比例绘制。

2. 标高

标高符号及一般标注方法应符合现行国家标准《房屋建筑制图统一标准》（GB/T 50001—2010）的规定。标高单位以米计时，可注写到小数点后第二位。

标高用于标注管道或建筑物的高度。在平面图中，当有几条管道在相邻位置时，可以用引出线引至管道外，再标上标高符号，并在标高符号上分别注出几条管道的标高值，如图 10—18 所示。管道在剖面图中，其标高应按图 10—19 所示进行标注。地沟标高应从标注点用引出线引出后再画标高符号，如图 10—20 所示。

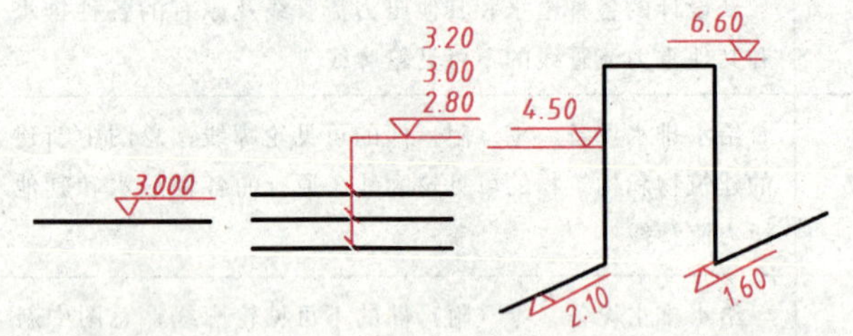

图 10—18　平面与系统图中管道标高的标注

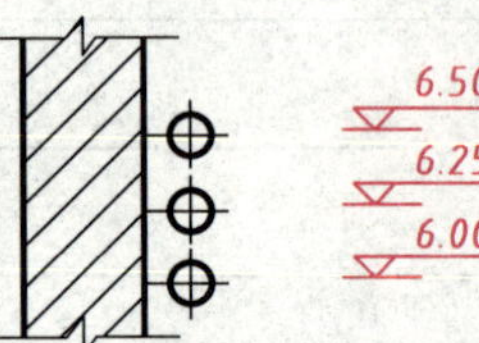

图 10—19　剖面图中管道标高的标注

3. 坡度和坡向

坡度及坡向表示管道倾斜的程度及方向。如图 10—21 所示，坡向用箭头表示，箭头指向管子低的一端；坡度符号用“i”表示，在“i”的后面加上等号与坡度值。

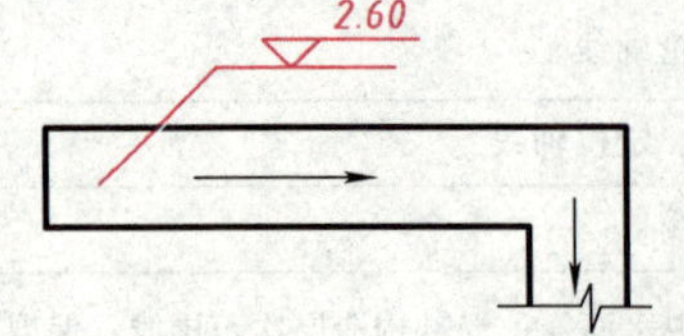

图 10—20　平面图中地沟标高的标注

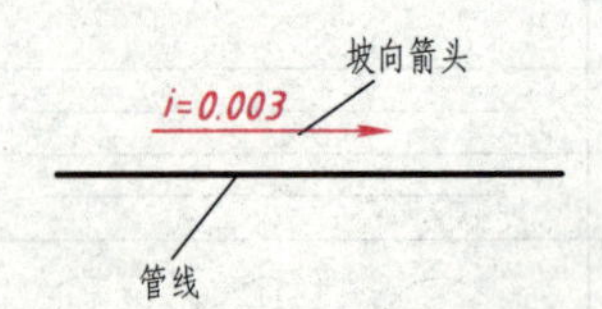

图 10—21　坡度及坡向的标注

4. 管径标注

施工图上的管道必须按规定标注管径，标注尺寸以毫米为单位。在标注时，通常只注写符号与数字，不必注明单位。

(1) 管径的表达方法

1) 水煤气输送钢管（镀锌或非镀锌）、铸造铁管等管材，管径宜以公称直径 DN 表示。

2) 无缝钢管、焊接钢管（直缝或螺旋缝）等管材，管径宜以外径 $D\times$壁厚表示。

3) 钢管、薄壁不锈钢管等管材，管径宜以公称外径 Dw 表示。

4) 建筑给水排水塑料管材，管径宜以公称外径 dn 表示。

5) 钢筋混凝土（或混凝土）管，管径宜以内径 d 表示。

6) 复合管、结构壁塑料管等管材，管径应按产品标准的方法表示。

7) 当设计中均采用公称直径 DN 表示管径时，应有公称直径 DN 与相应产品规格对照表。

(2) 管径的标注方法

1) 单根管道时，管径应按图 10—22 所示的方式标注。

2) 多根管道时，管径应按图 10—23 所示的方式标注。

DN30

图 10—22 单管管径表示法

5. 管道编号

图 10—24 是化工管道编号的一种表示示例。

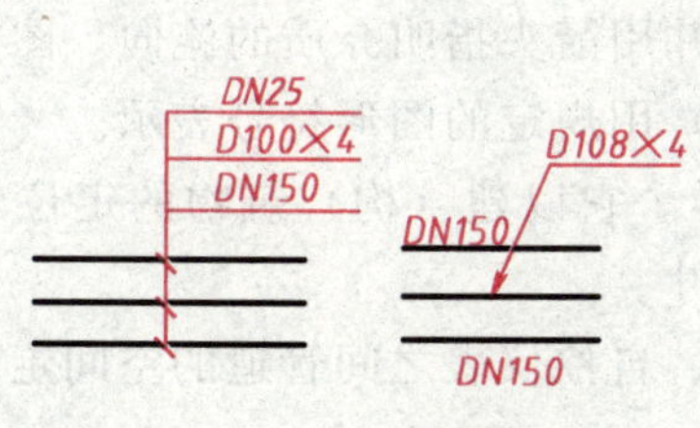

图 10—23 多管管径表示法

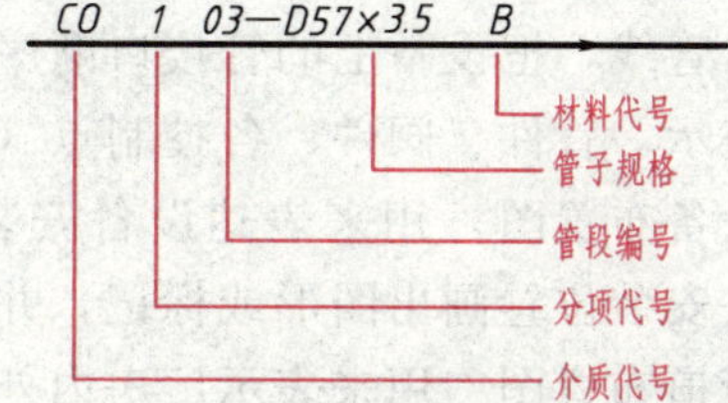

图 10—24 化工管道编号表示示例

三、管道施工图的读图步骤

读管道施工图时，不但要掌握管道施工图的表示方法，而且要知道各专业管道图的特点。读图的一般原则是：从平面图入手，结合立（剖）面图、轴测图对照识读。管道施工图的读图步骤如下：

1. 读单张管道施工图的步骤

读单张图样的顺序：标题栏、文字说明、图形、数据。由标题栏可知图样的名称、工程项目、比例等；由文字说明可知施工要求和图例的意义；由图形可知管线布置、排列走向、坡度、标高及连接形式等。

2. 读整套管道施工图的步骤

读整套图样的顺序：图纸目录、施工图说明、设备材料表、流程图、平立（剖）面图和轴测图、详图。

读流程图：了解设备的名称、规格、数量，以及管件、阀件、仪表的规格等，了解介质的流向及变化。

读平、立（剖）面图和轴测图：了解管道、设备、阀门、仪表的空间布置和定位尺寸、安装尺寸、标高、坡度、坡向等，以及管道、设备与建（构）筑物的关系和有关编号。

读详图：明确各细部的管道和设备的具体施工要求。

四、读化工工艺管道施工图

在化工、石油、化纤工业中，按生产工艺流程的要求，通过一系列的化学反应，使原料变成所需的产品，一般把化工生产的流程和与其相联系的图样称为化工工艺管道施工图。根据图样的作用又分为工艺流程图、设备布置图和管道布置图三类。

1. 图示特点

（1）化工工艺管道施工属于化工和机电安装工程，由管道把各个机械设备或装备连接成完整的工艺系统。它的设计和施工是按化工和机电工程有关技术规范进行的。

（2）化工生产中特有的设备，如泵、槽、反应器等，只需用简单的线条示意性地画出。

（3）化工设备图样用一组视图表达，反映设备的主要结构形状、零件间的装配关系、结构尺寸和安装数据等。设备中的各部件都有编号，并由明细表标明每一编号零件的名称、规格、材料、数量等。

（4）设备上的管接口按英文字母的顺序编写，并在管口表中列出有关数据。管接口在设备上的分布另用设备方位图表示。

2. 图示内容

（1）工艺流程图　用来表达化工厂、车间或某一装置生产过程概况的图样。流程图中用粗实线表示管线，把设备上的管接口顺序连接起来，并用箭头指明介质的流向。图中设备用图形示意表示，管件、阀件、各控制点（测温测压处）用规定的图形符号表示。

（2）设备布置图　用来表达设备安装位置的图样。它以建（构）筑物的定位轴线为基准，按设备安装位置画出图形或标记，并标出定位尺寸。

（3）管道布置图　用来表示厂房内外各机器设备、自控仪表之间管道的空间走向及重要管配件和控制点安装位置的图样。

1）管道平面图　是管道施工图中最重要的一种图样。表达厂房、设备、管件、阀件的平面布置，以及定位尺寸、有关编号、介质流向、坡度、坡向等内容。

2）管道立面图　管道立面图大多是针对平面图上无法反映的部位，采用剖切形式，用来表达厂房、设备、管件、阀件的立面结构及反映标高尺寸、有关编号、规格等。

3）管段图　表示由一个设备至另一设备（或一段管）的管道及所连接的管件、阀件等的具体配置情况的轴测图。在大型化工、冶金装置中，管道施工图均画管段图，以便于施工。对于中小型管道工程，管道简单，一般不画管段图，而直接画出系统轴测图。化工管道轴测图大多选用正等测图。

3. 读图举例

读乙醛装置某油泵管路系统配管图（说明：这是化工装置中某一油泵管路系统的配管图，并非典型的化工工艺管道图，仅作一个例题）。

（1）图样文字部分的识读（略）。

（2）流程图的识读　通过图 10—25 看到，油泵管路系统的工艺设备共有 5 台，其中，一台油过滤器 301、一台油冷却器 302、一台传动设备曲轴箱 304、一台油泵 303－1、一台油泵 303－2。

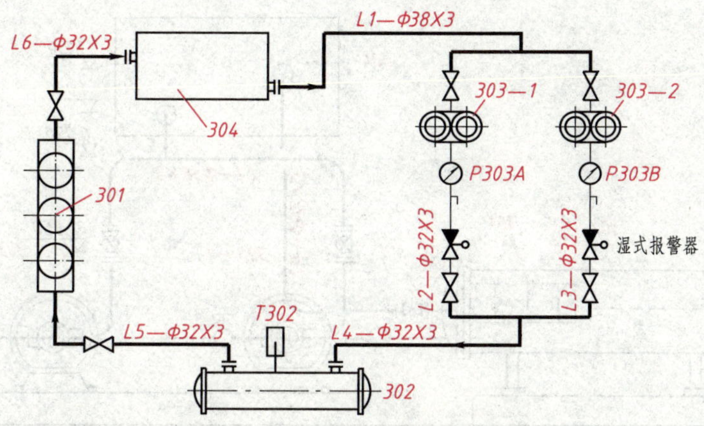

图 10—25　油泵管路系统流程图

这是一组由油泵、冷却器、过滤器和曲轴箱通过管路连接而组成的油冷却循环系统。润滑曲轴的油从曲轴箱 304 沿管道 L1－ϕ38×3 进入油泵 303－1 或 303－2（一台为常用泵，另一台为备用泵），油经泵压入管道 L2－ϕ32×3（或 L3－ϕ32×3），经 L4－ϕ32×3 流向冷却器 302 冷却，经管道 L5－ϕ32×3 进过滤器 301 过滤，最后沿管道 L6－ϕ32×3 重新回到曲轴箱使用。

流程图中油泵 303－1 和 303－2 出口管上各装有一只压力表 P303A 和 P303B，在冷却器 302 上有一只温度计 T302。

由于这组油泵的管道比较简单，设备的分布情况在平面图中表示得比较清楚，因此就不另画设备布置图，而仅以管道布置图代之。

（3）平、立面图的识读　图 10—26 是图 10—25 油泵管道系统的平、立面图，为了便于识读我们借助管段图来分析。

1）由管段图 10—27a 可知，来自曲轴箱的油经 L1－ϕ38×3 由北向南从标高 1.000 m 处拐弯朝下至标高 0.850 m 处，由三通分成两路，一路向西 600，一路向东 200，拐弯朝下至 0.280 m 处，其间两立管在标高 0.550 m 处装截止阀，然后都由西向东 200 分别进入油泵 303－1 或 303－2。

2）由管段图 10—27b 可知，L2－ϕ32×3 是油泵 303－1 的出口管，标高为 0.280 m，向东 200，又向南 740 与管线 L3－ϕ32×3、L4－ϕ32×3 由三通接通。止回阀中心距泵出口管中心 160，截止阀中心距止回阀中心 160。

3）L3－ϕ32×3 是油泵 303－2 的出口管，标高 0.280 m。它向东 200，拐弯向南 740，再向西 800 经三通同 L2－ϕ32×3、L4－ϕ32×3 汇合。

4）L4－ϕ32×3 是 L2 和 L3 的汇合管，标高为 0.280 m，从汇合三通处向西，拐弯向北，又向西再向上进入冷却器 302，标高为 0.380 m，如图 10—28a 所示。

5）L5－ϕ32×3 是从冷却器 302 到过滤器 301 的管道，由冷却器朝北再朝东进入过滤器 301，标高为 0.380 m，如图 10—28b 所示。

6）L6－ϕ32×3 是过滤器 301 出口至曲轴箱进口之间的管道。它自出口向东，标高 0.380 m，拐弯向上，标高 1.150 m，再向北入曲轴箱，如图 10—29 所示。

通过对流程图、平（立）面图及管段图的识读，可初步建立油泵管道系统的空间形象，图 10—30 为油泵管道系统轴测图。

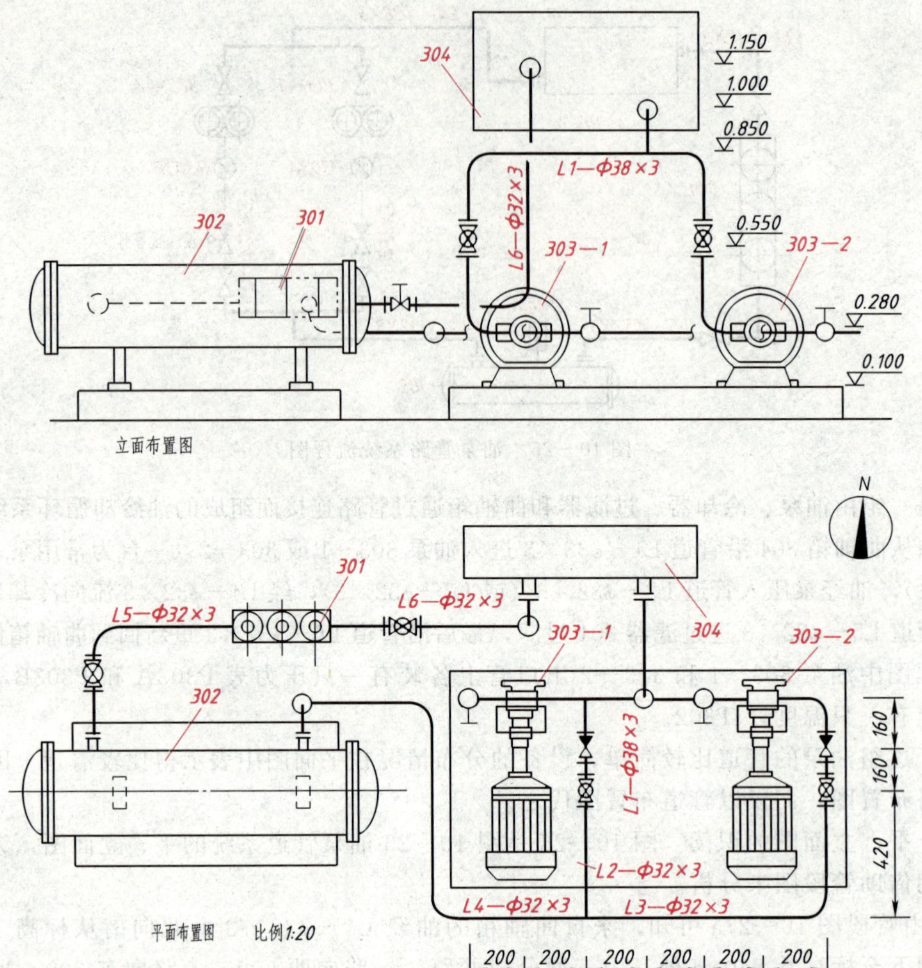

图 10—26　油泵管道系统平、立面图

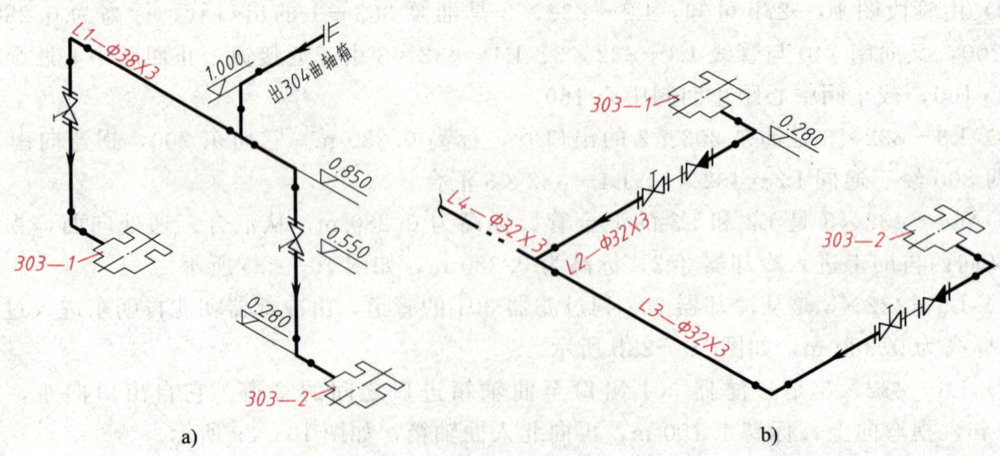

图 10—27　L1、L2、L3 管道的管段图

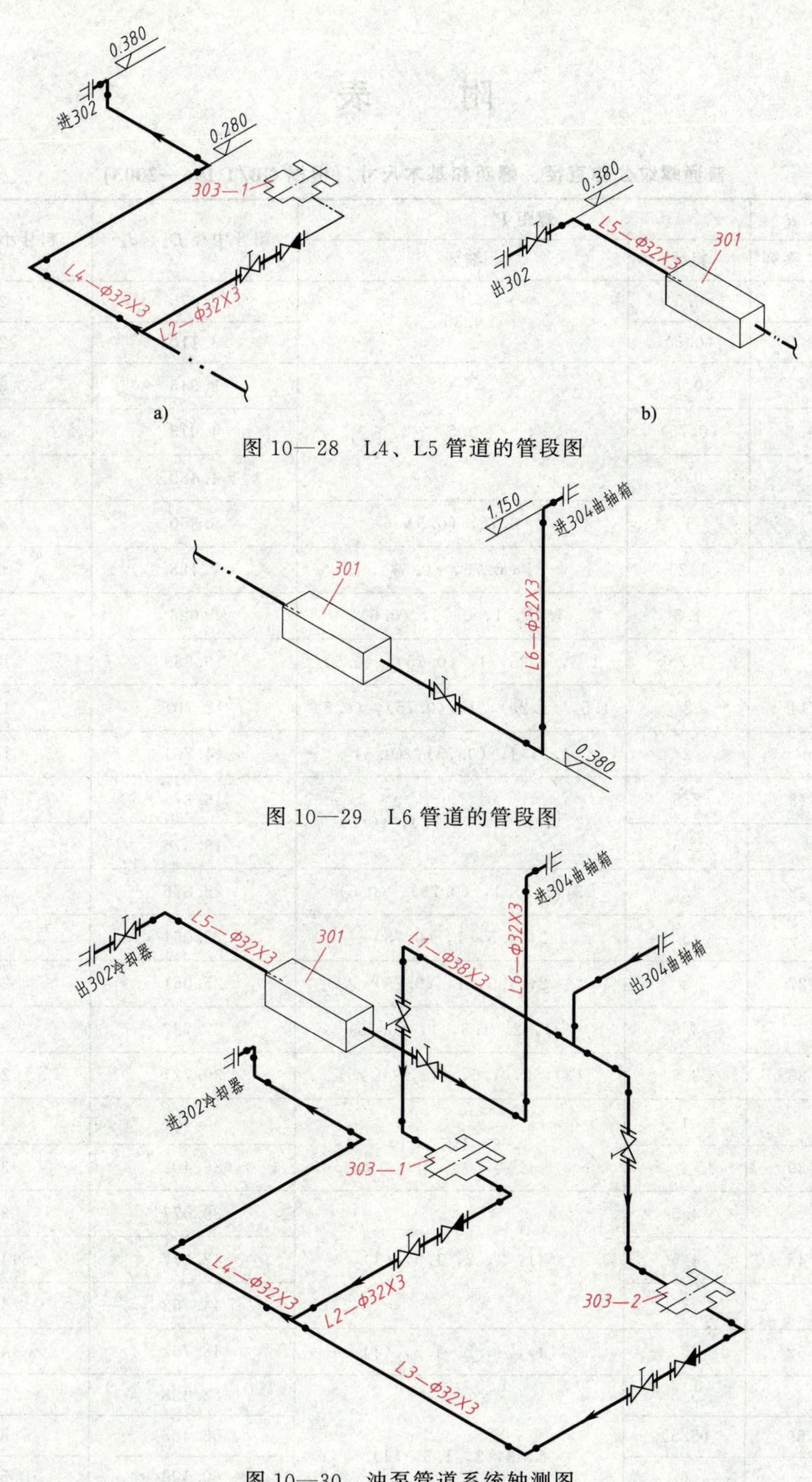

图 10—28　L4、L5 管道的管段图

图 10—29　L6 管道的管段图

图 10—30　油泵管道系统轴测图

思考

从西南方向观察，画出图 10—30 所示油泵管道系统正等轴测图，即西南等轴测图。

附　表

附表 1　　普通螺纹公称直径、螺距和基本尺寸（根据 GB/T 196—2003）　　mm

公称直径 D，d		螺距 P		粗牙中径 D_2，d_2	粗牙小径 D_1，d_1
第一系列	第二系列	粗牙	细牙		
3		0.5	0.35	2.675	2.459
	3.5	(0.6)		3.110	2.850
4		0.7	0.5	3.545	3.242
	4.5	(0.75)		4.013	3.688
5		0.8		4.480	4.134
6		1	0.75，(0.5)	5.350	4.917
8		1.25	1，0.75，(0.5)	7.188	6.647
10		1.5	1.25，1，0.75，(0.5)	9.026	8.376
12		1.75	1.5，1.25，1，(0.75)，(0.5)	10.863	10.106
	14	2	1.5，(1.25)，1，(0.75)，(0.5)	12.701	11.835
16		2	1.5，1，(0.75)，(0.5)	14.701	13.835
	18	2.5	2，1.5，1，(0.75)，(0.5)	16.376	15.294
20		2.5		18.376	17.294
	22	2.5	2，1.5，1，(0.75)，(0.5)	20.376	19.294
24		3	2，1.5，1，(0.75)	22.051	20.752
	27	3	2，1.5，1，(0.75)	25.051	23.752
30		3.5	(3)，2，1.5，1，(0.75)	27.727	26.211
	33	3.5	(3)，2，1.5，(1)，(0.75)	30.727	29.211
36		4	3，2，1.5，(1)	33.402	31.670
	39	4		36.402	34.670
42		4.5	(4)，3，2，1.5，(1)	39.077	37.129
	45	4.5		42.077	40.129
48		5		44.752	42.587
	52	5	(4)，3，2，1.5，(1)	48.752	46.587
56		5.5	4，3，2，1.5，(1)	52.428	50.046
	60	(5.5)		56.428	54.046
64		6		60.103	57.505
	68	6		64.103	61.505

注：(1) 公称直径优先选用第一系列，第三系列未列入。括号内的螺距尽可能不用。

(2) M14×1.25 仅用于火花塞。

附表 2　　　　　　　　　　　　　　　　**六角头螺栓**

六角头螺栓—A 和 B 级（GB/T 5782—2016）　　　六角头螺栓—全螺纹—A 和 B 级（BG/T 5783—2016）

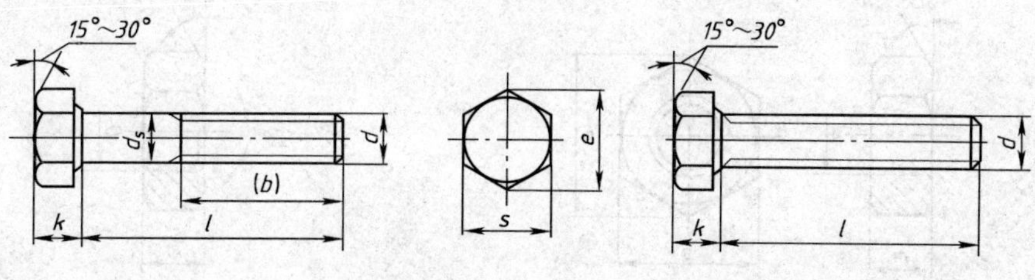

标记示例

螺纹规格 d=M12、公称长度 l=80 mm、性能等级为 8.8 级、表面氧化、产品等级为 A 级的六角头螺栓：

螺栓　GB/T 5782　M12×80

螺纹规格 d=M12、公称长度 l=80 mm、性能等级为 8.8 级、表面氧化、全螺纹、产品等级为 A 级的六角头螺栓：

螺栓　GB/T 5783　M12×80

mm

螺纹规格	d		M4	M5	M6	M8	M10	M12	M16	M20	M24	M30	M36	M42	M48
b 参考	$l\leqslant125$		14	16	18	22	26	30	38	46	54	66	—	—	—
	$125<l\leqslant200$		20	22	24	28	32	36	44	52	60	72	84	96	108
	$l>200$		33	35	37	41	45	49	57	65	73	85	97	109	121
k			2.8	3.5	4	5.3	6.4	7.5	10	12.5	15	18.7	22.5	26	30
d_{smax}			4	5	6	8	10	12	16	20	24	30	36	42	48
s_{max}			7	8	10	13	16	18	24	30	36	46	55	65	75
e_{min}	产品等级	A	7.66	8.79	11.05	14.38	17.77	20.03	26.75	33.53	39.98	—	—	—	—
		B	—	8.63	10.89	14.2	17.59	19.85	26.17	32.95	39.55	50.85	60.79	72.02	82.6
l 范围	GB/T5782		25~40	25~50	30~60	40~80	45~100	50~120	65~160	80~200	90~240	110~300	140~360	160~440	180~480
	GB/T5783		8~40	10~50	12~60	16~80	20~100	25~120	30~200	40~200	50~200	60~200	70~200	80~200	100~200
l 系列	GB/T5782		20~65（5 进位）、70~160（10 进位）、180~400（20 进位）；l 小于最小值时，全长制螺纹												
	GB/T5783		8、10、12、16、18、20~65（5 进位）、70~160（10 进位）、180~500（20 进位）												

注：（1）末端倒角按 GB/T2 规定。

（2）螺纹公差：6 g；机械性能等级：8.8。

（3）产品等级：A 级用于 d=1.6~24 mm 和 $l\leqslant10d$ 或 $l\leqslant150$ mm（按较小值）；B 级用于 $d>24$ mm 或 $l>10d$ 或>150 mm（按较小值）的螺栓。

（4）螺纹均为粗牙。

附表 3　　　　　　　　　　　　**六角螺母**

六角螺母—C 级（GB/T 41—2016）　　　　I 型六角螺母—A 和 B 级（GB/T 6170—2015）

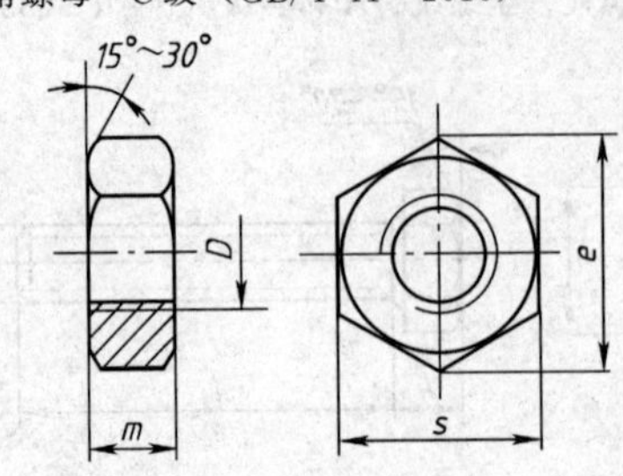

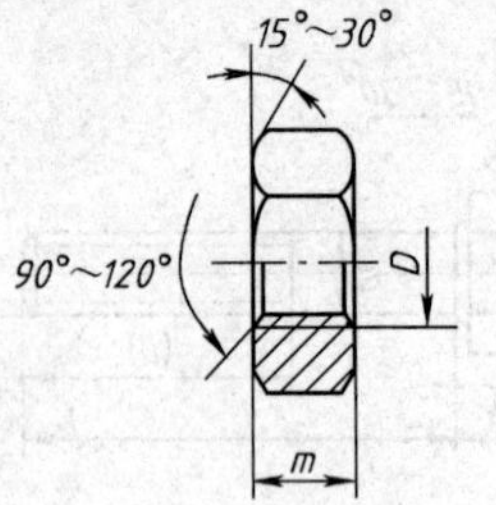

标记示例

螺纹规格 D=M12、性能等级为 10 级、不经表面处理、产品等级为 A 级的 I 型六角螺母：

螺母　GB/T 6170　M12

螺纹规格 D=M12、性能等级为 5 级、不经表面处理、产品等级为 C 级的六角螺母：

螺母　GB/T 41　M12

mm

螺纹规格 D		M4	M5	M6	M8	M10	M12	M16	M20	M24	M30	M36	M42	M48
s_{max}		7	8	10	13	16	18	24	30	36	46	55	65	75
e_{min}	A、B 级	7.66	8.79	11.05	14.38	17.77	20.03	26.75	32.95	39.55	50.85	60.79	71.3	82.6
	C 级	—	8.63	10.89	14.2	17.59	19.85	26.17	32.95	39.55	50.85	60.79	71.3	82.6
m_{max}	A、B 级	3.2	4.7	5.2	6.8	8.4	10.8	14.8	18	21.5	25.6	31	34	38
	C 级	—	5.6	6.4	7.9	9.5	12.2	15.9	19	22.3	26.4	31.9	34.9	38.9

注：（1）A 级用于 D≤16 的螺母；B 级用于 D＞16 的螺母；C 级用于 D≥5 的螺母。

（2）螺纹公差：A、B 级为 6H，C 级为 7H；机械性能等级：A、B 级为 6、8、10 级，C 级为 4、5 级。

（3）均为粗牙螺纹。

附表 4　　　　　　　　　　　　**平垫圈**

平垫圈—A 级（GB/T 97.1—2002）　　平垫圈　倒角型—A 级（GB/T 97.2—2002）

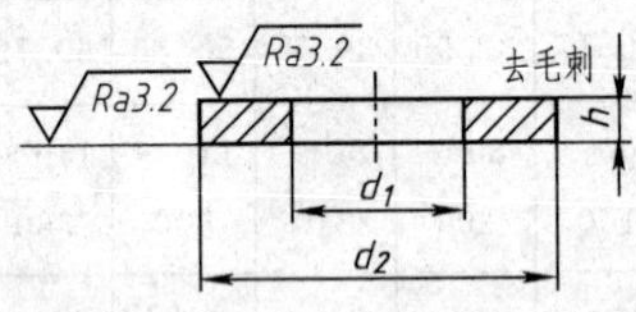

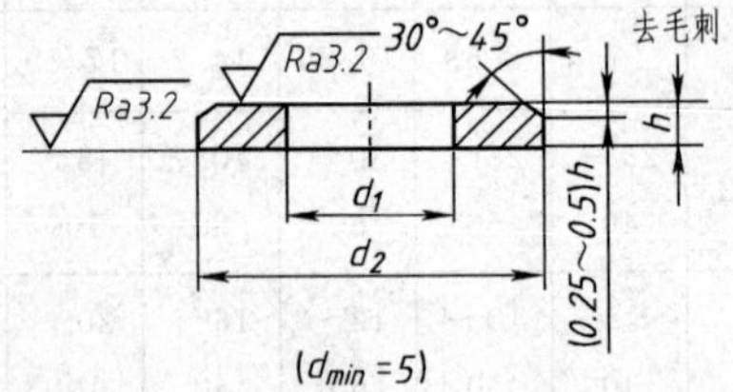

标记示例

标准系列、公称尺寸 d=80 mm、性能等级为 140HV 级、不经表面处理的平垫圈：

垫圈　GB/T 97.1　8　140HV

mm

公称尺寸（螺纹规格）d	3	4	5	6	8	10	12	14	16	20	24	30	36
内径 d_1	3.2	4.3	5.3	6.4	8.4	10.5	13	15	17	21	25	31	37
外径 d_2	7	9	10	12	16	20	24	28	30	37	44	56	66
厚度 h	0.5	0.8	1	1.6	1.6	2	2.5	2.5	3	3	4	4	5

附表 5　　　　　　　　　　螺钉

开槽圆柱头螺钉（GB/T 65—2016）

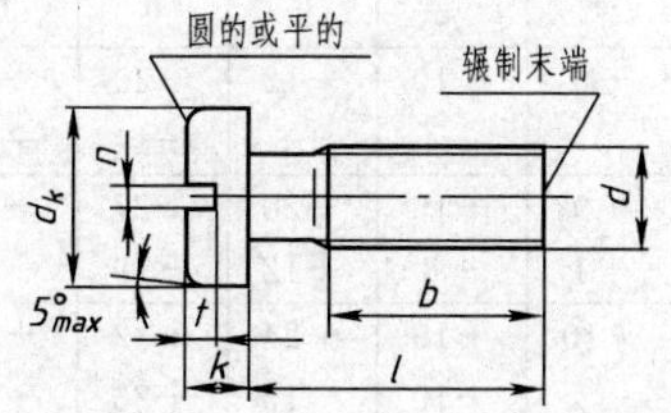

开槽盘头螺钉（GB/T 67—2008）

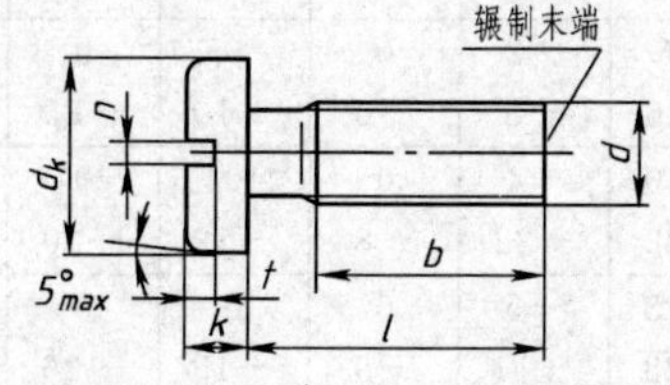
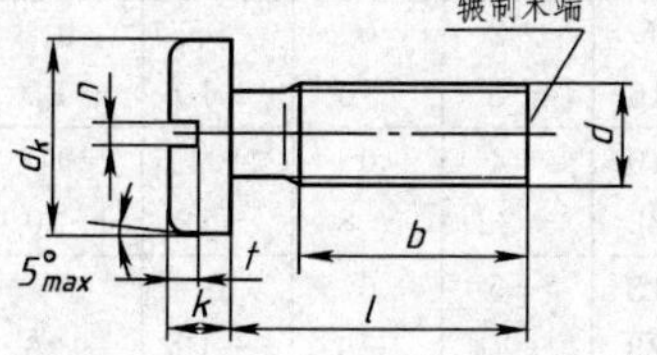

无螺纹部分杆径≈中径（或＝螺纹大径）

标记示例

螺纹规格 d＝M5、公称长度 l＝20 mm、性能等级为 4.8 级、不经表面处理的 A 级开槽圆柱头螺钉：

螺钉　GB/T65　M5×20

开槽沉头螺钉（GB/T 68—2016）

开槽半沉头螺钉（GB/T 69—2016）

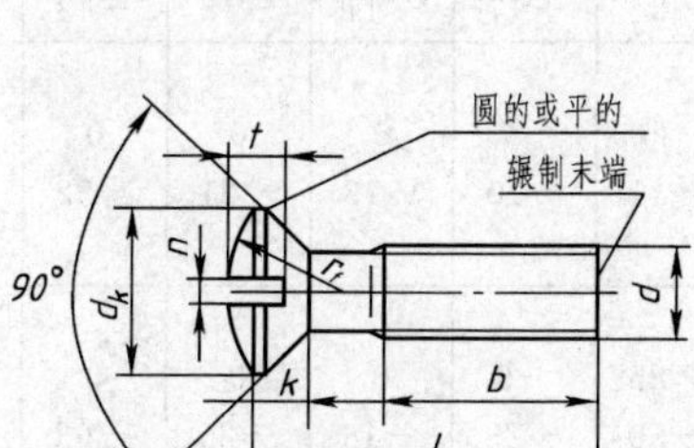

mm

螺纹规格 d	P	b_{min}	n 公称	r_f	k_{max}			d_{kmax}			t_{min}				l 范围
				GB/T 69	GB/T 65	GB/T 67	GB/T 68 GB/T 69	GB/T 65	GB/T 67	GB/T 68 GB/T 69	GB/T 65	GB/T 67	GB/T 68	GB/T 69	
M3	0.5	25	0.8	6	2	1.8	1.65	5.5	5.6	5.5	0.85	0.7	0.6	1.2	4～30
M4	0.7	38	1.2	9.5	2.6	2.4	2.7	7	8	8.4	1.1	1	1	1.6	5～40
M5	0.8	38	1.2	9.5	3.3	3.0	2.7	8.5	9.5	9.3	1.3	1.2	1.1	2	6～50
M6	1	38	1.6	12	3.9	3.6	3.3	10	12	11.3	1.6	1.4	1.2	2.4	8～60
M8	1.25	38	2	16.5	5	4.8	4.65	13	16	15.8	2	1.9	1.8	3.2	10～80
M10	1.5	38	2.5	19.5	6	6	5	16	20	18.3	2.4	2.4	2	3.8	12～80
l 系列			4、5、6、8、10、12、(14)、16、20、25、30、35、40、50、(55)、60、(65)、70、(75)、80												

附表 6 优先配合中轴的极限偏差（GB/T 1800. 2—2009）

基本尺寸（mm）		公差带（μm）												
		c	d	f	g	h				k	n	p	s	u
大于	至	11	9	7	6	6	7	9	11	6	6	6	6	6
—	3	−60 −120	−20 −45	−6 −16	−2 −8	0 −6	0 −10	0 −25	0 −60	+6 0	+10 +4	+12 +6	+20 +14	+24 +18
3	6	−70 −145	−30 −60	−10 −22	−4 −22	0 −8	0 −12	0 −30	0 −75	+9 +1	+16 +8	+20 +12	+27 +19	+31 +23
6	10	−80 −170	−40 −76	−13 −28	−5 −14	0 −9	0 −15	0 −36	0 −90	+10 +1	+19 +10	+24 +15	+32 +23	+37 +28
10	14	−95 −205	−50 −93	−16 −34	−6 −17	0 −11	0 −18	0 −43	0 −110	+12 +1	+23 +12	+29 +18	+39 +28	+44 +33
14	18													
18	24	−110 −240	−65 −117	−20 −41	−7 −20	0 −13	0 −21	0 −52	0 −130	+15 +2	+28 +15	+35 +22	+48 +35	+54 +41
24	30													+61 +48
30	40	−120 −280	−80 −142	−25 −50	−9 −25	0 −16	0 −25	0 −62	0 −160	+18 +2	+33 +17	+42 +26	+59 +43	+76 +60
40	50	−130 −290												+86 +70
50	65	−140 −330	−100 −174	−30 −60	−10 −29	0 −19	0 −30	0 −74	0 −190	+21 +2	+39 +20	+51 +32	+72 +53	+106 +87
65	80	−150 −340											+78 +59	+121 +102
80	100	−170 −390	−120 −207	−36 −71	−12 −34	0 −22	0 −35	0 −87	0 −220	+25 +3	+45 +23	+59 +37	+93 +71	+146 +124
100	120	−180 −400											+101 +79	+166 +144
120	140	−200 −450	−145 −245	−43 −83	−14 −39	0 −25	0 −40	0 −100	0 −250	+28 +3	+52 +27	+68 +43	+117 +92	+195 +170
140	160	−210 −460											+125 +100	+215 +190
160	180	−230 −480											+133 +108	+235 +210
180	200	−240 −530	−170 −285	−50 −96	−15 −44	0 −29	0 −46	0 −115	0 −290	+33 +4	+60 +31	+79 +50	+151 +122	+265 +236
200	225	−260 −550											+159 +130	+287 +258
225	250	−280 −570											+169 +140	+313 +284
250	280	−300 −620	−190 −320	−56 −108	−17 −49	0 −32	0 −52	0 −130	0 −320	+36 +4	+66 +34	+88 +56	+190 +158	+347 +315
280	315	−330 −650											+202 +170	+382 +350
315	355	−360 −720	−210 −350	−62 −119	−18 −54	0 −36	0 −57	0 −140	0 −360	+40 +4	+73 +37	+98 +62	+226 +190	+426 +390
355	400	−400 −760											+244 +208	+471 +435
400	450	−440 −840	−230 −385	−68 −131	−20 −60	0 −40	0 −63	0 −155	0 −400	+45 +5	+80 +40	+108 +68	+272 +232	+530 +490
450	500	−480 −880											+292 +252	+580 +540

附表 7　　优先配合中孔的极限偏差（GB/T 1800.2—2009）

基本尺寸（mm）		公差带（μm）												
		C	D	F	G	H				K	N	P	S	U
大于	至	11	9	8	7	7	8	9	11	7	7	7	7	7
—	3	+120 +60	+45 +20	+20 +6	+12 +2	+10 0	+14 0	+25 0	+60 0	0 −10	−4 −14	−6 −16	−14 −24	−18 −28
3	6	+145 +70	+60 +30	+28 +10	+16 +4	+12 0	+18 0	+30 0	+75 0	+3 −9	−4 −16	−8 −20	−15 −27	−19 −31
6	10	+170 +80	+76 +40	+35 +13	+20 +5	+15 0	+22 0	+36 0	+90 0	+5 −10	−4 −19	−9 −24	−17 −32	−22 −37
10	14	+205 +95	+93 +50	+43 +16	+24 +6	+18 0	+27 0	+43 0	+110 0	+6 −12	−5 −23	−11 −29	−21 −39	−26 −44
14	18													
18	24	+240 +110	+117 +65	+53 +20	+28 +7	+21 0	+33 0	+52 0	+130 0	+6 −15	−7 −28	−14 −35	−27 −48	−33 −54
24	30													−40 −61
30	40	+280 +120	+142 +80	+64 +25	+34 +9	+25 0	+39 0	+62 0	+160 0	+7 −18	−8 −33	−17 −42	−34 −59	−51 −76
40	50	+290 +130												−61 −86
50	65	+330 +140	+174 +100	+76 +30	+40 +10	+30 0	+46 0	+74 0	+190 0	+9 −21	−9 −39	−21 −51	−42 −72	−76 −106
65	80	+340 +150											−48 −78	−91 −121
80	100	+390 +170	+207 +120	+90 +36	+47 +12	+35 0	+54 0	+87 0	+220 0	+10 −25	−10 −45	−24 −59	−58 −93	−111 −146
100	120	+400 +180											−66 −101	−131 −166
120	140	+450 +200	+245 +145	+106 +43	+54 +14	+40 0	+63 0	+100 0	+250 0	+12 −28	−12 −52	−28 −68	−77 −117	−155 −195
140	160	+460 +210											−85 −125	−175 −215
160	180	+480 +230											−93 −133	−195 −235
180	200	+530 +240	+285 +170	+122 +50	+61 +15	+46 0	+72 0	+115 0	+290 0	+13 −33	−14 −60	−33 −79	−105 −151	−219 −265
200	225	+550 +260											−113 −159	−241 −287
225	250	+570 +280											−123 −169	−267 −313
250	280	+620 +300	+320 +190	+137 +56	+69 +17	+52 0	+81 0	+130 0	+320 0	+16 −36	−14 −66	−36 −88	−138 −190	−295 −347
280	315	+650 +330											−150 −202	−330 −382
315	355	+720 +360	+350 +210	+151 +62	+75 +18	+57 0	+89 0	+140 0	+360 0	+17 −40	−16 −73	−41 −98	−169 −226	−369 −426
355	400	+760 +400											−187 −244	−414 −471
400	450	+840 +440	+385 +230	+165 +68	+83 +20	+63 0	+97 0	+155 0	+400 0	+18 −45	−17 −80	−45 −108	−209 −272	−467 −530
450	500	+880 +480											−229 −292	−517 −580